U0143621

Flink 实战派

龙中华◎著

电子工业出版社
Publishing House of Electronics Industry
北京•BEIJING

内 容 简 介

本书针对 Flink 1.11 版本和 Alink 1.2 版本，采用"知识点+实例"的形式编写，包括 47 个基于知识点的实例和 1 个综合项目实例。

第 1 章对大数据和人工智能进行初步介绍；第 2 章用一个实例总览 Flink 的关键知识点；第 3～5 章介绍 Flink 的架构、开发基础和转换算子；第 6、7、10、11 章深入讲解 4 种开发 Flink 应用程序的 API；第 8、9 章讲解操作 Flink 状态（计算和容错）的状态处理器 API 和用于处理复杂事件（异常检测、反欺诈、风险控制）的 CEP 库；第 12 章讲解 Flink 如何与其他外部系统集成，并实现 Flink 与 Kafka 的集成；第 13 章介绍机器学习的基础知识；第 14 章讲解机器学习框架 Alink 的知识和实战应用；第 15 章是项目实战，使用大数据和机器学习技术实现一个广告推荐系统（包含离线训练、在线训练、实时预测和在线服务）。

本书可以作为具备 Java 基础的开发人员、大数据领域从业人员的参考用书。阅读本书的读者不需要具备高等数学知识和人工智能的底层算法知识。

图书在版编目（CIP）数据

Flink 实战派 / 龙中华著. —北京：电子工业出版社，2021.4

ISBN 978-7-121-40852-6

Ⅰ．①F… Ⅱ．①龙… Ⅲ．①数据处理软件 Ⅳ．①TP274

中国版本图书馆 CIP 数据核字（2021）第 053950 号

责任编辑：吴宏伟　　　　特约编辑：田学清
印　　刷：天津千鹤文化传播有限公司
装　　订：天津千鹤文化传播有限公司
出版发行：电子工业出版社
　　　　　北京市海淀区万寿路 173 信箱　　　邮编：100036
开　　本：787×980　　1/16　　印张：24.75　　字数：596 千字
版　　次：2021 年 4 月第 1 版
印　　次：2021 年 4 月第 1 次印刷
定　　价：109.00 元

凡所购买电子工业出版社图书有缺损问题，请向购买书店调换。若书店售缺，请与本社发行部联系，联系及邮购电话：（010）88254888，88258888。

质量投诉请发邮件至 zlts@phei.com.cn，盗版侵权举报请发邮件至 dbqq@phei.com.cn。

本书咨询联系方式：（010）51260888-819，faq@phei.com.cn。

为了满足企业大数据和人工智能团队的培训需求，作者编写了大量相关的培训文档，但是这些文档主要是针对临时需求制作的，内容较多，整体上较为零散，不利于企业新同事的系统化学习。另外，官方文档虽然编写得很好，但知识点的递进关系并不理想，并且晦涩难懂。因此，作者整理了这些培训文档，并且反复推敲章节的递进关系，以及知识点的串联方式、知识点与实例的实用性，最终完成了本书的编写。

本书特色

- 版本较新：针对 Flink 1.11 版本和 Alink 1.2 版本。
- 体例科学：采用"知识点+实例"的形式编写。
- 实例丰富：47 个基础实例 + 1 个项目实例。
- 跨界整合：①讲解了 4 种开发 Flink 应用程序的 API，即 DataSet API、DataStream API、Table API 和 SQL 相关知识；②讲解了状态处理器 API、复杂事件处理库，以及常用的消息中间件 Kafka；③讲解了大数据和人工智能的结合，以及机器学习框架 Alink。
- 编排讲究：本书涉及的术语尽量做到有迹可循，每一个术语都尽可能在前面的章节中有所描述。章节递进关系清楚，内容顺序合理，从头到尾逻辑连贯。

适合读者

本书是否适合你，取决于你之前的知识、经验储备和学习目标。作者建议读者根据本书目录来进行判断，阅读本书的读者不需要具备大数据理论知识，也不需要懂得 Hadoop、Spark、Storm等大数据领域的知识，但是需要具备一定的 Java 语言开发基础（或者至少使用过一种开发语言）。

本书编写环境

- Flink 版本：1.11。
- Alink 版本：1.2（基于 Flink 1.11）。
- 开发工具：IntelliJ IDEA 付费版，以及社区版。

- JDK 版本：8u211。
- Maven 版本：3.6.1。
- Zookeeper 版本：3.6.1。
- Kafka 版本：2.6.0（基于 Scala 2.12）。
- MySQL：8.0.21.0（需要支持 Binlog）。

致谢

感谢 Flink 社区、Flink 中文社区开源贡献者，以及 Alink 开发团队和开源贡献者的奉献。Flink 和 Alink 的官方网站提供了丰富的文档和注释详尽的开源代码，作者在编写本书的过程中参考了很多相关的文档。

大数据领域、Flink 和 Alink 技术博大精深，由于本书篇幅有限，作者的精力和技术也有限，因此书中难免存在不足之处，敬请广大读者批评指正。联系作者请发邮件至 363694485@qq.com，或者加入本书讨论 QQ 群（714196947）。

龙中华

2020 年 12 月

目录

入门篇

基础篇

进阶篇

机器学习篇

项目实战篇

入门篇

第 1 章

进入大数据和人工智能世界

本章首先介绍大数据和人工智能的概念，然后介绍 Flink 和 Alink 的基础知识，最后介绍如何使用本书的源码。

1.1 认识大数据和人工智能

1. 认识大数据

大数据是普通小数据的大集合。

大数据的"大"并不完全是"绝对的大"，它既可以是某个数据集的全部或其中的大部分数据，也可以是每天产生的巨量用户日志、交易订单、物流信息等。

大数据的"大"主要是指它具备**多维度**（多个角度、多个层面、多个方面）和**完备性**（即它不需要添加任何其他元素，这个对象也可以被称为是"完备"的或"完全"的）。

大数据可以用于挖掘用户需求、优化产品、分析市场、减少运营成本等。

大数据的基本特征主要包括数据量巨大、数据类型多、有价值。

当数据的量级达到一定规模后，其读取、处理和分析就不能使用常规技术，而是需要专门的大数据技术。大数据技术主要包括以下几点。

- 数据采集：获取日志数据、交易数据等。
- 数据存储：云存储、分布式文件存储等。
- 数据预处理：数据整理、清洗和转换等。
- 数据计算：离线计算、实时计算等。
- 数据可视化：标签云、关系图等。

2. 认识人工智能

人工智能有很多的分支，如专家系统、机器学习、机器翻译、进化计算、模糊逻辑、计算机视觉、自然语言处理、推荐系统、深度学习、机器人等。

机器学习是一种实现人工智能的方法，神经网络是实现机器学习的其中一种技术，深度学习是神经网络中比较复杂的技术，它们之间的关系如图 1-1 所示。

图 1-1

3. 大数据和机器学习之间的关系

数据蕴藏着巨大价值是毫无疑问的，但数据的价值是不容易被挖掘和利用的。大数据技术和人工智能（机器学习）的结合，使利用数据价值的技术有了新的突破。在通常情况下，大数据技术与机器学习是互相促进、相依相存的关系。

机器学习不仅需要合理、适用和先进的算法，还需要依赖足够好和足够多的数据。

大数据可以提高机器学习模型的精确性。数据的数据量越多，质量越高，机器学习的效率和准确性就越高。机器学习是大数据分析的一个重要方向（方式）。

大数据技术深度结合人工智能将是未来发展的一个重要方向。大数据实时计算框架 Flink 结合基于 Flink 的机器学习库 Alink，是目前非常优秀的"大数据+人工智能"解决方案。

- Flink 可以为 Alink 提供数据预处理、特征识别、样本计算和模型训练等基础功能。
- Alink 基于 Flink，可以为 Flink 提供机器学习算法库。

Flink 还可以和目前主流的人工智能框架（如 PyTorch、TensorFlow、Kubeflow）结合。

1.2 认识 Flink

1.2.1 Flink 是什么

业界认为 Flink 是最好的**数据流计算引擎**。

为了便于理解 Flink 是什么，下面以迭代的方法进行定义。

- Flink 是一个开源的分布式大数据处理引擎与计算框架。
- Flink 是一个对无界数据流和有界数据流进行统一处理的、开源的分布式大数据处理引擎与计算框架。
- Flink 是一个能进行有状态或无状态的计算的、对无界数据流和有界数据流进行统一处理且开源的分布式大数据处理引擎与计算框架。

Flink 可以进行的数据处理包括实时数据处理、特征工程、历史数据（有界数据）处理、连续数据管道应用、机器学习、图表分析、图计算、容错的数据流处理。

Flink 在大数据架构中的位置如图 1-2 所示。

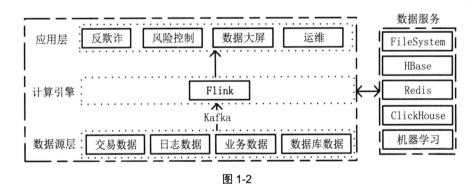

图 1-2

由图 1-2 可以看出，在大数据架构中，Flink 用于提供数据计算服务。Flink 先获取数据源的数据，然后进行转换和计算等，最后输出计算结果。

1.2.2 Flink 的发展历程

1. Flink 的诞生

2010—2014 年，柏林工业大学、柏林洪堡大学和哈索普拉特纳研究所共同发起名为 Stratosphere 的研究项目，旨在开发下一代大数据分析引擎。

2. 贡献给 Apache 软件基金会，成立 Data Artisans 公司

2014 年 4 月，Stratosphere 代码被捐赠给 Apache 软件基金会，成为其孵化项目。此后，Stratosphere 团队的大部分创始成员一起创办了 Data Artisans 公司，该公司的愿景是实现 Stratosphere 的商业化。

3. 发布首版 Flink

2014 年 8 月，Apache 软件基金会将 Stratosphere 0.6 改名为 Flink，并发布了首版 Flink——Flink 0.6.0 版本，该版本具有更好的流式引擎支持。从此，Flink 正式进入社区开发者的视线，**流计算**的价值也被发掘并得到重视。

Flink 在德语中是"敏捷"的意思，它体现了流式数据处理速度快和灵活等特性。Flink 的 Logo 是棕红色的松鼠图案，这是为了突出 Flink 灵活、快速的特点。

4. 在 Flink 0.7 版本中推出了流计算 API（DataStream API）

2014 年 11 月 4 日发布了 Flink 0.7 版本，在该版本中正式发布了 DataStream API，DataStream API 是目前应用最广泛的 Flink API。

2014 年 12 月，Flink 成为 Apache 软件基金会的顶级项目。

5. 发布稳定的 Flink 0.9 版本

2015 年 6 月，第 1 个稳定版本 Flink 0.9 正式发布。

6. 发布 Flink 1.0.0 版本，奠定了 Flink 的四大基石

2016 年 3 月，Flink 1.0.0 版本正式发布，奠定了 Flink 的四大基石，即检查点（Checkpoint）、状态（State）、时间（Time）、窗口（Window）。

7. 阿里巴巴收购 Data Artisans 公司

2019 年 1 月，阿里巴巴收购了 Data Artisans 公司。Data Artisans 公司的客户包括 ING、Netflix 和 Uber。

2019 年，Flink 在人工智能方面部署了机器学习基础设施。

8. 发布 Flink 1.9 版本

2019 年 8 月，进行了重大架构调整的 Flink 1.9 版本正式发布。

9. 发布 Flink 1.10 版本

2020 年 2 月，Flink 1.10 版本正式发布。

10. 发布 Flink 1.11 版本

2020 年 7 月，Flink 1.11 版本正式发布。

1.2.3 Flink 的应用场景

Flink 的应用场景如表 1-1 所示。

表 1-1

应用类型	说　明	例　子
事件驱动	利用到来的事件触发计算、状态更新或其他外部动作	反欺诈、实时风险控制、异常检测、基于规则的报警、业务流程监控、Web 应用
数据分析	从原始数据中提取有价值的信息和指标	电信网络质量监控、移动应用中的产品更新及实验评估和分析、实时数据即席分析、大规模图分析
数据管道	数据管道和 ETL（提取、转换、加载）作业的用途相似，都可以转换、丰富数据，并将其从某个存储系统移动到另一个存储系统中。但数据管道是以持续流模式运行的，而非周期性触发	实时查询索引构建、持续 ETL 作业

1.3　认识 Alink

　　Alink 是阿里巴巴计算平台事业部 PAI 团队研发的**基于 Flink 的机器学习框架**。Alink 于 2019 年 11 月正式开源。Alink 提供了丰富的算法组件，是业界首个同时**支持批/流算法的机器学习框架**。开发者利用 Alink 可以一键搭建覆盖数据处理、特征工程、模型训练、模型预测的算法模型开发的全流程。Alink 的名称取自相关名称（Alibaba、Algorithm、AI、Flink、Blink）的结合。

　　　学习 Alink 需要具备 Flink 的基础知识，本书在第 13、14 章介绍了机器学习和 Alink 的相关知识。

1.4　如何使用本书的源码

　　本书的随书源码可以在开发工具 IDEA 中运行和测试，不需要安装和部署 Flink 集群。随书源码的具体使用有如下两种方式。

方式一

Flink 应用程序可以直接通过 IDEA 打开，具体步骤如下。

（1）选择 IDEA 菜单栏中的"File"→"Open"命令。

（2）在弹出的窗口中选择 Flink 应用程序的根文件夹，然后单击"OK"按钮将其打开。

（3）右击导入的 Flink 应用程序，在弹出的窗口中选择"Maven"→"Generate Sources and Update Folders"（生成源和更新文件夹）命令，将 Flink 的库文件安装在本地 Maven 目录中。

（4）直接在 IDEA 中进行测试或编译。

方式二

（1）启动 IDEA，选择菜单栏中的"New"→"Project from Existing Sources"命令。

（2）选择 Flink 应用程序的根文件夹。

（3）先选择"Import project from external model"（从外部模型导入项目）命令，然后选择"Maven"命令。

（4）单击"Finish"按钮。

如果 SDK 没有设置好，则需要先设置 SDK。

（5）在 IDEA 中右击导入的 Flink 应用程序，在弹出的窗口中选择"Maven"→"Generate Sources and Update Folders"（生成源和更新文件夹）命令，将 Flink 库文件安装在本地 Maven 目录中，在默认情况下位于"/home/$USER/.m2/repository/org/apache/flink/"。

（6）直接在 IDEA 中进行测试或编译。

第 2 章
实例 1：使用 Flink 的 4 种 API 处理无界数据流和有界数据流

Flink 提供了 4 种 API 用来开发大数据应用程序。开发人员可以根据自己的喜好和业务需求选择不同的 API，也可以混合使用。

本实例通过 Flink 的 4 种 API 开发处理无界数据流和有界数据流的应用程序，以便读者了解 Flink 开发的整体流程。

 本实例的代码在 "/Chapter02" 目录下。

2.1　创建 Flink 应用程序

创建 Flink 应用程序有很多种方式，本书采用的是 Maven 命令方式（也可以直接在开发工具中创建 Maven 项目，然后添加相应的依赖）。

通过 Maven 命令方式创建 Flink 应用程序的要求是，具备运行 Maven 3.0.4 和 Java 8 以上的环境。

1. 创建 Flink 应用程序

在配置好 Java 的 JDK 和 Maven 环境之后，在 "CMD" 窗口中使用以下命令创建一个 Flink 应用程序：

```
mvn archetype:generate
 -DarchetypeGroupId=org.apache.flink
 -DarchetypeArtifactId=flink-quickstart-java
 -DarchetypeVersion=1.11.0
 -DgroupId=org.lzh
 -DartifactId=flink-project
 -Dversion=0.1
 -Dpackage=myflinkDemo
 -DinteractiveMode=false
```

由此可知，该方式使用 Maven 的命令来创建 Flink 应用程序。可以为 Flink 应用程序进行项目命名等设置，如果不填写项目的信息，则以交互式方式来询问。下面对上述代码进行解释。

- mvn archetype:generate：使用 Maven 的命令来创建 Flink 应用程序。
- DarchetypeArtifactId=flink-quickstart-java：创建 Java 版本的 Flink 应用程序。
- DgroupId=org.lzh：自定义项目的组织。
- DartifactId=flink-project：自定义项目的唯一标识符。
- Dpackage=myflinkDemo：自定义项目的包名。

执行上述命令之后会显示如图 2-1 所示的界面，如果出现提示信息"BUILD SUCCESS"，则代表项目创建成功。

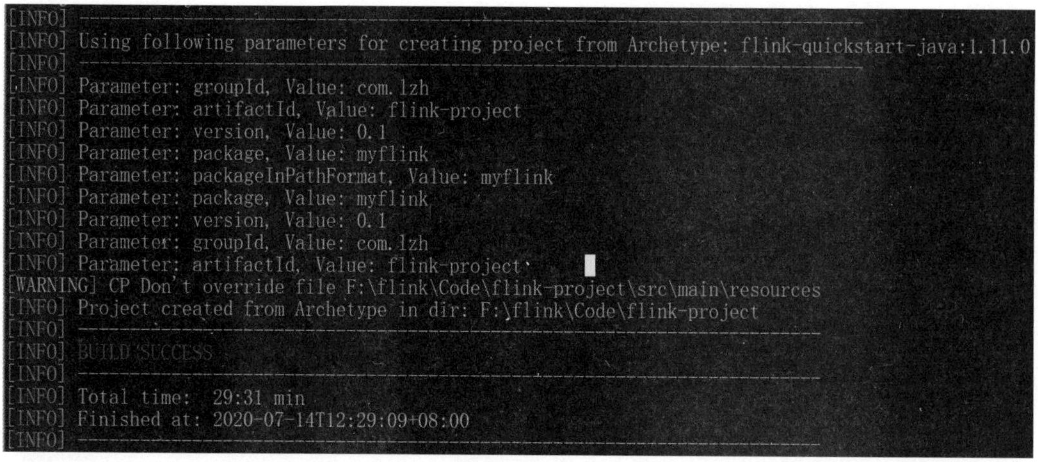

图 2-1

还可以使用以下命令来创建 Flink 应用程序，该命令同样可以构建一个 Flink 应用程序，而且自带一些示例：

```
curl https://flink.apache.org/q/quickstart.sh | bash
```

2. 查看项目结构

在成功创建项目之后，既可以用 tree 命令查看项目结构，也可以在开发工具中查看项目结构。在 IDEA 中，可以看到创建的 Flink 应用程序结构，如图 2-2 所示。

由图 2-2 可以看出，该项目是一个 Maven 工程，它包含两个类：一是 StreamingJob，流处理程序的骨架程序；二是 BatchJob，批处理程序的骨架程序。

这两个类都包含 main()方法，该方法是程序的入口，可用于测试、执行和部署程序。

图 2-2

在使用 Maven 的命令创建项目时，如果出现提示信息 "Generating project in Interactive mode"，然后一直卡住，则可以在命令之后加上参数 "-DarchetypeCatalog=internal"，让其不从远程服务器上取目录（Catalog）。

如果出现提示信息 "Generating project in Batch mode"，然后一直卡住，则可以在命令之后加上参数 "-DinteractiveMode=false"。

2.2 使用 DataSet API 处理有界数据流

2.2.1 编写批处理代码

Flink 提供了处理有界数据流的批处理 API，即 DataSet API，该 API 用于处理有界数据流，具体使用方法如下所示：

```java
public class BatchWordCount {
// main()方法——Java 应用程序的入口
public static void main(String[] args) throws Exception {
    // 获取执行环境
    ExecutionEnvironment env = ExecutionEnvironment.getExecutionEnvironment();
    // 加载或创建源数据
    DataSet<String> text = env.fromElements(
                        "Flink batch demo",
                        "batch demo",
                        "demo");
    // 转换数据
```

```java
DataSet<Tuple2<String, Integer>> ds = text.flatMap(new LineSplitter())
                        // 分组转换算子
                    .groupBy(0)
                    // 求和
                    .sum(1);
        /* 打印数据到控制台
        * 由于采用批处理（Batch）操作，当 DataSet 调用 print()方法时，源码内部已经调用了 Excute()方法，
因此此处不再调用 env.execute()方法，如果调用则会出现错误
        */
        ds.print();
    }
    // 实现 FlatMapFunction，自定义处理逻辑
    static class LineSplitter implements FlatMapFunction<String, Tuple2<String, Integer>> {
        @Override
        public void flatMap(String line, Collector<Tuple2<String, Integer>> collector) throws
Exception {
            // 使用空格分隔单词
            for (String word : line.split(" ")) {
            collector.collect(new Tuple2<>(word, 1));
            }
        }
    }
}
```

上述代码用于统计有界数据集中单词的数量。

2.2.2　配置依赖作用域

在编写完上述批处理代码之后，还需要配置依赖作用域。如果不配置依赖作用域，则在 IDEA 中运行 Flink 应用程序会出现如图 2-3 所示的"NoClassDefFoundError"错误，这是因为项目默认配置的依赖项的作用域（Scope）都被设置为"provided"。

```
java.lang.NoClassDefFoundError: org/apache/flink/api/common/functions/FlatMap
    at java.lang.Class.getDeclaredMethods0(Native Method)
    at java.lang.Class.privateGetDeclaredMethods(Class.java:2701)
    at java.lang.Class.privateGetMethodRecursive(Class.java:3048)
    at java.lang.Class.getMethod0(Class.java:3018)
    at java.lang.Class.getMethod(Class.java:1784)
    at sun.launcher.LauncherHelper.validateMainClass(LauncherHelper.java:544)
    at sun.launcher.LauncherHelper.checkAndLoadMain(LauncherHelper.java:526)
Caused by: java.lang.ClassNotFoundException Create breakpoint : org.apache.flink.
```

图 2-3

如果要在 IDEA 中直接运行 Flink 的项目，则必须进行配置，具体步骤如下。

（1）选择"Run"→"Edit Configurations"命令。

11

（2）在弹出的对话框中勾选"Include dependencies with 'Provided' scope"复选框，如图 2-4 所示。

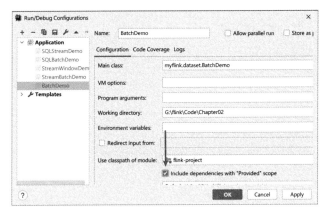

图 2-4

如果仅仅用于学习，不把 Flink 应用程序提交到 Flink 集群，则可以直接在 pom.xml 中将作用域修改为"compile""runtime"或"test"。

2.2.3　测试 Flink 应用程序

在配置好依赖作用域之后，即可运行 Flink 应用程序。在 IDEA 中运行 Flink 应用程序和运行其他 Java 应用程序一样，即单击类旁的三角形按钮即可。

运行 2.2.1 节的应用程序之后，会在控制台中输出以下信息：

```
(batch,2)
(demo,3)
(Flink,1)
```

从上面的输出信息可以看出，原数据集为"Flink batch demo, batch demo, demo"，在经过 Flink 的批处理程序处理之后，可以统计出数据集中所有单词的出现频率。

DataSet API 不能用于处理无界数据流。下面使用 DataStream API 处理无界数据流。

2.3　使用 DataStream API 处理无界数据流

2.3.1　自定义无界数据流数据源

无界数据流是不停产生数据的流，它只有数据的开始点，没有数据的结束点。

为了便于演示，也为了避免事先增加读者的负担，这里先自定义无界数据源，以便后续有可以处理的数据源。

在 Flink 中自定义数据源，可以先继承 SourceFunction 接口，然后通过重写 run()方法和 cancel()方法来实现，如下所示：

```java
public class MySource implements SourceFunction<String> {
private long count = 1L;
    private boolean isRunning = true;

    @Override
    // 通过在 run()方法中实现一个循环来产生数据
    public void run(SourceContext<String> ctx) throws Exception {
        while (isRunning) {
            // 单词流
            List<String> stringList = new ArrayList<>();
            stringList.add("world");
            stringList.add("Flink");
            stringList.add("Steam");
            stringList.add("Batch");
            stringList.add("Table");
            stringList.add("SQL");
            stringList.add("hello");
            int size=stringList.size();
            int i = new Random().nextInt(size);
            ctx.collect(stringList.get(i));
            // 每秒产生一条数据
            Thread.sleep(1000);
        }
    }
    @Override
    // cancel()方法代表取消执行
    public void cancel() {
        isRunning = false;
    }
}
```

2.3.2　编写无界数据流处理代码

在定义好数据流之后，可以使用 DataStream API 对该数据流进行处理，如下所示：

```java
public class StreamWordCount {
// main()方法——Java 应用程序的入口
public static void main(String[] args) throws Exception {
```

```
// 获取流处理的执行环境
StreamExecutionEnvironment env = StreamExecutionEnvironment.getExecutionEnvironment();
// 获取自定义的数据流
DataStream<Tuple2<String, Integer>> dataStream = env.addSource(new MySource())
                        // FlatMap 转换算子
                        .flatMap(new Splitter())
                        // 键控流转换算子
                        .keyBy(0)
                        // 求和
                        .sum(1);
    // 打印数据到控制台
    dataStream.print();
    // 执行任务操作。因为 Flink 是懒加载的，所以必须调用 execute()方法才会执行
    env.execute("WordCount");
}


// 实现 FlatMapFunction，自定义处理逻辑
public static class Splitter implements FlatMapFunction<String, Tuple2<String, Integer>> {
    @Override
    public void flatMap(String sentence, Collector<Tuple2<String, Integer>> out) throws
Exception {
        // 使用空格分隔单词
        for (String word : sentence.split(" ")) {
            out.collect(new Tuple2<String, Integer>(word, 1));
        }
    }
}
}
```

运行上述应用程序之后，会在控制台中输出以下信息：

```
4> (Steam,1)
5> (Batch,1)
12> (Flink,1)
4> (Steam,2)
12> (Flink,2)
5> (Batch,2)
4> (Table,1)
4> (Steam,3)
4> (Steam,4)
```

由上述输出信息可以看出，随着数据源不停地发送数据，单词的统计总数也在不断增加。

2.3.3　使用 DataStream API 的窗口功能处理无界数据流

使用DataStream API的窗口功能来处理无界数据流，能得到一段时间或一定计数内的有界数据集。

> 窗口功能可以理解为对一个数据流在某段时间或计数内数据的截取，如每 3s 内产生的数据集合。窗口是 Flink 极为重要的概念，会在后续章节中详细讲解。

可以使用 timeWindow() 方法来定义窗口。这里在 2.3.2 节代码的"keyBy(0)"算子后加入定义窗口的方法，如下所示：

```
// 省略 2.3.2 节的代码
// 键控流转换算子
.keyBy(0)
// 指定时间的窗口大小
.timeWindow(Time.seconds(10))
// 求和
.sum(1);
// 省略 2.3.2 节的代码
```

运行上述应用程序之后，会在控制台中输出以下信息：

```
9> (SQL,1)
7> (world,1)
5> (Batch,2)
12> (Flink,3)
4> (Steam,1)
4> (hello,1)
4> (Table,1)
-------------
12> (Flink,1)
9> (SQL,3)
5> (Batch,1)
7> (world,1)
4> (Table,1)
4> (Steam,1)
4> (hello,2)
```

由上述输出信息可以看到，每隔 10s 输出一段信息，每段信息中的单词的总数都是 10。

但是也会出现例外情况，如果尝试多次启动和停止该任务，则可能会输出以下结果：

```
7> (world,1)
4> (Steam,2)
4> (Table,1)
5> (Batch,1)
-------------
12> (Flink,3)
4> (Table,1)
```

```
4> (hello,1)
4> (Steam,4)
9> (SQL,1)
```

可以看到，第一次启动窗口输出的数据，只收到了 5（1+2+1+1）个单词，接下来的 10s 就正常了，这个问题可以通过加入时间戳和水位线来解决。在后续章节中将对相关内容进行讲解。

2.4 使用 Table API 处理无界数据流和有界数据流

2.4.1 处理无界数据流

下面使用 Table API 处理无界数据流：

```java
public class WordCountTableForStream {
    // main()方法——Java 应用程序的入口

    public static void main(String[] args) throws Exception {
        // 获取流处理的执行环境

        StreamExecutionEnvironment sEnv = StreamExecutionEnvironment.getExecutionEnvironment();
                // 定义所有初始化表环境的参数

                EnvironmentSettings bsSettings = EnvironmentSettings.newInstance()
                .useBlinkPlanner() // 将 BlinkPlanner 设置为必需的模块
                .inStreamingMode() // 设置组件应在流模式下工作，默认启用
                .build();
        // 创建 Table API、SQL 程序的执行环境

        StreamTableEnvironment tEnv = StreamTableEnvironment.create(sEnv, bsSettings);
        // 或者可以使用 TableEnvironment bsTableEnv = TableEnvironment.create(bsSettings);
        // 获取自定义的数据流

        DataStream<String> dataStream = sEnv.addSource(new MySource());
        // 将数据集转换为表

        Table table1 = tEnv.fromDataStream(dataStream,$("word"));
        // 将数据集转换为表

        Table table = table1
                .where($("word")
                .like("%t%"));
        String explantion_old = tEnv.explain(table);
        System.out.println(explantion_old);
        // 将给定的 Table 转换为指定类型的 DataStream

        tEnv.toAppendStream(table, Row.class)
        .print("table");
        // 执行任务操作。因为 Flink 是懒加载的，所以必须调用 execute()方法才会执行

        sEnv.execute();
        }
}
```

运行上述应用程序之后，会在控制台中输出以下信息：

```
table:11> Steam
table:12> Batch
table:1> Batch
table:2> Steam
table:3> Steam
table:4> Batch
table:5> Batch
table:6> Steam
```

　　　因为只是查询带有字符 "t" 的单词，所以应用程序运行之后可能需要等待一段时间才会输出数据。

2.4.2　处理有界数据流

下面结合 Java 的 POJO 类来演示。

1. 编写实体类

创建一个 Java 的 POJO 类 MyOrder，如下所示：

```java
public class MyOrder {
    // 定义类的属性
    public Long id;
    // 定义类的属性
    public String product;
    // 定义类的属性
    public int amount;
    // 无参构造方法
    public MyOrder() {
    }
// 有参构造方法
public MyOrder(Long id, String product, int amount) {
    this.id = id;
    this.product = product;
    this.amount = amount;
}
    @Override
    /* toString()方法，返回值类型为 String */
public String toString() {
    return "MyOrder{" +
            "id=" + id +
            ", product='" + product + '\'' +
```

```
", amount=" + amount +
        '}';
    }
}
```

2. 编写 Table API 处理程序

下面使用 Table API 将 DataSet 转换为 Table，并实现过滤操作：

```
public class TableBatchDemo {
    // main()方法——Java 应用程序的入口
    public static void main(String[] args) throws Exception {
        // 获取执行环境
        ExecutionEnvironment env = ExecutionEnvironment.getExecutionEnvironment();
        // 创建 Table API、SQL 程序的执行环境
        BatchTableEnvironment tEnv = BatchTableEnvironment.create(env);
        // 加载或创建源数据
        DataSet<MyOrder> input = env.fromElements(
                        new MyOrder(1L,"BMW", 1),
                        new MyOrder(2L,"Tesla", 8),
                        new MyOrder(2L,"Tesla", 8),
                        new MyOrder(3L,"Rolls-Royce", 20));
        // 将 DataSet 转换为 Table
        Table table = tEnv.fromDataSet(input);
        // 执行过滤操作
        Table filtered = table
                        // 条件
                        .where($("amount")
                        .isGreaterOrEqual(8));
                        // 将给定的 Table 转换为指定类型的 DataSet
        DataSet<MyOrder> result = tEnv.toDataSet(filtered, MyOrder.class);
        //打印数据到控制台
        result.print();
}
```

运行上述应用程序之后，会在控制台中输出以下信息：

```
MyOrder{id=2, product='Tesla', amount=8}
MyOrder{id=2, product='Tesla', amount=8}
MyOrder{id=3, product='Rolls-Royce', amount=20}
```

2.5　使用 SQL 处理无界数据流和有界数据流

2.5.1　处理无界数据流

下面演示的是使用 SQL 将无界数据流转换为表，并进行过滤：

```java
public class SQLStreamDemo {
    // main()方法——Java 应用程序的入口
    public static void main(String[] args) throws Exception {
        // 获取流处理的执行环境

        StreamExecutionEnvironment env = StreamExecutionEnvironment.getExecutionEnvironment();
        // 创建 Table API 和 SQL 程序的执行环境

        StreamTableEnvironment tEnv=StreamTableEnvironment.create(env);
        // 获取自定义的数据流

        DataStream<String> stream = env.addSource(new MySource());
        // 将 DataStream 转换为 Table

        Table table = tEnv.fromDataStream(stream, $("word"));
        // 查询 Table

        Table result = tEnv.sqlQuery("SELECT * FROM " + table + " WHERE word LIKE '%t%'");
                tEnv
                .toAppendStream(result, Row.class) // 将给定的 Table 转换为指定类型的DataStream
    .print(); // 打印数据到控制台
        // 执行任务操作。因为 Flink 是懒加载的，所以必须调用 execute()方法才会执行

        env.execute();
    }
}
```

运行上述应用程序之后，会在控制台中输出以下信息：

```
9> Steam
10> Batch
12> Batch
1> Steam
11> Batch
```

由输出信息可知，该应用程序会输出包含"t"的相关单词。

2.5.2　处理有界数据流

下面演示的是使用 SQL 将有界数据流转换为临时视图，然后执行 SQL 查询：

```java
public class SQLBatchDemo {
    // main()方法——Java 应用程序的入口

    public static void main(String[] args) throws Exception {
```

```
                // 获取执行环境
    ExecutionEnvironment env = ExecutionEnvironment.getExecutionEnvironment();
                // 创建 Table API、SQL 程序的执行环境
    BatchTableEnvironment tEnv = BatchTableEnvironment.create(env);
                // 加载或创建源数据
    DataSet<MyOrder> input = env.fromElements(
                new MyOrder(1L,"BMW", 1),
                new MyOrder(2L,"Tesla", 8),
                new MyOrder(2L,"Tesla", 8),
                new MyOrder(3L,"Rolls-Royce", 20));
        // 注册 DataSet 为视图
    tEnv.createTemporaryView("MyOrder", input,$("id"),$("product"), $("amount"));
    // 在 Table 中运行 SQL 查询,并将结果返回为一个新的 Table
    Table table = tEnv.sqlQuery(
            "SELECT product,SUM(amount) as amount FROM MyOrder GROUP BY product");
            tEnv
            .toDataSet(table, Row.class) // 将给定的 Table 转换为指定类型的 DataSet
    .print(); // 打印数据到控制台
    }
}
```

运行上述应用程序之后,会在控制台中输出以下信息:

```
Rolls-Royce,20
BMW,1
Tesla,16
```

由输出信息可知,该应用程序对 Tesla 的销量进行了统计。

2.6 生成执行计划图

Flink 会根据各种参数(如数据规模或集群中的机器数量)自动优化程序的执行策略。但是,有时需要了解 Flink 应用程序如何精确执行。所以,本节讲解如何使用 Plan Visualization Tool 生成和查看 Flink 的执行计划图。

> Flink 提供了用于提交和执行作业的 Web 界面,在该界面中也可以查看执行计划图。但限于本书的篇幅和定位,本书不讲解 Flink 的搭建、部署、运维、调试和监视等内容,也不讲解如何通过 Web 界面来提交和查看作业。

Flink 提供的可视化工具 Plan Visualization Tool 用来查看执行计划,它可以通过在应用程序中生成的执行计划 JSON 来生成带有执行策略和完整注释的执行计划图。

使用 Plan Visualization Tool 获取执行计划的步骤如下。

（1）获取执行计划 JSON。

在 Flink 应用程序中，可以使用 getExecutionPlan() 方法获取执行计划 JSON，如下所示：

```
// 获取执行环境
final ExecutionEnvironment env = ExecutionEnvironment.getExecutionEnvironment();
...
System.out.println(env.getExecutionPlan());
```

例如，在 2.3.2 节的代码中，增加 getExecutionPlan() 方法得到的执行计划 JSON 如下所示：

```
{
  "nodes" : [ {
    "id" : 1,
    "type" : "Source: Custom Source",
    "pact" : "Data Source",
    "contents" : "Source: Custom Source",
    "parallelism" : 1
  }, {
    "id" : 2,
    "type" : "Flat Map",
    "pact" : "Operator",
    "contents" : "Flat Map",
    "parallelism" : 12,
    "predecessors" : [ {
      "id" : 1,
      "ship_strategy" : "REBALANCE",
      "side" : "second"
    } ]
  }, {
    "id" : 4,
    "type" : "Keyed Aggregation",
    "pact" : "Operator",
    "contents" : "Keyed Aggregation",
    "parallelism" : 12,
    "predecessors" : [ {
      "id" : 2,
      "ship_strategy" : "HASH",
      "side" : "second"
    } ]
  } ]
}
```

从上面输出的信息可以得知 Flink 应用程序的并行性、算子等信息。

（2）通过"https://flink.apache.org/visualizer/"来到 Flink 的可视化执行计划图生成工具的界面。

（3）将获取的 JSON 复制到该界面的文本框中。

（4）单击"draw"按钮生成执行计划图。

生成的执行计划图如图 2-5 所示。

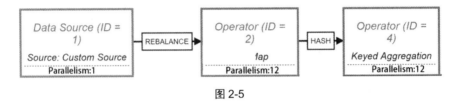

图 2-5

基础篇

第3章

概览 Flink

本章首先介绍流处理和批处理，然后介绍 Flink 的整体架构、编程接口和项目依赖，最后介绍分布式执行引擎的环境。

3.1 了解流处理和批处理

3.1.1 数据流

现实世界中的大部分数据都是流式的，这些数据基本上都以一个起点开始，但没有以一个终点结束。例如，京东、淘宝、证券交易所的交易数据，物联网传感器产生的信号数据，以及网站或手机 App 上的用户交互数据。

而有些数据却是有界的，以时间或数量限定范围，有开始点和结束点。例如，《福布斯》发布的"2021 年亚洲 30 位（30 岁及以下）精英"榜，以及 2021 年中国乘用车销量榜 TOP100。

根据无界和有界的特征，可以把数据流分为无界数据流和有界数据流。

- 无界数据流：有开始点但是没有结束点的数据流。无界数据流是实时的，而且会无休止地产生数据。
- 有界数据流：有明确开始点和结束点的数据流，即数据流是有边界的，有固定数量，通常称为数据集。

无界数据流和有界数据流如图 3-1 所示。

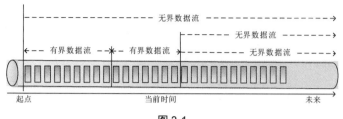

图 3-1

3.1.2 流处理

数据流是流处理的基本要素，它的多种特征决定了如何及何时被处理。

因为无界数据流和有界数据流的存在，所以用户通常会使用两种截然不同的方法处理数据。

图 3-2 展示了处理数据流的两种方式：批处理和实时流处理。

（a）批处理　　　　　　　　　　　　　　　　（b）实时流处理

图 3-2

- 批处理：对有界数据流的处理通常被称为批处理。批处理不需要有序地获取数据。在批处理模式下，首先将数据流持久化到存储系统（文件系统或对象存储）中，然后对整个数据集的数据进行读取、排序、统计或汇总计算，最后输出结果。
- 实时流处理：对于无界数据流，通常在数据生成时进行实时处理。因为无界数据流的数据输入是无限的，所以必须持续地处理。数据被获取后需要立刻处理，不可能等到所有数据都到达后再进行处理。处理无界数据流通常要求以特定顺序（如事件发生的顺序）获取事件，以便能够保证推断结果的完整性。

Flink 是"流/批统一"的计算引擎，擅长处理无界数据流和有界数据流。精确的时间控制和状态化，使 Flink 能够运行任何无界数据流和有界数据流的应用程序。对于有界数据集，Flink 在流处理引擎中通过一些特殊的算法和数据结构进行处理。

Flink 并不是流处理与批处理都运行统一的代码，处理这两种任务的底层的算子是不同的，应根据具体功能和不同的特性来区别处理。例如，在批处理上没有检查点机制，在流处理上不能做排序、合并、连接等操作。

在 Flink 中，数据流形成了有向图：以一个或多个数据源（Source）算子开始，并以一个或多个接收器（Sink）算子结束，如图 3-3 所示。

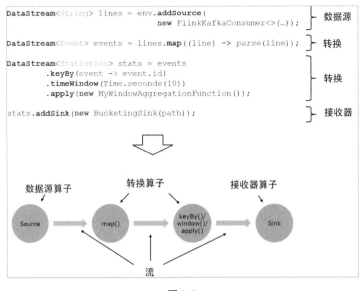

```
DataStream<String> lines = env.addSource(
                           new FlinkKafkaConsumer<>(…));          ── 数据源

DataStream<Event> events = lines.map((line) -> parse(line));      ── 转换

DataStream<Statistics> stats = events
        .keyBy(event -> event.id)
        .timeWindow(Time.seconds(10))                             ── 转换
        .apply(new MyWindowAggregationFunction());

stats.addSink(new BucketingSink(path));                           ── 接收器
```

数据源算子   转换算子   接收器算子

Source → map() → keyBy()/window()/apply() → Sink

流

图 3-3

通常，程序代码中的转换（Transformation）和数据流中的算子（Operator）是一一对应的。但有时也会出现一个转换包含多个算子的情况，如图 3-3 所示，转换"stats"包含键控数据流（Keyed Date Stream，以下简称键控流）、窗口和窗口聚合这 3 个算子。

Flink 应用程序既可以消费来自消息队列或分布式日志这类流式数据源的实时数据，也可以从各种数据源中消费有界的历史数据。同样，Flink 应用程序生成的结果流也可以被发送到各种数据接收器（数据库、消息中间件等）中。

3.1.3　流式的批处理

在 Flink 中如何处理无界数据流呢？

Flink 把无界数据流进行切分，得到有限的数据集，然后进行处理。这种被切分后的数据集就是有界数据集。

在流式计算引擎中，如图 3-4 所示，先通过窗口对无限数据流进行"快照"，生成有限的数据流（集），然后把数据流（集）分发到有限大小的"桶"中进行分析。窗口的快照动作就像拍照，通过特定的限定条件为数据限定一个范围，它不影响整个数据流，不同时间段的窗口显示了窗口中的订单信息，字段为 ID、总价、销量。例如，第 1 个窗口中有两个事件：ID 为 7 的产品的售价是 221元，销量是 4 件；ID 为 8 的产品的售价是 21 元，销量是 2 件。这两个事件就构成了有界数据集，然后在窗口中被处理。

第1个窗口

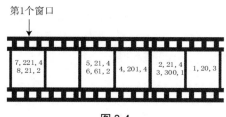

图 3-4

Flink 将批处理程序作为流处理程序的一种特殊情况执行，即该流处理程序的数据集是有界的（元素数量有限）。

与流处理相比，批处理主要有以下几方面特点。

- 批处理程序的容错不使用检查点。因为数据有限，所以恢复可以通过"完全重播"（重新处理）来实现。这种处理方式会降低常规处理的成本，因为它可以避免检查点。
- DataSet API 中的有状态操作使用的是简化的内存数据结构，而不是键–值（Key-Value）索引。
- 在 DataSet API 中引入了特殊的同步迭代（基于超步），这只在有界数据流上是可能的。

3.1.4　有状态流处理

Flink 中的算子是可以有状态的，因此可以累积事件之前所有事件数据的结果。Flink 中的状态不仅可以用于简单的场景（如统计每分钟的数据），还可以用于复杂的场景（如训练作弊检测模型）。

Flink 应用程序可以在分布式集群上并行运行，其中每个算子的各个并行实例会在单独的线程中独立运行，并且在通常情况下，这些并行实例会在不同的机器上运行。

有状态算子的并行实例组在存储其对应状态时，通常是按照键（Key）进行分片存储的。每个并行实例算子负责处理一组特定键的事件数据，并且这组键对应的状态会被保存在本地。

如图 3-5 所示，状态共享的 Flink 作业的前 3 个算子（从左到右）的并行度为 2，最后一个接收器（Sink）算子的并行度为 1。第 3 个算子是有状态的，并且第 2 个算子和第 3 个算子是全互连的，它们之间通过网络进行数据分发。第 2 个算子根据某些键对数据流进行了分区，以便第 3 个算子能汇合这些数据流事件，然后做统一计算处理。

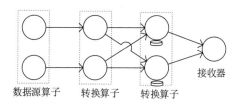

图 3-5

Flink 应用程序的状态访问都是在本地进行的，这有助于其提高吞吐量和降低延迟。在通常情况下，Flink 应用程序都是将状态存储在 JVM 堆上，但如果状态太大，也可以将其以结构化数据的格式存储在高速磁盘中（状态本地化），如图 3-6 所示。

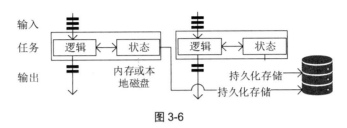

图 3-6

3.1.5　并行数据流

Flink 应用程序的执行具有并行、分布式特性。

如图 3-7 所示，在执行过程中，每个算子包含一个或多个算子子任务，每个子任务在不同的线程、不同的物理机或不同的容器中，它们是彼此互不依赖地独立执行的。算子子任务的个数被称为其并行度。在一个程序中，不同的算子可能具有不同的并行度。

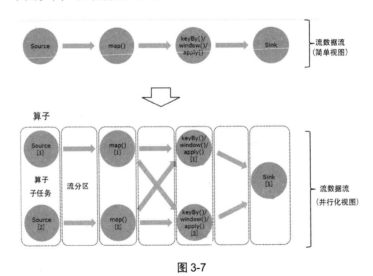

图 3-7

Flink 算子之间可以通过一对一模式或重新分发模式传输数据，具体采用哪种模式取决于算子的种类。

1. 一对一模式

一对一模式也被称为**直传**模式，该模式可以保留元素的分区和顺序信息。

图 3-7 中的 Source 算子和 Map 算子之间就是一对一模式。Map 算子的子任务 map()[1]输入的数据及其顺序，与 Source 算子的子任务 Source[1]输出的数据及其顺序完全相同，即同一分区的数据只会进入下游算子的相同分区。

Map 算子、Filter 算子、FlatMap 算子等都是一对一模式。

2. 重新分发模式

重新分发模式会更改数据所在的流分区。如图 3-7 所示，在 map()和 keyBy()/window()之间，以及 keyBy()/window()和 Sink 之间就是重新分发模式。

如果在程序中使用了不同的算子，则每个算子子任务会根据不同的算子将数据发送给不同的目标子任务。

下面是几种转换及其对应分发数据的模式。

- keyBy()：通过散列键重新分区。
- Broadcast()：广播。
- Rebalance()：随机重新分发。

在重新分发数据的过程中，元素只有在每对输出和输入子任务之间才能保留其之间的顺序信息（例如，keyBy()/window()的子任务 keyBy()/window()/apply()[2]接收到的 Map 的子任务 map()[1]中的元素都是有序的）。因此，在图 3-7 中，当 keyBy()/window()和 Sink 算子之间的数据重新分发时，不同键的聚合结果到达 Sink 的顺序是不确定的。

3.2　Flink 的整体架构

Flink 包含部署层、执行引擎层、核心 API 层和领域库层。图 3-8 是 Flink 1.11 版本架构所包含的组件。

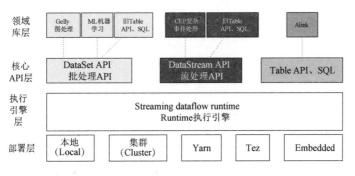

图 3-8

3.2.1 部署层

Flink 支持本地（Local）模式、集群（Cluster）模式等。

3.2.2 执行引擎层

执行引擎层是核心 API 的底层实现，位于最低层。执行引擎层提供了支持 Flink 计算的全部核心实现。

执行引擎层的主要功能如下。

- 支持分布式流处理。
- 从作业图（JobGraph）到执行图（ExecutionGraph）的映射、调度等。
- 为上层的 API 层提供基础服务。
- 构建新的组件或算子。

执行引擎层的特点包括以下几点：灵活性高，但开发比较复杂；表达性强，可以操作状态、Time 等。

3.2.3 核心 API 层

核心 API 层主要对无界数据流和有界数据流进行处理，包括 DataStream API 和 DataSet API，以及实现了更加抽象但是表现力稍差的 Table API、SQL。

（1）DataStream API：用于处理无界数据，或者以流处理方式来处理有界数据。

（2）DataSet API：用于对有界数据进行批处理。用户可以非常方便地使用 Flink 提供的各种算子对分布式数据集进行处理。DataStream API 和 DataSet API 是流处理应用程序和批处理应用程序的接口，程序在编译时生成作业图。在编译完成之后，Flink 的优化器会生成不同的执行计划。根据部署方式的不同，优化之后的作业图将被提交给执行器执行。

（3）Table API、SQL：用于对结构化数据进行查询，将结构化数据抽象成关系表，然后通过其提供的类 SQL 语言的 DSL 对关系表进行各种查询。

3.2.4 领域库层

Flink 还提供了用于特定领域的库，这些库通常被嵌入在 API 中，但不完全独立于 API。这些库也因此可以继承 API 的所有特性，并与其他库集成。

在 API 层之上构建的满足特定应用的实现计算框架（库），分别对应面向流处理和面向批处理这两类。

- 面向流处理支持：CEP（复杂事件处理）、基于 SQL-like 的操作（基于 Table 的关系操作）。

- 面向批处理支持：FlinkML（机器学习库）、Alink（新开源的机器学习库）、Gelly（图计算）。

3.3 Flink 的编程接口

开发 Flink 应用程序可以从 Flink 提供的 4 种 API 入手，它们既可以单独使用，也可以混合使用（可以做到无缝切换）。从 Flink 的编程接口可以看出 Flink 的抽象层次。Flink 提供的多种不同层次的抽象 API 如图 3-9 所示。

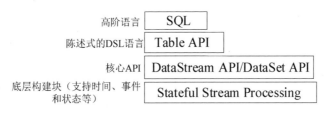

图 3-9

由图 3-9 可以看出，Flink 将数据处理接口抽象成 4 层，分别为 SQL、Table API、DataStream API/DataSet API，以及 Stateful Stream Processing。用户可以根据需要选择任意一层抽象接口来开发 Flink 应用程序。每种 API 在简洁性和表达力方面的侧重点不同，并且针对的应用场景也不同。

- 抽象级别从低到高依次是 Stateful Stream Processing→DataStream API/DataSet API→Table API→SQL。
- 表达力从低到高依次是 SQL→Table API→DataStream API/DataSet API→Stateful Stream Processing。

3.3.1 有状态实时流处理接口

Flink API 底层的抽象为有状态实时流处理（Stateful Stream Processing）。用户可以使用该接口操作状态、时间等底层数据。有状态实时流处理接口是核心的底层实现，其抽象实现是 ProcessFunction，并且 ProcessFunction 被 Flink 集成到 DataStream API 中了。ProcessFunction 允许用户在应用程序中自由地处理来自单流或多流的事件（数据），并提供具有全局一致性和容错保障的状态。

此外，用户可以在此层中注册事件时间（Event Time）和处理时间（Processing Time）的回调方法，从而允许应用程序可以实现复杂计算。

用有状态实时流处理接口开发应用程序的灵活性非常强，可以实现非常复杂的流式计算逻辑，在使用 Flink 进行二次开发或深度封装时一般会用到该接口。

3.3.2 核心 API（DataStream API/DataSet API）

　　实际上，许多应用程序不需要使用底层抽象的 API，而是使用核心 API——DataStream API 和 DataSet API 进行编程。DataStream API 和 DataSet API 主要面向具有开发经验的用户。

1. DataStream API

　　DataStream API 应用于有界数据流/无界数据流场景，为数据处理提供了通用的模块组件，如各种形式的用户自定义转换、连接、聚合、窗口和状态操作等。同时，每种接口都支持 Java、Scala 及 Python 等开发语言的 SDK。在这些 API 中处理的数据类型，在各自的编程语言中表示为类。

　　DataStream API 的特殊 DataStream 类用于表示 Flink 应用程序中的数据集合，可以将这些数据集合视为包含重复项的不可变数据集合。此数据集合既可以是有界的，也可以是无界的，用来处理它们的 API 是相同的，如过滤、更新状态、定义窗口、聚合。

　　首先通过 DataStream API 从各种数据源（消息队列、套接字流、文件）加载或创建数据流；然后通过算子将数据流进行处理，转换成新的数据流；最后通过接收器将结果返回，接收器可以将返回的结果写入文件、命令行终端、数据库等。

　　Flink 中每个 DataStream API 的流处理程序大致包含以下流程：①获得执行环境；②加载/创建初始数据；③指定转换算子操作数据；④指定存放（输出）结果的位置；⑤触发程序执行。

　　在 DataSet 和 DataStream 中，转换都是懒加载的，所以需要在应用程序代码的最后使用 env.execute()方法触发执行，或者使用 print()方法、count()方法、collect()方法等触发执行。

2. DataSet API

　　DataSet API 对有界数据集进行批处理。它可以对静态数据进行批处理，将静态数据抽象成分布式的数据集。它提供的基础算子包括映射、过滤、联合、分组等。所有算子都有相应的算法和数据结构支持，对内存中的序列化数据进行操作。

　　Flink 中 DataSet API 的数据处理算法借鉴了传统数据库算法的实现，如混合散列连接和外部归并排序。

Flink 中每个 DataSet API 的批处理程序大致包含以下流程：①获得执行环境；②加载/创始数据；③指定转换算子操作数据；④指定存放结果的位置。

3.3.3　Table API 和 SQL

Flink 提供了 Table API 和 SQL 这两个高级的关系型 API，用来做流处理和批处理的统一处理。它们被集成在同一套 API 中，共享许多概念和功能。Table API 和 SQL 的核心是 Table API，Table API 用作查询的输入和输出。Table API 是 SQL 的超集。

Table API 和 SQL 使用 Apache 软件基金会的 Calcite 进行查询的解析、校验与优化。Table API 和 SQL 的查询可以在批处理或流处理上运行而无须修改。它们降低了用户使用实时计算的门槛，可以与 DataStream API 和 DataSet API 相互转换或混合使用，并且支持用户自定义的标量函数、聚合函数和表值函数等。

Table API 的查询不是将查询指定为 SQL 常见的 String 值，而是以 Java、Scala 或 Python 的语言嵌入样式定义的，并且具有 IDE 支持（如自动完成和语法验证）。

在 Flink 中，每个 Table API 和 SQL 程序大致包含以下流程：①获得执行环境；②根据执行环境获取 Table API 和 SQL 执行环境；③注册输入表；④执行 Table API 和 SQL 查询；⑤将输出表结果发送给外部系统。

1. Table API

Table API 是以表（Table）为中心的陈述式领域特定语言（Domain-Specific Language，DSL）API。例如，在流式数据场景下，Table API 可以表示一张正在动态改变的表。

Table API 中的表拥有 Schema（类似于关系型数据库中的 Schema，即列名和列类型信息），并且 Table API 也提供了类似于关系模型中的操作，如选择、投射、连接、分组和聚合等。

Table API 程序以声明的方式定义应执行的逻辑操作，而不是确切地指定程序应该执行的代码。

Table API 虽然可以使用各种类型的用户自定义函数扩展功能，但还是比核心 API 的表达力差。Table API 程序在执行之前，会使用优化器中的优化规则对用户编写的表达式进行优化。

Table API 构建在 Table 之上，所以需要构建 Table 环境，并且不同类型的 Table 需要不同的 Table 环境。

2. SQL

SQL 是 Flink 最顶层（高级）抽象。在语义和程序表达式上 SQL 与 Table API 类似，但是其程序实现都采用 SQL 查询表达式。SQL 的查询语句可以在"在 Table API 中定义的表"上执行。

SQL 具有比较低的学习成本，能够让数据分析人员和开发人员更快速地上手，帮助用户更加专注于业务本身，而不是受限于复杂的编程接口。

 Table API、SQL 现在还处于活跃开发阶段，没有完全实现所有的特性。

3. 计划器

学习 Table API、SQL，必须了解它们使用的计划器（Planner）。计划器把关系型的操作翻译成可执行的、经过优化的 Flink 任务。从 1.9 版本开始，Flink 提供了两个计划器，用来执行 Table API、SQL 程序——BlinkPlanner 和 OldPlanner。

在 Flink 1.9 版本之前，默认的计划器是 OldPlanner。BlinkPlanner 是阿里巴巴开源的。BlinkPlanner 和 OldPlanner 所使用的优化规则及类都不一样，支持的功能也有一些差异。

对于生产环境，Flink 1.11 之后的版本默认使用 BlinkPlanner。

3.3.4　比较 DataStream API、DataSet API、Table API 和 SQL

1. DataStream API

目前，在开发工作中用得最多的 API 是 DataStream API，它是数据驱动应用程序和数据管道的主要 API。DataStream API 使用物理数据类型（Java/Scala 类），没有自动改写和优化功能，这样应用程序可以显式控制时间和状态。从长远来看，DataSet API 最终会融入 DataStream API 中。

2. DataSet API

DataSet API 提供了一些额外的功能，如循环、迭代操作。DataSet API 也支持 Sort、Merge、Join 等操作。

3. Table API 和 SQL

Table API 和 SQL 正在以"流/批统一"的方式成为分析型用例的主要 API。它们都是声明式的，并且应用了许多自动优化。由于这些特性，Table API 和 SQL 不提供直接访问时间和状态的接口。

3.4　Flink 的项目依赖

每个 Flink 应用程序都需要一些依赖，以便使用 Kafka、Hive 等外部框架。

3.4.1 Flink 核心依赖和用户的应用程序依赖

Flink 有两大类依赖。

1. Flink 核心依赖

Flink 本身包含系统运行所需的类和依赖项，如协调、网络、检查点、故障转移、操作、资源管理等。这些类和依赖项构成执行引擎的核心，并且在启动 Flink 应用程序时必须存在。

这些核心类和依赖项被打包在 flink-dist 的 JAR 包中，它们是 Flink 中 Lib 文件夹的一部分，也是 Flink 基本容器镜像的一部分。这些核心类和依赖项类似于 Java 的核心库 rt.jar 和 charsets.jar 等，其中包含诸如 String 和 List 之类的类。

Flink 核心依赖项不包含任何连接器或库，这样可以避免在默认情况下在类路径中具有过多的依赖项和类。Flink 尝试将核心依赖项保持尽可能小，并且避免依赖项冲突。Flink 核心依赖如下所示：

```xml
<!-- Flink 核心依赖 -->
<dependency>
        <groupId>org.apache.flink</groupId>
        <artifactId>flink-core</artifactId>
        <version>1.11.0</version>
</dependency>
```

2. 用户应用程序依赖

用户应用程序依赖主要是指用户的应用程序所需的连接器和库等依赖。用户的应用程序通常被打包成 JAR 包，其中包含应用程序代码及其所需的连接器和库。

用户的应用程序依赖不包括 Flink 核心依赖的部分，如 DataStream API 和执行引擎所需的依赖。

3.4.2 流处理应用程序和批处理应用程序所需的依赖

每个 Flink 应用程序都需要最小的 Flink API 依赖。在手动设置项目时，需要为 Java API 添加以下依赖项：

```xml
<!-- Flink 流处理应用程序的依赖 -->
<dependency>
        <groupId>org.apache.flink</groupId>
        <artifactId>flink-streaming-java_2.11</artifactId>
        <version>1.11.0</version>
        <!-- provided 表示在打包时不将该依赖打包进去，可选的值还有 compile、runtime、system、test -->
        <scope>provided</scope>
</dependency>
```

所有这些依赖项的作用域（Scope）都被设置为"provided"，这意味着需要对其进行编译，但不应将它们打包到项目的生产环境的 JAR 包中。这些依赖项是 Flink 核心依赖项，在任何设置中都是可用的。

建议将这些依赖项保持在"provided"的范围内。如果未将"scope"的值设置为"provided"，则会使生成的 JAR 包变得过大（因为它包含了所有 Flink 核心依赖项），从而引起依赖项版本冲突（可以通过反向类加载避免这种情况）。

3.4.3　Table API 和 SQL 的依赖

1. 相关依赖

与 DataStream API 和 DataSet API 开发 Flink 应用程序所需的依赖不同，通过 Table API、SQL 开发 Flink 应用程序，需要加入如下所示的依赖：

```
<!-- Flink 的 Table API、SQL 依赖 -->
<dependency>
        <groupId>org.apache.flink</groupId>
        <artifactId>flink-table-api-java-bridge_2.11</artifactId>
        <version>1.11.0</version>
        <!-- provided 表示在打包时不将该依赖打包进去，可选的值还有 compile、runtime、system、test -->
        <scope>provided</scope>
</dependency>
```

除此之外，如果想在 IDE 本地运行程序，则需要添加相应的模块，具体取决于使用的计划器。

（1）如果使用 OldPlanner，则添加如下所示的依赖：

```
<!--适用于 Flink 1.9 之前可用的 OldPlanner -->
<dependency>
        <groupId>org.apache.flink</groupId>
        <artifactId>flink-table-planner_2.11</artifactId>
        <version>1.11.0</version>
        <!-- provided 表示在打包时不将该依赖打包进去，可选的值还有 compile、runtime、system、test -->
        <scope>provided</scope>
</dependency>
```

（2）如果使用 BlinkPlanner，则添加如下所示的依赖：

```
<!-- 适用于 BlinkPlanner -->
<dependency>
        <groupId>org.apache.flink</groupId>
        <artifactId>flink-table-planner-blink_2.11</artifactId>
        <version>1.11.0</version>
        <!-- provided 表示在打包时不将该依赖打包进去，可选的值还有 compile、runtime、system、test -->
        <scope>provided</scope>
```

```
</dependency>
```

由于部分 Table 相关的代码是用 Scala 实现的，因此如下所示的依赖也需要添加到程序中，不管是流处理应用程序还是批处理应用程序：

```
<!-- 部分 Table 相关的 Scala 依赖 -->
<dependency>
    <groupId>org.apache.flink</groupId>
    <artifactId>flink-streaming-scala_2.11</artifactId>
    <version>1.11.0</version>
    <!-- provided 表示在打包时不将该依赖打包进去，可选的值还有 compile、runtime、system、test -->
    <scope>provided</scope>
</dependency>
```

2. 扩展依赖

如果想用自定义格式来解析 Kafka 数据，或者自定义函数，则添加如下所示的依赖。编译出来的 JAR 包可以直接给 SQL Client 使用。

```
<!-- Table 的公共依赖 -->
<dependency>
    <groupId>org.apache.flink</groupId>
    <artifactId>flink-table-common</artifactId>
    <version>1.11.0</version>
    <!-- provided 表示在打包时不将该依赖打包进去，可选的值还有 compile、runtime、system、test -->
    <scope>provided</scope>
</dependency>
```

flink-table-common 模块包含的可以扩展的接口有 SerializationSchemaFactory、DeserializationSchemaFactory、ScalarFunction、TableFunction 和 AggregateFunction。

3. 在开发工具中执行的依赖

如果在开发工具中测试 Flink 应用程序，则需要添加如下所示的依赖，否则会报错误信息 "No ExecutorFactory found to execute the application"：

```
<!-- Flink 的客户端依赖 -->
<dependency>
    <groupId>org.apache.flink</groupId>
    <artifactId>flink-clients_2.11</artifactId>
    <version>1.11.0</version>
</dependency>
```

3.4.4 Connector 和 Library 的依赖

大多数应用程序都需要使用特定的连接器或库才能运行，如连接到 Kafka、Hive 等，这些连接器不是 Flink 核心依赖项的一部分，因此，它们必须作为依赖项被添加到应用程序中。

添加 Kafka 连接器作为依赖项的实例如下所示：

```xml
<!-- Flink 的 Kafka 连接器依赖 -->
<dependency>
        <groupId>org.apache.flink</groupId>
        <artifactId>flink-connector-kafka_2.11</artifactId>
        <version>1.11.0</version>
</dependency>
```

> 为了使 Maven 和其他构建工具能正确地将依赖项打包到应用程序 JAR 包中，则必须指定范围（Scope）的值为"compile"。这与核心依赖项不同，核心依赖项必须指定范围（Scope）为"provided"。

3.4.5 Hadoop 的依赖

如果没有将现有的 Hadoop 输入/输出格式与 Flink 的 Hadoop 一起使用，则不必将 Hadoop 依赖项直接添加到应用程序中。

如果要将 Flink 与 Hadoop 一起使用，则需要具有一个包含 Hadoop 依赖项的 Flink 设置，而不是将 Hadoop 添加为用户的应用程序依赖项。

如果在 IDE 内进行测试或开发（如用于 HDFS 访问），则需要添加 Hadoop 依赖项，并指定依赖项的范围（Scope）。

3.5 了解分布式执行引擎的环境

Flink 是一个分布式系统，需要对资源进行有效的分配和管理。本节不仅介绍 Flink 的两种类型的进程、任务插槽和资源，还介绍 Flink 应用程序的执行。

3.5.1 作业管理器、任务管理器、客户端

Flink 由两种类型的进程组成：一个作业管理器（Job Manager），一个或多个任务管理器（Task Manager）。Flink 的整体架构如图 3-10 所示。

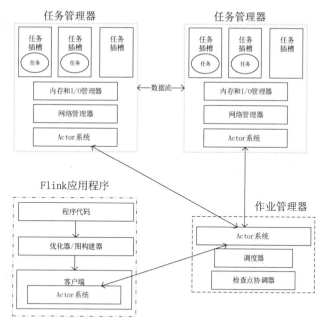

图 3-10

1. 作业管理器

作业管理器也被称为 Master。每个作业至少有一个作业管理器。在高可用部署下会有多个作业管理器，其中一个作为 Leader，其他的处于待机（Standby）状态。

作业管理器的职责主要包括以下几点。

- 负责调度任务：决定何时安排下一个任务（或一组任务），对完成的任务或执行失败的任务做出反应。
- 协调分布式计算。
- 协调检查点。
- 协调故障恢复。

作业管理器的这些职责由 3 个不同的组件来实现。

- 资源管理器（Resource Manager）：管理任务插槽（Task Slot），负责 Flink 集群中的资源取消和分配。这些任务插槽是 Flink 集群中资源调度的单位。Flink 为不同的环境和资源提供者（如 YARN、Mesos、Kubernetes 和独立部署）实现了多个资源管理器。在独立设置中，资源管理器只能分配可用任务管理器的插槽，而不能自行启动新的任务管理器。
- 作业主管（Job Master）：负责管理单个作业图的执行。在 Flink 集群中，可以同时运行多个作业，每个作业都有自己的 Job Master。

- 调度器（Dispatcher）：通过提供 REST 界面来提交 Flink 应用程序以供执行，并为提交的每个作业启动一个新的 Job Master。它还可以运行 Flink Web UI，以提供有关作业执行的信息。

2. 任务管理器

任务管理器也被称为工作进程（Worker）。任务管理器执行数据流中的任务，准确来说是子任务（Subtask），并且缓存和交换数据流。

每个作业至少有一个任务管理器。任务管理器连接到作业管理器，通知作业管理器自己可用，然后开始接手被分配的工作。

3. 客户端

客户端不是执行引擎的一部分，而是用来准备和提交数据流到作业管理器的。在提交完成后，客户端既可以断开连接，也可以保持连接以接收进度报告。客户端既可以作为触发执行的 Java/Scala 程序的一部分，也可以在 Flink 的命令行进程中运行如下命令来运行客户端：

```
./bin/flink run ...
```

3.5.2　任务插槽和资源

每个任务管理器都是一个 JVM 进程。JVM 进程用于在不同的线程中执行一个或多个子任务。任务管理器和任务插槽构成了工作进程。为了控制工作进程接收任务的数量，可以通过任务插槽来控制工作进程。一个工作进程至少有一个任务插槽。任务插槽在任务管理器中的位置如图 3-11 所示。

图 3-11

每个任务插槽代表任务管理器的 1 个固定资源子集。被划分的资源不是 CPU 资源，而是任务的内存资源。例如，具有 3 个任务插槽的任务管理器会将其管理的内存资源划分成 3 等份，然后提供给每个任务插槽。划分资源意味着子任务之间不会竞争资源，它们只拥有固定的资源。

用户可以通过调整任务插槽的数量来决定子任务的隔离方式。如果每个任务管理器有一个任务插槽，则每个任务在一个单独的 JVM 中运行（如在一个单独的容器中运行）。拥有多个任务插槽意味着：多个子任务共享同一个 JVM；在同一个 JVM 中，任务通过多路复用技术共享 TCP 连接和心跳信息。任务还可以共享数据集和数据结构，从而降低每个任务的开销。

在默认情况下，Flink 允许子任务共享任务插槽（即使它们是不同任务的子任务，只要它们来自同一个作业）。因此，一个任务插槽可能会负责这个作业的整个管道（Pipeline）。允许共享任务插槽有以下两个好处。

- 减少计算：如果 Flink 集群有与作业中使用的最高并行度一样多的任务插槽，则不需要计算作业总共包含多少个任务（具有不同并行度）。
- 更好的资源利用率：在没有共享任务插槽的情况下，简单的子任务（如 Map）会占用和复杂子任务（如窗口）一样多的资源。如果通过共享任务插槽将图 3-11 中的并行度从 2 增加到 6，则可以充分利用任务插槽的资源，同时确保繁重的子任务在任务管理器之间公平地获取资源，共享任务插槽，如图 3-12 所示。

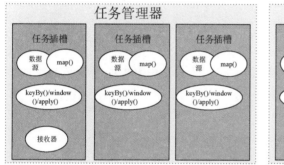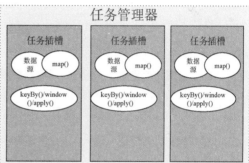

图 3-12

任务插槽的数量应该和 CPU 核数相同。在使用超线程时，每个任务插槽会占用 2 个或更多的硬件线程上下文。

3.5.3 Flink 应用程序的执行

Flink 应用程序的执行可以在本地 JVM 或具有多台计算机的集群环境中进行。

对于每个应用程序，执行环境提供了一些诸如设置并行性的方法，以控制作业执行，并与外界进行交互。

Flink 应用程序的作业可以提交到长时间运行的 Flink 会话集群、Flink 作业集群或 Flink 应用程序集群，三者的差异主要体现在集群的生命周期和资源隔离方面，如表 3-1 所示。

表 3-1

比较项	Flink 会话集群	Flink 作业集群	Flink 应用程序集群
生命周期	不与任何 Flink 作业的生存期绑定	用于为提交的每个作业启动集群。在作业完成后，Flink 作业集群将被拆除	仅从一个 Flink 应用程序执行作业，并且 main()方法在整个集群内，而不只是在客户端上运行。Flink 应用程序集群的生存期与 Flink 应用程序的生存期应绑定在一起
资源隔离	任务管理器的任务插槽由资源管理器在作业提交时分配，并在作业完成后释放	作业管理器中的致命错误仅影响在该 Flink 作业集群中运行的一个作业	资源管理器和调度器的作用域为单个 Flink 应用程序

这 3 种集群的优势如下。

- Flink 会话集群：拥有预先存在的集群，可以节省资源申请和任务管理器的启动时间，可以让作业快速使用现有资源执行计算。
- Flink 作业集群：由于资源管理器必须应用并等待外部资源管理组件，以启动任务管理器进程并分配资源，因此 Flink 作业集群适用于长期运行、具有高稳定性要求且对长启动时间不敏感的大型作业。
- Flink 应用程序集群：Flink 应用程序集群可以被看作 Flink 应用程序集群的"客户端运行"替代方案。

第 4 章

Flink 开发基础

本章首先介绍 Flink 应用程序的结构，如何配置 Flink 应用程序的执行环境和参数，初始化数据源，如何进行数据转换和结果的输出；然后介绍如何处理应用程序的参数，以及如何自定义函数；最后介绍 Flink 的数据类型和序列化。

4.1 开发 Flink 应用程序的流程

4.1.1 了解 Flink 应用程序的结构

使用 DataStream API、DataSet API、Table API 和 SQL 开发的 Flink 应用程序具有相同的程序结构。Flink 应用程序的代码和数据流如图 4-1 所示。

图 4-1

由图 4-1 可以看出，Flink 应用程序主要由 3 部分构成。

- 数据源（Source）：用来读取数据，是整个流的入口。
- 转换（Transformation）：用于处理数据，转换一个或多个无界数据流或有界数据流，从而形成一个新的数据流。
- 接收器（Sink）：用于输出数据，是数据的出口，也可以称之为"汇"或"输出"。

流和转换组成了 Flink 应用程序的基础构建模块。每个数据流起始于一个或多个数据源，并终止于一个或多个接收器。

程序中的转换与数据流中的算子之间存在"一对一"或"一对多"的对应关系。

4.1.2 配置执行环境和参数

开发 Flink 应用程序的第一步是配置执行环境和参数。

1. 配置 DataStream API、DataSet API 的执行环境

执行环境（Execution Environment）表示当前执行程序的上下文，它决定了 Flink 应用程序在什么执行环境（本地或集群）中执行。不同的执行环境也决定了应用程序的不同类型。批处理和流处理作业分别使用不同的执行环境。在 Flink 应用程序中，可以通过以下 2 个类来创建执行环境。

- StreamExecutionEnvironment：用来创建流处理执行环境。
- ExecutionEnvironment：用来创建批处理执行环境。

可以使用以下 3 个方法来获取执行环境。

（1）getExecutionEnvironment()方法。该方法自动获取当前执行环境，是常用的创建执行环境的方式。如果没有设置并行度，则以 flink-conf.yaml 文件中配置的并行度为准，默认值是 1。

（2）createLocalEnvironment()方法。该方法返回本地执行环境，需要在调用时指定并行度。如果将编译后的应用程序发布到集群中，则需要把源码改成远程执行环境。

（3）createRemoteEnvironment()方法。该方法返回集群的执行环境，但需要在调用时指定作业管理器的 IP 地址、端口号和集群中运行的 JAR 包位置等。createRemoteEnvironment()方法的使用方法如下所示：

```
StreamExecutionEnvironment.createRemoteEnvironment("JobManagerHost", 6021, 5, "/flink_
application.jar");
```

2. 配置 Table API、SQL 的执行环境

（1）BatchTableEnvironment 类。该类用来创建 Table API、SQL 的批数据处理执行环境，其使用方法如下所示：

```
// 获取批数据处理执行环境
ExecutionEnvironment env = ExecutionEnvironment.getExecutionEnvironment();
// 创建 Table API、SQL 程序的执行环境
BatchTableEnvironment tEnv = BatchTableEnvironment.create(env);
```

（2）StreamTableEnvironment 类。该类用来创建 Table API、SQL 的流数据处理执行环境，其使用方法如下所示：

```
// 获取流数据处理的执行环境
StreamExecutionEnvironment env = StreamExecutionEnvironment.getExecutionEnvironment();
// 创建 Table API、SQL 程序的执行环境
StreamTableEnvironment tableEnv = StreamTableEnvironment.create(env);
```

3. 配置执行环境参数

（1）setParallelism()方法，用来设置并行度。在此处设置的并行度将使所有算子与并行实例一起运行。此方法将覆盖执行环境中的默认并行度。

LocalStreamEnvironment 类默认使用等于硬件上下文（CPU 内核/线程）数量的值。在通过命令行客户端执行程序时，才使用在这里设置的并行度。

（2）setBufferTimeout()方法，用来设置刷新输出缓冲区的最大时间频率（ms）。在默认情况下，输出缓冲区会频繁刷新，以提供低延迟。

在实际生产环境中，流中的数据通常不会一个一个地在网络中传输，而是将这些数据先缓存起来，以避免不必要的网络流量消耗，然后传输。缓存的大小可以在 Flink 的配置文件、ExecutionEnvironment 或某个算子中进行配置（默认为 100ms）。

setBufferTimeout()方法的参数主要有以下 3 种。

- 正整数：以该数值定期触发，优势是提高了吞吐量，劣势是增加了延迟。
- 0：在每条记录后触发，从而最大限度地减少等待时间，这会产生性能的损耗。
- −1：缓存中的数据一满就会被发送，这会移除超时机制。

（3）setMaxParallelism()方法，用来设置最大并行度，以指定动态缩放的上限。最大并行度的范围如下：

$$0 < maxParallelism \leqslant 2^{15}-1$$

（4）setStateBackend()方法，用于设置状态后端。Flink 内置了以下 3 种状态后端。

- MemoryStateBackend：用内存存储状态（此为默认值），用于小状态、本地调试。
- FsStateBackend：用文件系统存储状态，用于大状态、长窗口、高可用场景。
- RocksDBStateBackend：用 Rocks 数据库存储状态，用于超大状态、长窗口、可增量检查点和高可用场景。

（5）setStreamTimeCharacteristic()方法，用来设置应用程序处理数据流的时间特性。Flink 定义了以下 3 类时间特性的值。

- ProcessingTime：处理时间。
- IngestionTime：摄入时间。
- EventTime：事件时间。

（6）setRestartStrategy()方法，用于设置故障重启策略。当任务的失败率上升到一定的程度时，Flink 认为本次任务最终是失败的。setRestartStrategy()方法的使用方法如下所示：

```
env.setRestartStrategy(RestartStrategies
    .failureRateRestart(2, Time.of(1, TimeUnit.MINUTES)
    ));
```

上述代码设置的最大失败次数为 2，衡量失败次数的时间间隔是 1min，也可以将单位设置为 s 或 ms。

4.1.3　初始化数据源

在创建完成执行环境后，需要将数据引入 Flink 系统中。执行环境提供了不同的数据接入接口，以便将外部数据转换成 DataStream 数据集或 DataSet 数据集。

Flink 读取数据源，并将其转换为 DataStream 数据集或 DataSet 数据集，这样就完成了从数据源到分布式数据集的转换。

Flink 可以直接从第三方系统获取数据，因为在 Flink 中默认提供了多种从外部读取数据的连接器，这些连接器可以处理批量数据和实时数据。

4.1.4　数据转换

DataStream API 和 DataSet API 主要的区别在于转换部分，它们的算子所在类分别为 DataStream 和 DataSet 数据集。

1. 执行转换操作

在通过 Flink 读取数据，并转换成 DataStream 数据集或 DataSet 数据集之后，就可以进行下一步的各种转换操作。

Flink 中的转换操作是通过不同的算子来实现的，在每个算子的内部通过实现函数接口来完成数据处理逻辑的定义。

DataStream API 和 DataSet API 提供了大量的转换算子，如 Map 算子、FlatMap 算子、Filter 算子、KeyBy 算子等。用户只需要定义每种算子执行的逻辑，并将它们应用在数据转换操作的算子中即可。

用户也可以通过实现函数接口来自定义数据的处理逻辑，然后将定义好的函数应用在对应的算子中。

2. 指定用来分区的键

Join 算子、CoGroup 算子、GroupBy 算子等需要根据指定的键进行转换，以便将相同键的数据路由到相同的管道（Pipeline）中，然后进行下一步的计算。所以，在使用它们之前，需要先将 DataStream 数据集或 DataSet 数据集转换成对应的 KeyedStream 和 GroupedDataSet。

这类算子并不是真正意义上的将数据集转换成"键-值"结构，而是一种虚拟的键，以便于后面的基于键的算子使用。

分区键可以通过如下 3 种方式指定。

（1）根据字段位置指定。

在 DataStream API 中，可以通过 keyBy()方法将 DataStream 数据集根据指定的键转换成 KeyedStream。在 DataSet API 中，在对数据进行聚合时，可以使用 GroupBy()方法对数据进行重新分区。

（2）根据字段名称指定。

如果要在 Flink 中使用嵌套的复杂数据结构，则可以通过字段名称来指定键。在使用字段名称来指定键时，DataStream 数据集中的数据结构必须是 Tuple 类型或 POJO 类型的。

如果程序中使用的数据是 Tuple 类型的，那么字段名称通常是从 1 开始计算的，字段位置索引则从 0 开始计算。如下所示的两种方式是等价的：

```
// 通过字段名称指定第 1 个字段
dataStream.keyBy("_1")
// 通过字段位置指定第 1 个字段
dataStream.keyBy(0)
```

（3）通过键选择器指定。

可以通过定义键选择器来选择数据集中的键。

4.1.5 输出结果和触发程序

经过转换之后的结果数据集，一般需要输出到外部系统中，或者输出到控制台上。

在 DataStream 接口和 DataSet 接口中定义了基本的数据输出方法，如基于文件输出和控制台的输出。

用户可以通过直接调用 addSink()方法添加输出系统定义的 DataSink 类算子，从而将数据输出到外部系统中。

1. 输出方式

基于文件，如下所示：

```
// 输出为 Text 文件
stream.writeAsText("/path/to/file");
// 输出为 CSV 文件
stream.writeAsCsv("/path/to/file");
```

基于 Socket，如下所示：

```
// 输出到 Socket
stream.writeToSocket(host, port, SerializationSchema)
```

基于标准/错误输出，如下所示：

```
// 打印数据到控制台
stream.print();
// 写入标准输出流（错误信息）
stream.printToErr();
```

在学习和开发中，常用的是输出到开发工具的控制台上。

2. 触发程序

在 StreamExecutionEnvironment 中，需要调用 ExecutionEnvironment 的 execute()方法来触发应用程序的执行。execute()方法返回 JobExecutionResult 类型的结果，其中包含程序执行的时间和累加器等指标。

> DataStream 应用程序需要显性地调用 execute()方法来运行程序。如果不调用 execute()方法，则 DataStream 应用程序不会执行。在 DataSet 应用程序中的算子已经包含对 execute()方法的调用，所以不能再次调用 execute()方法，否则会出现程序异常。

4.2 处理参数

Flink 应用程序一般都依赖外部配置参数。外部配置参数用于指定输入和输出源（如路径或地址）、系统参数（并行性，执行引擎配置），以及特定于应用程序的参数（通常在用户函数内使用）。

Flink 提供了处理参数工具——ParameterTool 类。另外，还可以将其他框架（如 Commons CLI 和 Argparse4j）与 Flink 一起使用。

4.2.1 将参数传递给函数

可以使用构造函数方法或 withParameters()方法将参数传递给函数。这些参数将作为功能对象的一部分进行序列化，并交付给所有并行任务实例。

1. 构造函数方法

可以通过构造函数方法来传递参数，如下所示：

```
// 加载或创建源数据
DataSet<Integer> toFilter = env.fromElements(1, 2, 3);
      toFilter.filter(new MyFilter(2));
// 通过实现 FilterFunction 来实现自定义过滤规则
private static class MyFilter implements FilterFunction<Integer> {
  private final int limit;
  public MyFilter(int limit) {
    this.limit = limit;
  }
  @Override
  public boolean filter(Integer value) throws Exception {
    return value > limit;
  }
}
```

2. withParameters()方法

withParameters()方法将 Configuration 对象作为参数传递给富函数的 open()方法。例如，实现 RichMapFunction，而不是 MapFunction，因为富函数中的 open()方法可以重写。Configuration 对象是一个 Map。

withParameters()方法只支持在批处理程序中使用，不支持在流处理程序中使用。withParameters()方法要在每个算子后面使用，并不是使用一次就可以获取所有值。如果所有算子都要该配置信息，则需要重复设置多次。

3. 通过 ExecutionConfig 接口

Flink 还允许将自定义配置值传递到执行环境的 ExecutionConfig 接口。由于可以在所有用户函数中访问执行环境的配置，因此自定义的配置全局可用。

下面设置一个自定义的全局配置：

```
Configuration conf = new Configuration();
// 自定义配置信息

conf.setString("mykey","myvalue");
// 获取执行环境

final ExecutionEnvironment env = ExecutionEnvironment.getExecutionEnvironment();
// 设置全局参数

env.getConfig().setGlobalJobParameters(conf);
```

还可以传递一个自定义类，该类将 ExecutionConfig.GlobalJobParameters 类作为全局作业参数扩展到执行环境的配置。ExecutionConfig 接口允许实现 Map <String, String> toMap() 方法，该方法将依次显示配置中的值。

全局作业参数中的对象可以在系统中的许多位置被访问。所有实现富函数接口的用户自定义函数都可以通过执行引擎上下文进行访问，如下所示：

```
public static final class Tokenizer extends RichFlatMapFunction<String, Tuple2<String, Integer>>
{
    private String mykey;
    @Override
    public void open(Configuration parameters) throws Exception {
      super.open(parameters);
// 获取配置信息
ExecutionConfig.GlobalJobParameters globalParams =
getRuntimeContext().getExecutionConfig().getGlobalJobParameters();
      Configuration globConf = (Configuration) globalParams;
      // 自定义配置信息
      mykey = globConf.getString("mykey", null);
}
//...
```

4.2.2 用参数工具读取参数

在 Flink 中主要使用参数工具（ParameterTool 类）读取参数，使用该工具可以读取环境变量、运行参数、配置文件等。

ParameterTool 类通过提供的一组预定义的静态方法来读取配置。ParameterTool 类很容易将其与自己的配置样式集成。

1. 从集合类 Map 中读取参数

将传入的一个 Map 配置给 ParameterTool 类，然后读取配置，其返回值是一个 ParameterTool 对象。

2. 从配置文件 .properties 中读取参数

下面这 3 段代码演示了读取配置文件，以及提供"键-值"对：

```
String propertiesFilePath = "/myjob.properties";
// 读取参数

ParameterTool parameter = ParameterTool.fromPropertiesFile(propertiesFilePath);

File propertiesFile = new File(propertiesFilePath);
// 读取参数

ParameterTool parameter = ParameterTool.fromPropertiesFile(propertiesFile);

InputStream propertiesFileInputStream = new FileInputStream(file);
// 读取参数

ParameterTool parameter = ParameterTool.fromPropertiesFile(propertiesFileInputStream);
```

3. 读取命令行参数

Flink 支持为每个作业单独传入参数，然后可以通过如下所示的代码获取参数：

```
// main()方法——Java 应用程序的入口
public static void main(String[] args) {
// 读取参数

ParameterTool parameterfromArgs = ParameterTool.fromArgs(args);
}
```

4. 读取系统属性

ParameterTool 类支持通过 fromSystemProperties() 方法来读取系统属性。

当启动一个 JVM 时，可以先通过如下所示的代码传递参数：

```
-Dinput=hdfs:///mydata.
```

然后通过如下所示的代码获取系统参数：

```
ParameterTool parameter = ParameterTool.fromSystemProperties();
```

4.2.3　在 Flink 应用程序中使用参数

在获取参数之后，可以通过各种方式来使用这些参数。

1. 直接通过 ParameterTool 使用参数

ParameterTool 本身具有读取参数的方法，如下所示：

```
ParameterTool parameters = //...
// 读取参数
parameter.getRequired("input");
parameter.get("output", "myDefaultValue");
parameter.getLong("expectedCount", -1L);
parameter.getNumberOfParameters()
```

可以直接在提交应用程序的客户端的 main()方法中使用这些方法的返回值。例如，可以按照如下所示的方式设置算子的并行性：

```
ParameterTool parameters = ParameterTool.fromArgs(args);
int parallelism = parameters.get("mapParallelism", 2);
// 转换数据
DataSet<Tuple2<String, Integer>> counts = text
// FlatMap 转换算子
.flatMap(new Tokenizer())
// 设置并行度
.setParallelism(parallelism);
```

ParameterTool 是可序列化的，可以先用如下所示的代码将其传递给函数本身，然后在函数内部使用它从命令行获取的值：

```
// 读取参数
ParameterTool parameters = ParameterTool.fromArgs(args);
// 转换数据
DataSet<Tuple2<String, Integer>> counts = text
.flatMap(new Tokenizer(parameters));
```

2. 注册和读取全局参数

在 ExecutionConfig 接口中注册全局作业参数之后，可以从作业管理器的 Web 界面和用户定义的所有功能中访问配置值。

（1）注册全局参数，如下所示：

```
ParameterTool parameters = ParameterTool.fromArgs(args);
// 获取执行环境
final ExecutionEnvironment env = ExecutionEnvironment.getExecutionEnvironment();
// 设置全局参数
env.getConfig().setGlobalJobParameters(parameters);
```

（2）通过用户函数读取参数，如下所示：

```
public static final class Tokenizer extends RichFlatMapFunction<String, Tuple2<String, Integer>>
{
    @Override
    public void flatMap(String value, Collector<Tuple2<String, Integer>> out) {
    // 读取参数
    ParameterTool parameters = (ParameterTool)
        getRuntimeContext().getExecutionConfig().getGlobalJobParameters();
        parameters.getRequired("input");
    //以下内容省略
```

4.2.4　实例 2：通过 withParameters()方法传递和使用参数

 （代码） 本实例的代码在“/Parameter/Configuration”目录下。

本实例演示的是通过 withParameters()方法传递参数，并使用参数，如下所示：

```
public class ConfigurationDemo {
    // main()方法——Java 应用程序的入口
    public static void main(String[] args) throws Exception {
        // 获取执行环境
        ExecutionEnvironment env = ExecutionEnvironment.getExecutionEnvironment();
        // 加载或创建源数据
        DataSet<Integer> input = env.fromElements(1,2,3,5,10,12,15,16);
        // 用 Configuration 类存储参数
        Configuration configuration = new Configuration();
        configuration.setInteger("limit", 8);
        input.filter(new RichFilterFunction<Integer>() {
            private int limit;
            @Override
            public void open(Configuration configuration) throws Exception {
                limit = configuration.getInteger("limit", 0);
            }
            @Override
            public boolean filter(Integer value) throws Exception {
                // 返回大于 limit 的值
                return value > limit;
            }
        }).withParameters(configuration)
        // 打印数据到控制台
        .print();
    }
}
```

运行上述应用程序之后，会在控制台中输出以下信息：

```
10
12
15
16
```

4.2.5　实例 3：通过参数工具读取和使用参数

  本实例的代码在 "/Parameter/ParameterTool" 目录下。

本实例演示的是通过 ParameterTool 从 Map、配置文件、命令行及系统属性中读取和使用参数，具体步骤如下。

1. 添加配置文件和配置项

先在 Java 应用程序的 resources 文件夹下创建配置文件 myjob.properties，然后加入配置项 "my=myflink"。

2. 实现应用程序功能

通过使用 ParameterTool 从 Map、配置文件、命令行及系统属性中读取和使用参数，如下所示：

```java
public class ParameterToolDemo {
    // main()方法——Java 应用程序的入口
    public static void main(String[] args) throws Exception {
        /* 从 Map 中读取参数 */
        Map properties = new HashMap();
        // 配置 bootstrap.servers 的地址和端口
        properties.put("bootstrap.servers", "127.0.0.1:9092");
        // 配置 Zookeeper 的地址和端口
        properties.put("zookeeper.connect", "172.0.0.1:2181");
        properties.put("topic", "myTopic");

        ParameterTool parameterTool = ParameterTool.fromMap(properties);
        System.out.println(parameterTool.getRequired("topic"));
        System.out.println(parameterTool.getProperties());

        /* 从 .properties files 文件中读取参数 */
        String propertiesFilePath = "src/main/resources/myjob.properties";
            ParameterTool parameter = ParameterTool.fromPropertiesFile(propertiesFilePath);
        System.out.println(parameter.getProperties());
        System.out.println(parameter.getRequired("my"));
```

```
        File propertiesFile = new File(propertiesFilePath);
        ParameterTool parameterFlie = ParameterTool.fromPropertiesFile(propertiesFile);
        System.out.println(parameterFlie.getProperties());
        System.out.println(parameterFlie.getRequired("my"));

        /* 从命令行中读取参数 */
        ParameterTool parameterfromArgs = ParameterTool.fromArgs(args);
        System.out.println("parameterfromArgs:" + parameterfromArgs.getProperties());

        /* 从系统配置中读取参数 */
        ParameterTool parameterfromSystemProperties = ParameterTool.fromSystemProperties();
        System.out.println("parameterfromSystemProperties" +
                        parameterfromSystemProperties.getProperties());
    }
}
```

3. 配置参数

在测试之前，需要在开发工具 IDEA 中配置参数，以便在测试时从命令行和 JVM 系统属性中读取参数。如图 4-2 所示，将"VM options"选项配置为"-Dinput=hdfs://mydata"，将"Program arguments"选项配置为"--port=8888"。

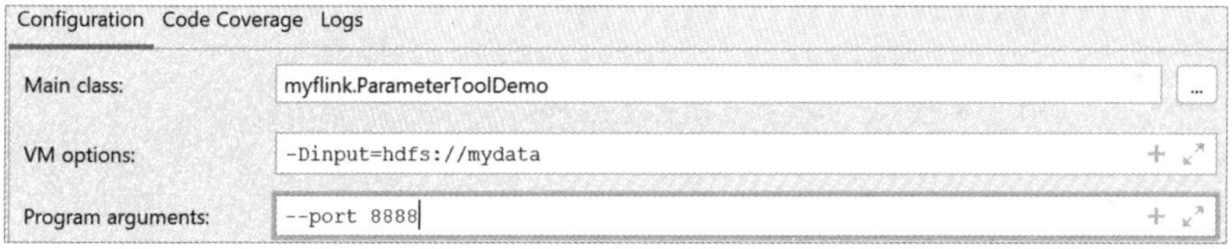

图 4-2

4. 测试

运行上述应用程序之后，会在控制台中输出以下信息：

```
myTopic
{topic=myTopic, zookeeper.connect=172.0.0.1:2181}
{my=myflink}
myflink
{my=myflink}
myflink
parameterfromArgs:{port=8888}
parameterfromSystemProperties{java.runtime.name=Java(TM) SE Runtime Environment,
input=hdfs://mydata
//以下内容省略
```

由此可知，成功获取到配置的参数和 JVM 系统信息。

4.3 自定义函数

在大多数情况下，用户需要通过自定义函数来实现业务需求。本节主要介绍如何自定义函数，以及与自定义函数密切相关的累加器。

4.3.1 自定义函数的常用方式

1. 实现 Flink 提供的接口

自定义函数通常通过实现 Flink 提供的接口来实现自己的功能，如下所示：

```
// 自定义函数
class MyMapFunction implements MapFunction<String, Integer> {
    public Integer map(String value) { return Integer.parseInt(value); }
};
        data.map(new MyMapFunction());
```

2. 使用匿名类

可以将函数作为匿名类进行传递，如下所示：

```
// 可以将函数作为匿名类进行传递
data.map(new MapFunction<String, Integer> () {
    public Integer map(String value) { return Integer.parseInt(value); }
});
```

3. 使用 Java 8 的 Lambda 表达式

在 Java API 中，Flink 支持 Java 8 的 Lambda 表达式，使用方法如下所示：

```
data.filter(s -> s.startsWith("http://"));
    // Reduce 聚合转换算子
    data.reduce((i1,i2) -> i1 + i2);
```

4. 使用富函数

所有需要用户定义函数的转换都可以使用富函数，具体步骤如下。

（1）继承富函数，如下所示：

```
class MyMapFunction extends RichMapFunction<String, Integer> {
    public Integer map(String value) { return Integer.parseInt(value); }
};
```

（2）将函数传递给 Map，如下所示：

```
data.map(new MyMapFunction());
```

还可以将富函数定义为匿名类，如下所示：

```
data.map (new RichMapFunction<String, Integer>() {
    public Integer map(String value) { return Integer.parseInt(value); }
});
```

4.3.2　了解累加器和计数器

累加器（Accumulator）有加法运算功能。在程序运行期间，累加器能观察任务的数据变化，这在调试过程中非常有用。累加器通过 add()方法累加数据，在作业结束之后获得累加器的最终结果。

最简单的累加器是一个计数器（Counter），可以使用 Accumulator.add()方法进行累加。在作业结束时，Flink 将合并所有结果，并将最终结果发送给客户端。

目前，Flink 拥有以下几种内置累加器。

- Counter：计数器，包含 IntCounter、LongCounter、DoubleCounter。
- Histogram：离散数据直方图的实现。它是一个整数到整数的映射，可以用来计算值的分布。

1. 使用累加器

使用累加器的具体步骤如下。

（1）创建累加器，如下所示：

```
private IntCounter numLines = new IntCounter();
```

（2）在 open()方法中注册累加器，然后定义累加器的名称，如下所示：

```
getRuntimeContext().addAccumulator("myCounter", this.numLines);
```

（3）使用累加器，如下所示：

```
this.numLines.add(1);
```

（4）获取累加器的结果。

将结果存储在 JobExecutionResult 对象中，该对象是从执行环境的 execute()方法返回的（仅在作业执行完成时起作用）。

获取上面定义的累加器的结果，如下所示：

```
myJobExecutionResult.getAccumulatorResult("myCounter");
```

Flink 会在内部合并所有具有相同名称的累加器。

> 累加器的结果仅在整个作业结束后才可用。Flink 官方计划在下一次迭代中提供上一次迭代的结果。目前，可以使用聚合器（Aggregator）来计算每次迭代的统计信息，并使迭代终止基于此类统计信息。

2. 自定义累加器

自定义累加器可以通过继承 Accumulator 或 SimpleAccumulator 来实现。

- Accumulator <V,R>：该接口最灵活，它为要添加的值定义类型 V，并且为最终结果定义类型 R。对于直方图，V 代表数字，R 代表直方图。
- SimpleAccumulator：适用于两种类型相同的情况，如计数器。

4.3.3 实例 4：实现累加器

 代码 本实例的代码在 "/Accumulator" 目录下。

本实例演示的是累加器的使用，如下所示：

```java
public class AccumulatorDemo {
    // main()方法——Java 应用程序的入口
    public static void main(String[] args) throws Exception {
        // 获取执行环境
        final ExecutionEnvironment env= ExecutionEnvironment.getExecutionEnvironment();
        // 加载或创建源数据
        DataSet<String> input = env.fromElements("BMW", "Tesla", "Rolls-Royce");
        // 转换数据
        DataSet<String> result =input.map(new RichMapFunction<String,String>() {
            @Override
            public String map(String value) throws Exception {
                //使用累加器。如果并行度为 1，则使用普通的累加求和即可；如果设置了多个并行度，则普通的累加
求和结果不准确
                intCounter.add(1);
                return value;
            }
            // 创建累加器
            IntCounter intCounter = new IntCounter();
            @Override
            public void open(Configuration parameters) throws Exception {
                super.open(parameters);
                // 注册累加器
                getRuntimeContext().addAccumulator("myAccumulatorName", intCounter);
            }
```

```
    });
     result.writeAsText("d:\\file.TXT", FileSystem.WriteMode.OVERWRITE)
    // 设置并行度为 1
    .setParallelism(1);
    // 作业执行结果对象
    JobExecutionResult jobExecutionResult = env.execute("myJob");
    // 获取累加器的计数结果。参数是累加器的名称，而不是 intCounter 的名称
    int accumulatorResult=jobExecutionResult.getAccumulatorResult("myAccumulatorName");
    System.out.println(accumulatorResult);
  }
}
```

运行上述应用程序之后，会在控制台中输出以下信息：

3

4.4　数据类型和序列化

4.4.1　认识数据类型

Flink 以独特的方式来处理数据类型及序列化，并且内置了类型描述符、泛型类型提取功能，以及类型序列化框架。Flink 对 DataSet 数据集或 DataStream 数据集中的元素类型设置了一些限制，以便分析类型从而确定有效的执行策略。

Flink 主要支持以下 7 种数据类型。

- 元组类：Java 或 Scala 的元组类。
- POJO 类：Java 实体类。
- 原生数据类：默认支持 Java 和 Scala 基本数据类型。
- 常规类：默认支持大多数 Java 和 Scala 类。
- Value 类：Flink 自带的 Int、Long、String 等标准类型的序列化器。
- Hadoop 的 Writable 类：支持 Hadoop 中实现的 org.apache.hadoop.Writable 数据类型。
- 特殊类：如 Scala 中的 Either Option 和 Try。

1. 元组类

元组类（Tuple）是复合类型，包含固定数量的各种类型的字段。通过定义 TupleTypeInfo 可以描述 Tuple 类型的数据。元组类不支持空值存储。

Java API 提供了从 Tuple1 到 Tuple25 的类。如果字段数量超过 25 的上限，则可以通过继承 Tuple 类的方式进行扩展。元组的每个字段可以是任意的 Flink 类型，包括其他元组。

可以使用字段名称 tuple.f1，或者通用的 getter()方法、tuple.getField()方法来直接访问元组的字段。字段索引从 0 开始。

元组类的使用方法如下所示：

```
// 加载或创建源数据
DataStream<Tuple2<String, Integer>> wordCounts = env.fromElements(
    new Tuple2<String, Integer>("hello", 1),
    new Tuple2<String, Integer>("world", 2));
    wordCounts.map(new MapFunction<Tuple2<String, Integer>, Integer>() {
    @Override
    public Integer map(Tuple2<String, Integer> value) throws Exception {
        return value.f1;
    }
});
```

```
wordCounts
.keyBy(0); // 键控流转换算子，或者使用.keyBy("f0")
```

2. POJO 类

POJO 类比常规类型更易于使用，可以完成复杂数据结构的定义。另外，Flink 可以比常规类型更有效地处理 POJO 类。Flink 通过实现 PojoTypeInfo 来描述任意的 POJO 类。

在 Flink 中，POJO 类可以通过字段名称获取字段，如下所示：

```
dataStream.join(otherStream).where("name").equalTo("userName")
```

如果要在 Flink 中使用 POJO 类，则需要遵循以下几点要求。

- POJO 类必须是 public 修饰的，并且必须独立定义，不能是内部类。
- POJO 类中必须含有默认空构造器。
- POJO 类中所有的字段必须是 public 修饰的，或者具有用 public 修饰的 getter()方法和 setter()方法。
- POJO 类中的字段类型必须是 Flink 支持的。

POJO 类通常用 PojoTypeInfo 表示，并用 PojoSerializer 序列化（用 Kryo 作为可配置的备用）。

但是，当 POJO 类实际上是 Avro 类型或作为"Avro 反射类型"产生时，POJO 类由 AvroTypeInfo 表示，并且通过 AvroSerializer 进行序列化。如果需要，可以注册自定义序列化程序。

下面演示一个带两个公共字段的简单 POJO 类：

```
public class WordCount {
```

```
        // 定义类的属性
    public String word;
        // 定义类的属性
    public int count;
        // 无参构造方法
    public WordCount() {}
        // 有参构造方法
    public WordCount(String word, int count) {
        this.word = word;
        this.count = count;
    }
}
// 加载或创建源数据
DataStream<WordCount> wordCount = env.fromElements(
    new WordCount("hello", 1),
    new WordCount("world", 2));
    wordCount.keyBy("word"); // 键控流转换算子
// 以下内容省略
```

3. 原生数据类

Flink 通过实现 BasicTypeInfo 数据类，能够支持任意 Java 原生基本类型或 String 类型，如 Integer、String、Double 等。通过实现 BasicArrayTypeInfo 数据类型，能够支持 Java 基本类型数组或 String 对象的数组。

4. 常规类

Flink 支持大多数的 Java 类，但限制使用无法序列化的字段的类，如文件指针、I/O 流或其他本机资源。

所有未标识为 POJO 类型的类，均由 Flink 处理为常规类。Flink 将这些数据类型视为"黑盒"，并且无法访问其内容。通用类型使用序列化框架 Kryo 进行反序列化。

5. Value 类

Value 类没有使用通用的序列化框架，而是通过读/写方法实现 org.apache.flinktypes.Value 接口来为这些操作提供自定义代码。在通用序列化效率非常低时，使用 Value 类是合理的。

例如，要将元素的稀疏向量变为数组的数据类型，如果知道数组大部分为零，则可以对非零元素使用一种特殊的编码，而通用序列化会写所有数组元素。org.apache.flinktypes.CopyableValue 接口以类似方式支持内部克隆逻辑。

Flink 带有与基本数据类型相对应的预定义值类型（ByteValue、ShortValue、IntValue、LongValue、FloatValue、DoubleValue、StringValue、CharValue、BooleanValue）。

6. Hadoop 的 Writable 类

可以使用实现了 org.apache.hadoop.Writable 接口的类。此时，在 write()方法和 readFields()方法中定义的序列化逻辑将用于 Writable 类型的序列化。

7. 特殊类

还可以使用特殊类，如 Scala 的 Either、Option 和 Try。在 Java API 中也有自定义的 Either类。与 Scala 的 Either 类类似，Java 的 Either 类存在表示两种可能的值——Left 或 Right。Either类对于错误处理或需要输出两种不同类型的记录的算子非常有用。

对于 Flink 无法实现序列化的数据类型，不仅可以用 Avro 和 Kryo 序列化，还可以自定义序列化，使用方法如下。

（1）用 Avro 序列化，如下所示：

```
// 获取执行环境
ExecutionEnvironment env = ExecutionEnvironment.getExecutionEnvironment();
// 开启 Avro 序列化
env.getConfig().enableForceAvro();
```

（2）用 Kryo 序列化，如下所示：

```
// 获取执行环境
ExecutionEnvironment env = ExecutionEnvironment.getExecutionEnvironment();
// 开启 Kryo 序列化
env.getConfig().enableForceKryo();
```

（3）自定义序列化，如下所示：

```
// 获取执行环境
ExecutionEnvironment env = ExecutionEnvironment.getExecutionEnvironment();
// 自定义序列化
env.getConfig().addDefaultKryoSerializer(Class<?> type, Class<? extends Serializer<?>>
serializerClass)
```

4.4.2 类型擦除和类型推断

在 Java 中存在"类型擦除"，所以 Java 编译器在编译后会丢弃很多通用类型信息。因此，在Flink 的执行引擎中，无法知道对象实例的通用类型。例如，DataStream <String>和 DataStream<Long>的实例在 JVM 中看起来是相同的。

Flink 在准备要执行的程序时需要知道类型信息。Flink 的 Java API 会尝试重建丢弃的类型信息，并将其显式存储在数据集和算子中。可以使用 DataStream.getType()方法检索类型信息，该方法返回 TypeInformation 的实例。

MapFunction <I,O>之类的通用函数需要额外的类型信息，所以需要开发人员完成定义。ResultTypeQueryable 接口可以通过输入格式和函数，来明确告知 API 其返回什么类型，通常可以通过先前操作的结果类型来推断函数的输入类型。

4.4.3 实例 5：在 Flink 中使用元组类

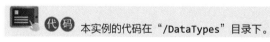 本实例的代码在 "/DataTypes" 目录下。

元组类是复合类型，包含固定数量的各种类型的字段。本实例演示的是使用 Tuple1<String>，如下所示：

```
public class Tuples {
    // main()方法——Java 应用程序的入口
    public static void main(String[] args) throws Exception {
        // 获取执行环境
        final ExecutionEnvironment env = ExecutionEnvironment.getExecutionEnvironment();
        // 加载或创建源数据
        DataSet<Tuple1<String>> dataSource = env.fromElements(
                                    Tuple1.of("BMW"),
                                    Tuple1.of("Tesla") ,
                                    Tuple1.of("Rolls-Royce"));
        // 转换数据
        DataSet<String> ds= dataSource.map(new MyMapFunction());
        // 打印数据到控制台
        ds.print();
    }
    public static class MyMapFunction implements MapFunction<Tuple1<String>,String> {
        @Override
        public String map(Tuple1<String> value) throws Exception {
            return "I love"+value.f0;
        }
    }
}
```

运行上述应用程序之后，会在控制台中输出以下信息：

```
I love BMW
I love Tesla
I love Rolls-Royce
```

4.4.4 实例 6：在 Flink 中使用 Java 的 POJO 类

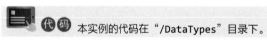 本实例的代码在 "/DataTypes" 目录下。

　　Flink 可以有效地处理 Java 的 POJO 类。本实例演示的是在 Flink 中使用 Java 的 POJO 类,如下所示:

```java
public class Pojo {
    // main()方法——Java 应用程序的入口
    public static void main(String[] args) throws Exception {
        // 获取执行环境
        ExecutionEnvironment env = ExecutionEnvironment.getExecutionEnvironment();
        // 加载或创建源数据
        DataSet<MyCar> input= env.fromElements(
                new MyCar("BMW", 3000),
                new MyCar("Tesla", 4000),
                 new MyCar("Tesla", 400),
                new MyCar("Rolls-Royce", 200));
        final FilterOperator<MyCar> output= input.filter(new FilterFunction<MyCar>() {
            @Override
            public boolean filter(MyCar value) throws Exception {
                // 返回 amount 大于 1000 的值
                return value.amount > 1000;
            }
        });
        // 打印数据到控制台
        output.print();
    }

    public static class MyCar {
        // 定义类的属性
        public String brand;
        // 定义类的属性
        public int amount;
        // 无参构造方法
        public MyCar() {
        }
        // 有参构造方法
        public MyCar(String brand, int amount) {
            this.brand = brand;
            this.amount = amount;
        }
        @Override
        /* toString()方法,返回值类型为 String */
        public String toString() {
            return "MyCar{" +
                    "brand='" + brand + '\'' +
                    ", amount=" + amount +
```

```
                    '}';
        }
    }
}
```

运行上述应用程序之后，会在控制台中输出以下信息：

```
MyCar{brand='BMW', amount=3000}
MyCar{brand='Tesla', amount=4000}
```

4.4.5　处理类型

Flink 会根据在分布式计算期间被网络交换或存储的信息来推断数据类型。在大多数情况下，Flink 可以推断出所有需要的类型信息，这些类型信息可以帮助 Flink 实现很多的特性。

- 使用 POJO 类型，可以通过指定字段名（如 dataSet.keyBy("username")）来执行分组、连接和集合操作。类型信息可以帮助 Flink 在运行之前做一些拼写错误和类型兼容方面的检查，而不是等到运行时才发现这些问题。
- Flink 对数据类型了解得越多，序列化和数据布局方案就越好。
- Flink 还使用户在大多数情况下不必担心序列化框架和类型注册的烦琐过程。

4.4.6　认识 TypeInformation 类

Flink 能够在分布式计算过程中对数据类型进行管理和推断，并且是通过 TypeInformation 类来管理数据类型的。TypeInformation 类是所有类型描述符的基类。该类表示类型的基本属性，并且可以生成序列化器，在一些特殊情况下可以生成类型的比较器。

比较常用的 TypeInformation 类有 BasicTypeInfo 类、TupleTypeInfo 类、CaseClassTypeInfo 类和 PojoTypeInfo 类等。

Flink 内部对类型做了如下区分。

- 基础类型：所有的 Java 主类型，以及它们的包装类、Void、String、Date、BigDecimal、BigInteger。
- 主类型数组（Primitive Array）及对象数组。
- 复合类型：Flink 中的 Java 元组、Scala 中的 Case Classes、Row（具有任意数量字段的元组，并且支持 Null 字段）、POJO（遵循某种类似 Bean 模式的类）。
- 辅助类型：Option、Either、Lists、Maps 等。
- 泛型类型：该类型不是由 Flink 本身序列化的，而是由 Kryo 序列化的。

POJO 支持复杂类型的创建，以及在键的定义中直接使用字段名，如下所示：

```
dataSet.join(another).where("name").equalTo("userName")
```

1. POJO 类型的规则

如果某个类满足以下条件，则 Flink 会将数据类型识别为 POJO 类型（并允许"按名称"引用字段）。

- 该类是公有的和独立的（没有非静态内部类）。
- 该类有公有的无参构造器。
- 该类，以及所有超类中所有非静态、非 Transient 字段都是公有的（非 Final 的）。

> 当用户自定义的数据类型无法被识别为 POJO 类型时，则必须将其作为泛型类型处理，并使用 Kryo 进行序列化。

2. 创建 TypeInformation 对象或 TypeSerializer 对象

要为类型创建 TypeInformation 对象，就需要使用特定于语言的方法。因为 Java 会擦除泛型类型信息，所以需要将类型传入 TypeInformation 构造函数（对于非泛型类型，可以传入类型的 Class 对象），如下所示：

```
TypeInformation<String> info = TypeInformation.of(String.class);
```

对于泛型类型，则需要通过 TypeHint 来"捕获"泛型类型信息，如下所示：

```
TypeInformation<Tuple2<String,Double>> info = TypeInformation.of(new TypeHint<Tuple2<String,
Double>>(){});
```

在 Flink 内部会创建 TypeHint 的匿名子类，以便捕获泛型信息并将其保留到执行引擎。

通过调用 TypeInformation 对象的 typeInfo.createSerializer() 方法，可以简单地创建 TypeSerializer 对象。配置参数的类型是 ExecutionConfig，该参数中会附带程序注册的自定义序列化器信息。通过调用 DataStream 或 DataSet 的 getExecutionConfig() 方法，可以获得 ExecutionConfig 对象。如果是在一个函数的内部（如 MapFunction），则可以使这个函数先成 RichFunction，然后通过调用 getExecutionConfig() 方法获得 ExecutionConfig 对象。

4.4.7 认识 Java API 类型信息

Java 会擦除泛型类型信息。Flink 使用 Java 预留的函数签名和子类信息等，通过反射尽可能多地重新构造类型信息。对于根据输入类型来确定函数返回类型的情况，此逻辑还包含一些简单类型推断。

在某些情况下，Flink 无法重建所有泛型类型信息。在这种情况下，用户必须通过类型提示来解决问题。

1. Java API 中的类型提示

当 Flink 无法重建被擦除的泛型类型信息时，Java API 需要提供类型提示，类型提示告诉 Flink 类型信息，如下所示：

```
// 转换数据
DataSet<SomeType> result = dataSet
    .map(new MyGenericNonInferrableFunction<Long, SomeType>())
        .returns(SomeType.class); // 返回类的类型
```

在上述代码中，returns()方法返回类的类型。

2. Java 8 lambda 的类型提取

因为 lambda 与 Flink 扩展函数接口的实现类没有关联，所以 Java 8 lambda 的类型提取与非 lambda 不同。Flink 目前正试图找出实现 lambda 的方法，并使用 Java 的泛型签名来确定参数类型和返回类型。但是，并非所有编译器都为 lambda 生成这些签名。

3. POJO 类型的序列化

Flink 的标准类型（如 Int、Long、String 等）由 Flink 序列化器处理。而对于所有其他类型，则回退到 Kryo。对于 Kryo 不能处理的类型，则可以要求 PojoTypeInfo 使用 Avro 对 POJO 进行序列化。需要通过以下代码开启序列化：

```
// 获取执行环境
final ExecutionEnvironment env = ExecutionEnvironment.getExecutionEnvironment();
env
.getConfig()
.enableForceAvro(); // 启用 Avro 进行序列化
```

Flink 会使用 Avro 序列化器自动序列化"用 Avro 生成的 POJO"。通过如下所示的设置，可以让整个 POJO 类型被 Kryo 序列化器处理：

```
// 获取执行环境
final ExecutionEnvironment env = ExecutionEnvironment.getExecutionEnvironment();
env
.getConfig()
.enableForceKryo(); // 启用 Kryo 进行序列化
```

如果 Kryo 不能序列化某些 POJO 类型，则可以通过如下所示的代码添加自定义的序列化器：

```
env.getConfig().addDefaultKryoSerializer(Class<?> type, Class<? extends Serializer<?>>
serializerClass)
```

4. 禁止回退到 Kryo

在某些情况下，程序可能希望避免使用 Kryo，如用户想要所有的类型都通过 Flink 自身（或用户自定义的序列化器）高效地进行序列化操作。采用如下所示的设置可以通过 Kryo 的数据类型抛出异常：

```
env.getConfig().disableGenericTypes();
```

5. 使用工厂方法定义类型信息

类型信息工厂允许将用户定义的类型信息插入 Flink 类型系统。可以通过实现 TypeInfoFactory 接口来返回自定义的类型信息工厂。如果相应的类型已指定了注解@TypeInfo，则在类型提取阶段会调用由@TypeInfo 注解指定的类型信息工厂。类型信息工厂可以在 Java 中使用。

在类型的层次结构中，在向上遍历时将选择最近的工厂，但是内置工厂具有最高优先级。工厂的优先级也高于 Flink 的内置类型。

下面的实例介绍了如何使用 Java 中的工厂注释为自定义类型 MyTuple 提供自定义类型信息。

带注解的自定义类型：

```
@TypeInfo(MyTupleTypeInfoFactory.class)
public class MyTuple<T0, T1> {
  public T0 myfield0;
  public T1 myfield1;
}
```

支持自定义类型信息的工厂：

```
public class MyTupleTypeInfoFactory extends TypeInfoFactory<MyTuple> {
  @Override
  // 创建类型信息
  public TypeInformation<MyTuple> createTypeInfo(Type t, Map<String, TypeInformation<?>>
genericParameters) {
    return new MyTupleTypeInfo(genericParameters.get("T0"), genericParameters.get("T1"));
  }
}
```

如果类型包含可能需要从 Flink 函数的输入类型派生的泛型参数，则需要确保实现了 TypeInformation#getGenericParameters()方法，以便将泛型参数与类型信息进行双向映射。

第 5 章

Flink 的转换算子

本章首先介绍如何定义键；然后介绍 Flink 的通用转换算子，以及处理无界数据集和有界数据集的专用转换算子；最后介绍 ProcessFunction 和迭代运算。

5.1 定义键

Join、CoGroup、GroupBy 等转换算子，要求在元素集合上定义键。Reduce、GroupReduce、Aggregate 等转换算子，允许在对数据进行分组（根据键）之前将其分组。

数据集分组方法如下所示：

```
// 加载或创建源数据
DataSet<...> input = // [...]
// 转换数据
DataSet<...> reduced = input
    // 分组转换算子
    .groupBy(/*定义 key*/)
    // 应用 Group Reduce 函数
    .reduceGroup(...);
```

Flink 的数据模型不是基于"键–值"（Key-Value）对的，因此无须将数据集类型实际打包到"键–值"对中，键是"虚拟的"。

5.1.1 定义元组的键

定义元组的键最简单的情况是，在元组的一个或多个字段上对元组进行分组。如下所示的代码是在元组的第 1 个字段上分组：

```
// 加载或创建源数据
DataSet<Tuple3<Integer,String,Long>> input = // [...]
UnsortedGrouping<Tuple3<Integer,String,Long>,Tuple> keyed = input
.groupBy(0) // 分组转换算子，定义元组在第 1 个字段上分组
```

如下所示的代码是在元组的第 1 个和第 2 个字段上分组：

```
// 加载或创建源数据
DataSet<Tuple3<Integer,String,Long>> input = // [...]
UnsortedGrouping<Tuple3<Integer,String,Long>,Tuple> keyed = input
.groupBy(0,1) // 分组转换算子，定义元组在第 1 个和第 2 个字段上分组
```

如果数据集带有嵌套元组，如：

```
// 加载或创建源数据
DataSet<Tuple3<Tuple2<Integer, Float>,String,Long>> ds= …;
```

则指定 groupBy(0)将导致系统使用完整的 Tuple2 作为键（以 Integer 和 Float 为键）。如果要"导航"到嵌套的 Tuple2 中，则必须使用字段表达式定义键。

5.1.2　使用字段表达式定义键

可以使用基于字符串（String-Based）的字段表达式来引用嵌套字段，并定义用于分组、排序、连接或联合分组的键。

字段表达式使选择组合类型（如 Tuple 类型和 POJO 类型）中的字段变得非常容易。

在下面的实例中，POJO 中有两个字段，分别为"word"和"count"，为了对字段进行分组，将其名称传递给 groupBy()方法即可：

```
public class WC {
    // 定义类的属性
    public String word;
    // 定义类的属性
    public int count;
}
DataSet<WC> words = // [...]
DataSet<WC> wordCounts = words
        // 分组转换算子
        .groupBy("word")
```

字段表达式的语法如下。

- 通过字段名称或 0 偏移（0-Offset）字段索引选择元组字段。例如，"f0"和"f7"分别表示 Java Tuple 类型的第 1 个和第 8 个字段。

- 在 POJO 和元组中选择嵌套字段。例如，"user.sex"是指存储在 POJO 类型的"user"的"sex"字段。可以使用 POJO 和元组的任意嵌套与混合，如"f1.user.sex"或"user.f3.1.sex"。
- 使用"*"通配符表达式选择完整类型，也适用于非 Tuple 类型或 POJO 类型。

5.1.3 使用键选择器函数定义键

定义键的另一个方法是使用键选择器函数。键选择器函数将单个元素作为输入，并返回该元素的键。键可以是任何类型。

下面的实例显示了一个键选择器函数，该函数仅返回对象的字段：

```
public class WC {
    // 定义类的属性
    public String word;
    // 定义类的属性
    public int count;
}
// 加载或创建源数据
DataSet<WC> words =  // [...]
UnsortedGrouping<WC> keyed = words
                // 分组转换算子
                .groupBy(new KeySelector<WC, String>() {
    public String getKey(WC wc) {
 return wc.word;
}
  });
```

5.2 Flink 的通用转换算子

从无界数据流或有界数据流，生成新的无界数据流或有界数据流的过程称为转换（Transformation）。转换过程中的各种操作类型称为算子（Operator）。不同的转换组成一个复杂的数据流拓扑（Dataflow Topology）。

5.2.1 DataStream 和 DataSet 的通用转换算子

1. Map 算子

Map 算子根据数据源的 1 个元素产生 1 个新的元素，通常用于对数据集中的数据进行清洗和转换。

2. FlatMap 算子

FlatMap 算子根据数据源的一个元素产生 0 个、1 个或多个元素。

3. Filter 算子

Filter 算子用于进行数据过滤，筛选出符合条件的数据（保留该函数为其返回为 true 的那些元素）。

4. Project 算子

Project 算子用于对数据集中的数据进行投射转换，它将删除或移动元组数据集的元组字段。

Project 算子的使用方法如下所示：

```
// 加载或创建源数据
DataStream<Tuple3<Integer, Double, String>> in = // [...]
// 转换数据
DataStream<Tuple2<String, Integer>> out = in.project(2,0);
```

上述代码使用 Project() 方法选择字段，并在输出结果中定义其顺序。

Java 编译器无法推断算子的返回类型。如果在算子的结果中调用另一个算子，则可能会引起问题，如下所示：

```
// 加载或创建源数据
DataSet<Tuple5<String,String,String,String,String>> ds = ....
// 转换数据
DataSet<Tuple1<String>> ds2 = ds
.project(0)
.distinct(0);
```

可以通过隐射（Hint）算子的返回类型来解决此问题，即实现带有类型提示的投影，如下所示：

```
// 转换数据
DataSet<Tuple1<String>> ds2 = ds
.<Tuple1<String>>project(0)
.distinct(0);
```

5.2.2 实例 7：使用 Map 算子转换数据

 （代码）本实例的代码在 "/transformations/…/MyMapDemo.java" 目录下。

本实例演示的是将数据集进行 Map 转换，并输出转换后的数据：

```
public class MyMapDemo {
    // main()方法——Java 应用程序的入口
    public static void main(String[] args) throws Exception {
```

```
        // 获取流处理的执行环境
        final StreamExecutionEnvironment sEnv =
StreamExecutionEnvironment.getExecutionEnvironment();
        // 设置并行度为 1
        sEnv.setParallelism(1);
        // 加载或创建源数据，并完成数据转换
        DataStream<Integer> dataStream = sEnv.fromElements(4, 1, 7)
            .map(x -> x + 8);
        // 输出
        dataStream.print("Map");
        sEnv.execute("Map Job");
    }
}
```

运行上述应用程序之后，会在控制台中输出以下信息：

```
Map:3> 12
Map:2> 9
Map:4> 15
```

由输出结果可以看出，元素 4、1、7 分别进行了加 8 的运算，变成 12、9、15。

5.2.3　实例 8：使用 FlatMap 算子拆分句子

 本实例的代码在 "/transformations/…/MyFlatMap" 目录下。

本实例演示的是使用 FlatMap 算子将句子拆分为单词：

```
public class MyFlatMap {
    // main()方法——Java 应用程序的入口
    public static void main(String[] args) throws Exception {
        // 获取执行环境
        final ExecutionEnvironment env = ExecutionEnvironment.getExecutionEnvironment();
        // 加载或创建源数据
        DataSet<String> dataSource = env.fromElements("
            Apache Flink is a framework and distributed processing
            engine for stateful computations over unbounded and
            bounded data streams." );
        // 转换数据
        final FlatMapOperator<String, String> flatMap= dataSource.flatMap(new
FlatMapFunction<String, String>() {
            @Override
            public void flatMap(String value, Collector<String> out)
                throws Exception {
                // 使用空格分割单词
                for (String word : value.split(" ")) {
```

```
                out.collect(word);
            }
        }
    });
    flatMap.print(); // 打印数据到控制台
    }
}
```

运行上述应用程序之后，会在控制台中输出以下信息：

```
Apache
Flink
// 以下内容省略
```

5.2.4　实例 9：使用 Filter 算子过滤数据

 本实例的代码在 "/transformations/…/MyFilter" 目录下。

在实际生产环境中，Filter 算子是常用又特别实用的算子。在数据处理阶段，使用 Filter 算子可以过滤掉大部分与业务无关的内容，从而极大地降低 Flink 的运算压力。

本实例演示的是从数据集中过滤掉所有小于零的整数：

```
public class MyFilter {
    // main()方法——Java 应用程序的入口
    public static void main(String[] args) throws Exception {
        // 获取执行环境
        final ExecutionEnvironment env = ExecutionEnvironment.getExecutionEnvironment();
        // 加载或创建源数据
        DataSet<Integer> input = env.fromElements(-1,-2,-3,1,2,417);
        // 转换数据
        DataSet<Integer> ds = input.filter(new MyFilterFunction());
        // 打印数据到控制台
        ds.print();
    }
    public static class MyFilterFunction extends RichFilterFunction<Integer> {
        @Override
        public boolean filter(Integer value) throws Exception {
            // 返回大于 0 的值
            return value>0;
        }
    }
}
```

运行上述应用程序之后，会在控制台中输出以下信息：

```
1
2
417
```

系统假定 Filter 算子未修改应用谓词的元素。如果违反此假设，则可能导致错误的结果。

5.2.5　实例 10：使用 Project 算子投射字段并排序

 代码 本实例的代码在"/transformations/…/MyProjectionDemo"目录下。

本实例演示的是从元组中选择字段的子集，并设置其顺序：

```java
public class MyProjectionDemo {
    // main()方法——Java 应用程序的入口
    public static void main(String[] args) throws Exception {
        // 获取执行环境
        final ExecutionEnvironment env = ExecutionEnvironment.getExecutionEnvironment();
        // 加载或创建源数据
        DataSet<Tuple3<Integer, Double, String>> inPut = env.fromElements(
                new Tuple3<>(1, 2.0, "BMW"),
                new Tuple3<>(2, 2.4, "Tesla"));
        // 将 Tuple3<Integer, Double, String> 转换为 Tuple2<String, Integer>
        DataSet<Tuple2<String, Integer>> out = input
                .project(2, 1); // 投射第 3 个和第 2 个字段
        out.print();             // 打印数据到控制台
    }
}
```

运行上述应用程序之后，会在控制台中输出以下信息：

```
(BMW,2.0)
(Tesla,2.4)
```

由输出结果可以看出，project()方法选择了输入流"inPut"的 2 个字段，并且对它们按照字段 2 进行排序。

5.3 Flink 的 DataSet API 专用转换算子

5.3.1 聚合转换算子

1. Reduce 算子

Reduce 算子可以将两个元素组合为一个元素，或者将一组元素组合为单个元素或多个元素。

2. Aggregate 算子

Aggregate 算子将一组值聚合为单个值。Aggregate 算子既可以应用于分组的数据集，也可以应用于完整的数据集。可以将 Aggregate 算子看作内置的 Reduce 函数。

（1）在分组元组数据集上聚合。

聚合转换提供的内置聚合功能如下。

- Sum：求和。
- Min：求最小值。
- Max：求最大值。

Aggregate 算子只能应用于元组数据集（Tuple），并且仅支持用于分组的字段位置键。Flink 官方计划在未来扩展聚合功能。

如下所示的代码演示了在按字段位置键分组的数据集上应用 Aggregate 算子：

```
// 加载或创建源数据
DataSet<Tuple3<Integer, String, Double>> input = // [...]
// 转换数据
DataSet<Tuple3<Integer, String, Double>> output = input
                .groupBy(1)         // 在第 2 个字段上对数据集进行分组
                .aggregate(SUM, 0) // 计算第 1 个字段的和
                .and(MIN, 2);       // 计算第 3 字段的最小值
```

如果要对数据集应用多个聚合，则在第 1 个聚合之后使用 and() 方法，如.aggregate(SUM,0).and(MIN,2)产生的是"字段 0 的总和"和"字段 2 的最小值"。

如果是.aggregate(SUM,0).aggregate(MIN,2)这样的应用，则代表在聚合上再次应用聚合。

（2）在完整的元组数据集上聚合。

如下所示的代码演示了在完整的数据集上应用聚合：

```
// 加载或创建源数据
DataSet<Tuple2<Integer, Double>> input = // [...]
// 转换数据
DataSet<Tuple2<Integer, Double>> output = input
```

```
            .aggregate(SUM, 0)        // 计算第 1 个字段的和
            .and(MIN, 1);             // 计算第 2 个字段的最小值
```

3. Distinct 算子

Distinct 算子返回数据集中的不同元素，并且从输入数据集中删除相关的重复项。如下所示的代码演示了从数据集中删除所有重复的元素：

```
// 加载或创建源数据
DataSet<Tuple2<Integer, Double>> input = // [...]
// 转换数据
DataSet<Tuple2<Integer, Double>> output = input.distinct();
```

也可以使用以下方法确定数据集中区分元素的方法。

- 一个或多个字段位置键（仅用于元组数据集）。
- 键选择器函数。
- 键表达式。

（1）使用字段位置键去重：

```
// 加载或创建源数据
DataSet<Tuple2<Integer, Double, String>> input = // [...]
// 转换数据
DataSet<Tuple2<Integer, Double, String>> output = input.distinct(0,2);
```

（2）使用 KeySelector 函数去重：

```
private static class AbsSelector implements KeySelector<Integer, Integer> {
private static final long serialVersionUID = 1L;
     @Override
     public Integer getKey(Integer t) {
     return Math.abs(t);
     }
}
// 加载或创建源数据
DataSet<Integer> input = // [...]
// 转换数据
DataSet<Integer> output = input.distinct(new AbsSelector());
```

（3）使用键表达式去重：

```
public class User {
    // 定义类的属性
    public String name;
    // 定义类的属性

    public int sex;
    // [...]
```

```
}
```

```
// 加载或创建源数据
DataSet<User> input = // [...]
// 转换数据
DataSet<User> output = input.distinct("name", "sex");
```

也可以通过通配符指示使用的所有字段：

```
// 加载或创建源数据
DataSet<User> input = // [...]
// 转换数据
DataSet<User> output = input.distinct("*");
```

5.3.2　分区转换算子

1. Hash–Partition 算子

Hash-Partition 算子根据给定键对数据集进行哈希分区，可以将键指定为位置键、表达式键和键选择器函数。Hash-Partition 算子的使用方法如下所示：

```
// 加载或创建源数据
DataSet<Tuple2<String, Integer>> in = // [...]
// 根据 String 值对 DataSet 进行哈希分区，并应用 MapPartition 转换
DataSet<Tuple2<String, String>> out = in.partitionByHash(0)
    .mapPartition(new PartitionMapper());
```

2. Range–Partition 算子

Range-Partition 算子根据给定键对数据集进行分区，可以将键指定为位置键、表达式键和键选择器函数。Range-Partition 算子的使用方法如下所示：

```
// 加载或创建源数据
DataSet<Tuple2<String, Integer>> in = // [...]
// 根据 String 值对 DataSet 进行范围分区，并应用 MapPartition 转换
DataSet<Tuple2<String, String>> out = in.partitionByRange(0)
.mapPartition(new PartitionMapper());
```

3. Sort Partition 算子

Sort Partition 算子在指定字段上以指定顺序对数据集的所有分区进行本地排序，可以将字段指定为字段表达式或字段位置。可以通过链接 sortPartition()方法在多个字段上对分区进行排序。Sort Partition 算子的使用方法如下所示：

```
// 加载或创建源数据
DataSet<Tuple2<String, Integer>> in = // [...]
// 转换数据
```

```
DataSet<Tuple2<String, String>> out = in
                // 在第 2 个字段上以升序对分区进行本地排序
        .sortPartition(1, Order.ASCENDING)
        // 在第 1 个字段上按降序排列
        .sortPartition(0, Order.DESCENDING)
        // 在排序的分区上应用 MapPartition 转换
        .mapPartition(new PartitionMapper());
```

4. MapPartition 算子

MapPartition 算子在单个函数调用中转换并行分区，将分区获取为 Iterable，并且可以产生任意数量的结果值。每个分区中元素的数量取决于并行度和先前的算子。

以下代码将文本行的数据集转换为每个分区计数的数据集：

```
public class PartitionCounter implements MapPartitionFunction<String, Long> {
  public void mapPartition(Iterable<String> values, Collector<Long> out) {
    long c = 0;
    for (String s : values) {
      c++;
    }
    out.collect(c);
  }
}
    // 加载或创建源数据
    DataSet<String> textLines = // [...]
    // 转换数据
    DataSet<Long> counts = textLines.mapPartition(new PartitionCounter());
```

5.3.3　排序转换算子

1. MinBy/MaxBy 算子

MinBy/MaxBy 算子从数据集中返回指定字段（或组合）中的最小记录或最大记录。选定的元组可以是一个或多个指定字段的值最小（最大）的元组。在比较字段时，必须有效地比较关键字段。如果多个元组具有最小（最大）字段值，则返回这些元组中的任意元组。

（1）分组元组数据集的 MinBy/MaxBy。

使用方法如下所示：

```
// 加载或创建源数据
DataSet<Tuple3<Integer, String, Double>> input = // [...]
// 转换数据
DataSet<Tuple3<Integer, String, Double>> output = input
.groupBy(1)    // 在第 2 个字段上对数据集进行分组
```

```
.minBy(0, 2); // 为第 1 个和第 3 个字段选择具有最小值的元组
```

上述代码从 DataSet <Tuple3 <Integer，String，Double >>中，为具有相同 String 值的每组元组选择具有 Integer 和 Double 字段最小值的元组。

（2）基于完整元组数据集的 MinBy/MaxBy。

使用方法如下所示：

```
// 加载或创建源数据
DataSet<Tuple3<Integer, String, Double>> input = // [...]
// 转换数据
DataSet<Tuple3<Integer, String, Double>> output = input
                              .maxBy(0, 2); //为第 1 个和第 3 个字段选择具有最大值的元组
```

上述代码从 DataSet <Tuple3 <Integer，String，Double >>中选择具有 Integer 和 Double 字段最大值的元组。

2．First-n 算子

First-n 算子用于返回数据集的前 n 个（任意）元素。该算子可以应用于常规数据集、分组数据集或分组排序数据集。可以将分组键指定为键选择器函数或字段的位置键。使用方法如下所示：

```
// 加载或创建源数据
DataSet<Tuple2<String, Integer>> in = // [...]
// 返回数据集的前 5 个（任意）元素
DataSet<Tuple2<String, Integer>> out1 = in.first(5);
DataSet<Tuple2<String, Integer>> out2 = in.groupBy(0)      // 分组转换算子
                                 .first(2);                // 返回每个字符串组的前两个（任意）元素

DataSet<Tuple2<String, Integer>> out3 = in
         .groupBy(0)                                       // 分组转换算子
         .sortGroup(1, Order.ASCENDING)                    // 排序算子
         .first(3);                                        // 获取前 3 个数据
```

5.3.4　关联转换算子

1．Join 算子

Join 算子先根据指定的条件关联两个数据集，然后根据所选字段形成一个新的数据集。该算子可以将两个数据集合并为一个数据集。如果两个数据集的元素都连接到一个或多个键，则关联的键可以使用以下方式来指定：键表达式、键选择器函数、一个或多个字段位置键（仅限于使用元组）。

2．OuterJoin 算子

OuterJoin 算子对两个数据集执行左、右或完全外连接。

外部连接与内部连接类似。如果在另一侧找不到匹配的键，则保留"外侧"（左侧、右侧）的记录或全部记录。该算子将匹配的一对元素（或一个元素和另一个输入的空值）提供给 JoinFunction，将一对元素变成单个元素，或者为 FlatJoinFunction 赋予任意数量（包括 0 个）的元素。

两个数据集的元素都连接到一个或多个键，连接的键可以使用以下方式来指定：键表达式、键选择器函数、一个或多个字段位置键（仅限于 Tuple DataSet）。

3. Cross 算子

Cross 算子可以将两个数据集组合为一个数据集。它构建两个输入数据集的元素的所有成对组合，即构建笛卡儿积。该算子要么在每对元素上调用用户定义的交叉函数，要么输出元组 Tuple2。

4. CoGroup 算子

CoGroup 算子处理两个数据集的组。该算子把两个数据集都分组在一个定义的键上，把两个共享相同键的数据集的组一起交给用户定义的函数。对于一个特定的键（只有一个 DataSet 且只有一个组），通常使用该组和一个空组调用共同的分组函数。该算子可以分别迭代两个组的元素，并返回任意数量的结果元素。

与 Reduce 算子、GroupReduce 算子和 Join 算子相似，CoGroup 算子可以通过使用不同的键选择函数来定义键。

5.3.5　实例 11：在按字段位置键分组的数据集上进行聚合转换

 代码 本实例的代码在"/transformations/…/AggregateonGroupedTupleDataSet"目录下。

本实例演示的是在按字段位置键分组的数据集上进行聚合转换：

```java
public class AggregateonGroupedTupleDataSet {
    // main()方法——Java 应用程序的入口
    public static void main(String[] args) throws Exception {
        // 获取执行环境
        final ExecutionEnvironment env = ExecutionEnvironment.getExecutionEnvironment();
        // 加载或创建源数据
        DataSet<Tuple3<Integer, String, Double>> input = env.fromElements(
                new Tuple3(1, "a", 1.0),
                new Tuple3(2, "b", 2.0),
                new Tuple3(4, "b", 4.0),
                new Tuple3(3, "c", 3.0));
        // 转换数据
        DataSet<Tuple3<Integer, String, Double>> output1 = input
                .groupBy(1) // 分组转换算子，在字段 2 上进行分组
                .aggregate(SUM, 0).and(MIN, 2); // 产生"字段 1 的总和"和"字段 3 的最小值"数据集
        // 转换数据
```

```
DataSet<Tuple3<Integer, String, Double>> output2 = input
        .groupBy(1) // 分组转换算子，在字段 2 上进行分组
        .aggregate(SUM, 0)
        .aggregate(MIN, 2); // 在聚合上应用聚合，在"计算按字段 2 分组的字段 1 的总和"后产生字
段 3 的最小值
    output1.print(); // 打印数据到控制台
    System.out.println("--------");
    output2.print(); // 打印数据到控制台
    }
}
```

运行上述应用程序之后，会在控制台中输出以下信息：

```
(1,a,1.0)
(6,b,2.0)
(3,c,3.0)
--------
(1,a,1.0)
```

如果对数据集应用多个聚合，则必须在第 1 个聚合之后使用 .and() 方法。这意味着，.aggregate(SUM，0).and(MIN，2)会产生"字段 1 的总和"和"字段 3 的最小值"的数据集。

如果使用代码.aggregate(SUM,0).aggregate(MIN,2)，则在聚合上应用聚合。该代码将在"按字段 1 分组的字段 1 的总和"之后产生字段 3 的最小值。

5.3.6 实例 12：在分组元组上进行比较运算

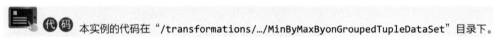 本实例的代码在 "/transformations/…/MinByMaxByonGroupedTupleDataSet" 目录下。

本实例演示的是从 DataSet <Tuple3 <Integer，String，Double >>中，为具有相同 String 值的每组元组选择具有 Integer 和 Double 字段最小值的元组：

```
// main()方法——Java 应用程序的入口
public static void main(String[] args) throws Exception {
// 获取执行环境
    final ExecutionEnvironment env = ExecutionEnvironment.getExecutionEnvironment();
    // 加载或创建源数据
    DataSet<Tuple3<Integer, String, Double>> input = env.fromElements(
            new Tuple3(1, "a", 1.0),
            new Tuple3(2, "b", 2.0),
            new Tuple3(4, "b", 4.0),
            new Tuple3(5, "b", 1.0),
            new Tuple3(3, "c", 3.0));
    // 转换数据
    DataSet<Tuple3<Integer, String, Double>> output1 = input
```

```
            .groupBy(1)          // 分组转换算子，在第 2 个字段上进行分组
            .minBy(0, 2);        // 根据第 1 个和第 3 个字段选择最小值的元组
        output1.print();         // 打印数据到控制台
    }
```

运行上述应用程序之后，会在控制台中输出以下信息：

```
(1,a,1.0)
(2,b,2.0)
(3,c,3.0)
```

5.3.7　实例 13：使用 MapPartition 算子统计数据集的分区计数

 代码 本实例的代码在 "/transformations/…/MyMapPartitionDemo" 目录下。

本实例演示的是使用 MapPartition 算子统计数据集的分区计数：

```
// main()方法——Java 应用程序的入口
public static void main(String[] args) throws Exception {
    // 获取执行环境
    final ExecutionEnvironment env = ExecutionEnvironment.getExecutionEnvironment();
    // 加载或创建源数据
    DataSet<String> textLines = env.fromElements("BMW","Tesla","Rolls-Royce");
    // 转换数据
    DataSet<Long> counts = textLines.mapPartition(new PartitionCounter());
    // 打印数据到控制台
    counts.print();
}

    // 实现 MapPartition，以便统计数据集的分区计数
    private static class PartitionCounter  implements MapPartitionFunction<String, Long> {
    @Override
    public void mapPartition(Iterable<String> values, Collector<Long> out) throws Exception
{
        long i = 0;
        for (String value : values) {
            i++;
        }
        out.collect(i);
    }
}
```

运行上述应用程序之后，会在控制台中输出以下信息：

```
3
```

5.3.8 实例 14：对 POJO 数据集和元组进行分组与聚合

 代码 本实例的代码在"/transformations/.../dataset/demo14"目录下。

1. 使用键表达式对 POJO 数据集进行分组与聚合

本实例演示的是使用键表达式对 POJO 数据集进行分组，以及通过 Reduce 算子进行聚合：

```java
// main()方法——Java 应用程序的入口
public static void main(String[] args) throws Exception {
    // 获取执行环境
    final ExecutionEnvironment env = ExecutionEnvironment.getExecutionEnvironment();
    // 加载或创建源数据
    DataSet<WC> words = env.fromElements(
            new WC("BMW", 1),
            new WC("Tesla", 1),
            new WC("Tesla", 9),
            new WC("Rolls-Royce", 1));
    // 转换数据
    DataSet<WC> wordCounts = words
                // 根据 word 字段对数据集进行分组
                .groupBy("word")
                // 在分组数据集上应用 Reduce
                .reduce(new WordCounter());
    // 打印数据到控制台
    wordCounts.print();
}
  public static class WC {
    // 定义类的属性
    public String word;
    // 定义类的属性
    public int count;
    // 无参构造方法
    public WC() {
    }
    // 有参构造方法
    public WC(String word, int count) {
        this.word = word;
        this.count = count;
    }
    @Override
    /* toString()方法，返回值类型为 String */
    public String toString() {
        return "WC{" +
```

```
                "word='" + word + '\'' +
                ", count=" + count +
                '}';
        }
    }
    // 求和 count 字段的 ReduceFunction
    public static class WordCounter implements ReduceFunction<WC> {
        @Override
        public WC reduce(WC in1, WC in2) {
            return new WC(in1.word, in1.count + in2.count);
        }
    }
```

运行上述应用程序之后，会在控制台中输出以下信息：

```
WC{word='Rolls-Royce', count=1}
WC{word='BMW', count=1}
WC{word='Tesla', count=10}
```

2. 使用键选择器对 POJO 数据集进行分组与聚合

本实例演示的是使用键选择器对 POJO 数据集进行分组与聚合：

```
// main()方法——Java 应用程序的入口
public static void main(String[] args) throws Exception {
    // 获取执行环境
    final ExecutionEnvironment env = ExecutionEnvironment.getExecutionEnvironment();
    // 加载或创建源数据
    DataSet<WC> words = env.fromElements(
            new WC("BMW", 1),
            new WC("Tesla", 1),
            new WC("Tesla", 9),
            new WC("Rolls-Royce", 1));
    // 转换数据
    DataSet<WC> wordCounts = words
            // 分组转换算子，在字段 word 上进行数据集分组
            .groupBy(new SelectWord())
            // 在分组的 DataSet 上应用 Reduce
            .reduce(new WordCounter());
            // 打印数据到控制台
    wordCounts.print();
}
// POJO 类
public static class WC {
    // 定义类的属性
    public String word;
```

```
        // 定义类的属性
        public int count;
// 部分内容省略
    }
    public static class SelectWord implements KeySelector<WC, String> {
        @Override
        public String getKey(WC value) throws Exception {
            return value.word;
        }
    }
    // 使用 ReduceFunction 对 POJO 的 Integer 属性求和
    public static class WordCounter implements ReduceFunction<WC> {
        @Override
        public WC reduce(WC in1, WC in2) {
            return new WC(in1.word, in1.count + in2.count);
        }
    }
}
```

运行上述应用程序之后，会在控制台中输出以下信息：

```
WC{word='Rolls-Royce', count=1}
WC{word='BMW', count=1}
WC{word='Tesla', count=10}
```

3. 使用键选择器对元组数据进行分组与聚合

本实例演示的是使用键选择器（字段位置键）对元组数据进行分组与聚合：

```
// main()方法——Java 应用程序的入口
public static void main(String[] args) throws Exception {
    // 获取执行环境
    final ExecutionEnvironment env = ExecutionEnvironment.getExecutionEnvironment();
    // 加载或创建源数据
    DataSet<Tuple3<String, Integer, Double>> tuples = env.fromElements(
            Tuple3.of("BMW", 30, 2.0),
            Tuple3.of("Tesla", 30, 2.0),
            Tuple3.of("Tesla", 30, 2.0),
            Tuple3.of("Rolls-Royce", 300, 4.0)
    );
    // 转换数据
    DataSet<Tuple3<String, Integer, Double>> reducedTuples = tuples
            // 在元组的第 1 个和第 2 个字段上对数据集进行分组
            .groupBy(0, 1)
            // 在分组的 DataSet 上应用 Reduce
            .reduce(new MyTupleReducer());
    // 打印数据到控制台
```

```
        reducedTuples.print();

    }


    private static class MyTupleReducer implements
org.apache.flink.api.common.functions.ReduceFunction<Tuple3<String, Integer, Double>> {
        @Override
        public Tuple3<String, Integer, Double> reduce(Tuple3<String, Integer, Double> value1,
Tuple3<String, Integer, Double> value2) throws Exception {
            return new Tuple3<>(value1.f0,value1.f1+value2.f1,value1.f2);
        }
}
```

运行上述应用程序之后，会在控制台中输出以下信息：

```
(BMW,30,2.0)
(Rolls-Royce,300,4.0)
(Tesla,60,2.0)
```

5.3.9　实例 15：使用 First-n 算子返回数据集的前 n 个元素

 代码 本实例的代码在 "/transformations/…/ReduceonDataSetGroupedbyFieldPositionKeys" 目录下。

本实例演示的是使用 First-n 算子返回数据集的前 n 个元素：

```
// main()方法——Java 应用程序的入口
public static void main(String[] args) throws Exception {
        // 获取执行环境
        final ExecutionEnvironment env = ExecutionEnvironment.getExecutionEnvironment();
        // 加载或创建源数据
        DataSet<Tuple2<String, Integer>> in = env.fromElements(
                Tuple2.of("BMW", 30),
                Tuple2.of("Tesla", 35),
                Tuple2.of("Tesla", 55),
                Tuple2.of("Tesla", 80),
                Tuple2.of("Rolls-Royce", 300),
                Tuple2.of("BMW", 40),
                Tuple2.of("BMW", 45),
                Tuple2.of("BMW", 80)
        );
        DataSet<Tuple2<String, Integer>> out1 = in
                .first(2);      // 返回前 2 个元素
        DataSet<Tuple2<String, Integer>> out2 = in
                .groupBy(0)     // 分组转换算子
                .first(2);      // 返回前 2 个元素
        // 转换数据
```

```
DataSet<Tuple2<String, Integer>> out3 = in
        .groupBy(0)     // 根据字段 1 分组
        .sortGroup(1, Order.ASCENDING)  // 根据字段 2 排序
        .first(2);      // 返回每个分组的前 2 个元素，并且按照升序排列
out1.print();           // 打印数据到控制台
System.out.println("-------------");
out2.print();           // 打印数据到控制台
System.out.println("-------------");
out3.print();           // 打印数据到控制台
}
```

运行上述应用程序之后，会在控制台中输出以下信息：

```
(BMW,30)
(Tesla,35)
-------------
(Rolls-Royce,300)
(BMW,30)
(BMW,40)
(Tesla,35)
(Tesla,55)
-------------
(Rolls-Royce,300)
(BMW,30)
(BMW,40)
(Tesla,35)
(Tesla,55)
```

5.4 Flink 的 DataStream API 专用转换算子

5.4.1 多流转换算子

1. Union 算子

Union 算子可以将两个或多个数据流进行合并，从而创建一个包含所有流中元素的新流。其使用方法如下所示：

```
dataStream.union(otherStream1, otherStream2, ...);
```

2. Connect 算子

Connect 算子连接两个数据流，但两个数据流只是被放在同一个流（ConnectedStream）中，依然保持各自的数据和形式，不会发生任何变化，两个数据流相互独立。

Connect 算子与 Union 算子的区别如下。

- Connect 算子可以连接两个不同数据类型的数据流，而 Union 算子需要数据流的类型相同。
- Union 算子支持两个及两个以上的数据流合并。Connect 算子只支持两个数据流。可以借助 CoFlatMap 算子将不同类型的数据流进行类型统一操作。

Connect 算子的使用方法如下所示：

```
// 加载或创建源数据
DataStream<Integer> oneStream = //...
// 加载或创建源数据
DataStream<String> twoStream = //...
// 创建 ConnectedStreams 流
ConnectedStreams<Integer, String> connectedStreams = oneStream.connect(twoStream);
```

3. CoMap 算子和 CoFlatMap 算子

CoMap 算子和 CoFlatMap 算子可以将 ConnectedStreams 流转换为 DataStream 流，与连接数据流算子 Map 和 FlatMap 相似。

4. Split 算子

Split 算子根据某些特征把一个 DataStream 流拆分成两个或多个 DataStream 流。

5. Select 算子

Select 算子从一个 SplitStream 流中获取一个或多个 DataStream 流。其使用方法如下所示：

```
SplitStream<Integer> split;
DataStream<Integer> even = split.select("even");
DataStream<Integer> odd = split.select("odd");
DataStream<Integer> all = split.select("even","odd");
```

5.4.2　键控流转换算子

1. KeyBy 算子

KeyBy 算子根据指定的键，将 DataStream 流转换为 KeyedStream 流。使用 KeyBy 算子必须使用键控状态。KeyBy 算子从逻辑上将流划分为不相交的分区。具有相同键的所有记录都被分配给同一个分区。在内部，keyBy()方法是通过哈希分区来实现的。该算子有多种指定键的方法。

利用 keyBy()方法可以把具有相同键的数据放在同一个逻辑分区中，如下所示：

```
//通过字段 name 进行分区
dataStream.keyBy("name")
//通过元组类的第 1 个元素进行分区
dataStream.keyBy(0)
```

在以下情况下类型不能为键，因为没有办法计算键的值，或者值没有意义。

- POJO 类型，但不覆盖 hashCode()方法，而是依赖 Object.hashCode()实现。
- 任何类型的数组。

2. Aggregation 算子

（1）在键控流上的 Aggregation。

Aggregation 算子可以将 KeyedStream 流转换为 DataStream 流，在键控流上滚动聚合。Aggregation 算子的 KeyedStream 流转换的使用方法如下所示：

```
keyedStream.sum(0);
keyedStream.sum("key");
keyedStream.min(0);
keyedStream.min("key");
keyedStream.max(0);
keyedStream.max("key");
keyedStream.minBy(0);
keyedStream.minBy("key");
keyedStream.maxBy(0);
keyedStream.maxBy("key");
```

min()方法和 minBy()方法的区别如下：min()方法返回最小值，而 minBy()方法返回在此字段中具有最小值的元素。

（2）在窗口上聚合。

Aggregation 算子也可以将 WindowedStream 流转换为 DataStream 流，聚合窗口的内容。Aggregation 算子的 WindowedStream 流转换的使用方法如下所示：

```
windowedStream.sum(0);
windowedStream.sum("key");
windowedStream.min(0);
windowedStream.min("key");
windowedStream.max(0);
windowedStream.max("key");
windowedStream.minBy(0);
windowedStream.minBy("key");
windowedStream.maxBy(0);
windowedStream.maxBy("key");
```

3. Reduce 算子

Reduce 算子对键控流进行"滚动"压缩，将当前元素的值与最后一个元素的 Reduce 的值合并，并产生新值。

Reduce 算子的使用方法如下所示：

```
keyedStream.reduce(new ReduceFunction<Integer>() {
    @Override
    public Integer reduce(Integer value1, Integer value2)
    throws Exception {
        return value1 + value2;
    }
});
```

5.4.3 窗口转换算子

1. Window 算子

Window 算子可以在已经分区的 KeyedStream 流上定义窗口，把 KeyedStream 流转换为 WindowedStream 流。Window 算子根据某些特征将每个键中的数据分组（如最近 2s 内到达的数据）。其使用方法如下所示：

```
dataStream
// 键控流转换算子
.keyBy(0)
// 窗口转换算子
.window(TumblingEventTimeWindows.of(Time.seconds(2)));   //最近 2s 的数据
```

2. WindowAll 算子

窗口可以在常规 DataStream 流上定义。WindowAll 算子可以将 DataStream 流转换为 AllWindowedStream 流。窗口会根据某些特征（如最近 2s 内到达的数据）对所有流事件进行分组。在许多情况下，这是非并行转换。所有记录将被收集在该算子的一项任务中。WindowAll 算子的使用方法如下所示：

```
dataStream
.windowAll(TumblingEventTimeWindows.of(Time.seconds(2)));   //最近 2s 的数据
```

3. Window Apply 算子

Window Apply 算子将一般功能应用于整个窗口，可以将 WindowedStream 流或 AllWindowedStream 流转换为 DataStream 流。如果使用 WindowAll 算子进行转换，则需要使用 AllWindowFunction 函数。

4. Window Reduce 算子

Window Reduce 算子将功能化的 Reduce 函数应用于窗口，可以将 WindowedStream 流转换为 DataStream 流。其使用方法如下所示：

```
windowedStream.reduce (new ReduceFunction<Tuple2<String,Integer>>() {
```

```
public Tuple2<String, Integer> reduce(Tuple2<String, Integer> value1, Tuple2<String, Integer>
value2) throws Exception {
    return new Tuple2<String,Integer>(value1.f0, value1.f1 + value2.f1);
    }
});
```

5. Window Fold 算子

Window Fold 算子将实用的折叠功能应用于窗口，并返回折叠值，可以将 WindowedStream 流转换为 DataStream 流。其使用方法如下所示：

```
windowedStream.fold("start", new FoldFunction<Integer, String>() {
    public String fold(String current, Integer value) {
        return current + "-" + value;
    }
});
```

该实例函数在应用于序列（1,2,3,4,5）时，会将序列折叠为字符串"start-1-2-3-4-5"。

6. Window CoGroup 算子

Window CoGroup 算子在给定键和一个公共窗口上将两个数据流组合在一起，可以将两个 DataStream 流转换为 DataStream 流。其使用方法如下所示：

```
dataStream.coGroup(otherStream)
.where(0).equalTo(1)
// 窗口转换算子
.window(TumblingEventTimeWindows.of(Time.seconds(3)))
// 应用 CoGroupFunction
.apply (new CoGroupFunction () {...});
```

5.4.4 连接转换算子

1. 窗口连接

窗口连接连接两个共享一个公共键且位于同一个窗口中的流的元素。可以使用窗口分配器定义这些窗口，并根据两个数据流中的元素对其进行计算。然后，可以将来自两边的元素传递给用户定义的 JoinFunction 或 FlatJoinFunction，用户可以发出满足连接条件的结果。

窗口连接的使用方法如下所示：

```
stream.join(otherStream)
.where(<KeySelector>)
.equalTo(<KeySelector>)
// 窗口转换算子
.window(<WindowAssigner>)
// 应用 JoinFunction
```

`.apply(<JoinFunction>)`

有关语义的注意事项包括以下几点。

- 创建两个数据流元素的成对组合的行为类似于内连接，如果来自一个流的元素与另一个流没有相对应要连接的元素，则不会输出该窗口中的元素。
- 在窗口连接中，结合在一起的元素将其时间戳设置为位于各自窗口中的最大时间戳。例如，以[5,10)为边界的窗口，结合在一起的元素将时间戳设置为 9。

下面根据一些示例场景来介绍不同类型的窗口连接的行为。

（1）滚动窗口连接。

在执行滚动（翻滚）窗口连接（Tumbling Window Join）时，具有公共键和公共滚动窗口的所有元素都以成对组合的形式进行连接，并传递给 JoinFunction 或 FlatJoinFunction。因为这类似于一个内连接，所以在滚动窗口中，如果没有来自另一个数据流的元素，则流的元素不会被输出。

图 5-1 中定义了一个大小为 2ms 的滚动窗口。该图像显示了每个窗口中所有元素的成对组合，这些元素将传递给 JoinFunction。在滚动窗口[7,8]中没有发出任何内容，因为在窗口上方的流中没有元素与元素 7、8 连接。

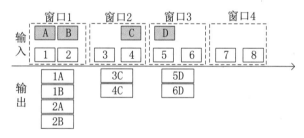

图 5-1

（2）滑动窗口连接。

在执行滑动窗口连接时，具有公共键和公共滑动窗口（Sliding Window）的所有元素都作为成对组合进行连接，并传递给 JoinFunction 或 FlatJoinFunction。在前滑动窗口中，如果没有来自另一个流的元素，则流的元素不会被发出。

滑动窗口的滑动情况如图 5-2 所示，滑动窗口的大小为 2ms，滑动的间隔时间为 1ms，时间轴以下是每个滑动窗口的连接结果将被传递给 JoinFunction 的元素。

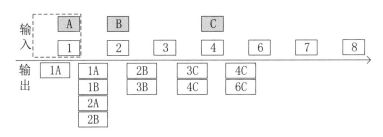

图 5-2

可以将图 5-2 简单地理解为，每隔 1s 拉动（滑动）图中的虚线框，如果数据在虚线框内，则窗口中的流元素可以连接。

（3）会话窗口连接。

在执行会话窗口连接时，具有相同键的所有元素满足会话条件时，都以成对的组合进行连接，并传递给 JoinFunction 或 FlatJoinFunction。如果会话窗口中只包含来自一个流的元素，则不会发出任何输出。

如图 5-3 所示，定义一个会话窗口连接，其中每个会话被至少 1ms 的间隔所分割。

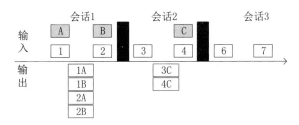

图 5-3

图 5-3 中有 3 个会话，在会话窗口 1 和会话窗口 2 中，来自两个流的元素会进行连接，并传递给 JoinFunction。会话窗口 3 中的元素不会进行连接。

2．间隔连接

间隔连接用一个公共键连接两个流的元素，其中一条流元素的时间戳具有相对于另一条流中元素的时间戳。

> 在将一对元素传递给 ProcessJoinFunction 时，两个元素将分配更大的时间戳（可以通过 ProcessJoinFunction.Context 访问）。需要注意的是，间隔连接目前只支持事件时间。

如图 5-4 所示，将两个流连接起来，它们的下界（lowerbound）为-2ms，上界（upperbound）为+1ms。

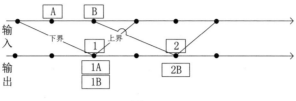

图 5-4

在默认情况下是包含上界和下界的。如果不想包含上界和下界，则可以通过.lowerboundexclusive()方法和.upperboundexclusive()方法进行设置。

5.4.5　物理分区算子

Flink 可以对转换后的流分区进行低级别控制。实际上，物理分区（Physical Partitioning）或算子分区（Operator Partition）就是算子并行实例：子任务。Flink 提供的物理分区低级别控制算子如表 5-1 所示。

表 5-1

算　　子	功　　能

partitionCustom	将 DataStream 流转换为 DataStream 流。使用用户定义的分区程序为每个元素选择目标任务，其用法如下所示：
	
	``java
	dataStream.partitionCustom(partitioner, "someKey");
	dataStream.partitionCustom(partitioner, 0);
	``

shuffle	将 DataStream 流转换为 DataStream 流。根据均匀分布对元素进行随机划分，其用法如下所示：
	
	``java
	dataStream.shuffle();
	``

rebalance	将 DataStream 流转换为 DataStream 流。每个分区创建相等的负载。在存在数据偏斜时，该算子对性能优化有用。其用法如下所示：
	
	``java
	dataStream.rebalance();
	``
	shuffle 算子随机分发数据，而 rebalance 算子以循环方式分发数据。后者因为不必计算随机数，所以更有效。另外，根据随机性，最终可能会得到某种不太均匀的分布。
	
	另外，rebalance 算子始终将第 1 个元素发送到第 1 个通道。因此，如果只有少量元素（元素少于子任务），则只有部分子任务接收元素，因为总是将第 1 个元素发送到第 1 个子任务。在流式传输时，这最终无关紧要，因为通常有一个无界的输入流

算　子	功　能
rescale	将 DataStream 流转换为 DataStream 流。rescale 算子相当于低配版 Rebalance，无须网络传输。该算子以 round-robin 方式将元素分区，然后发送到下游算子。如果想从 source 的每个并行实例分散到若干 mapper 以负载均衡，但不期望像 rebalacne()那样执行全局负载均衡，则该算子会很有用。该算子仅需要本地数据传输，而不是通过网络传输数据，具体取决于其他配置值，如 TaskManager 的插槽数。 上游算子所发送的元素被分区到下游算子的哪些子集，取决于上游算子和下游算子的并发度。例如，上游算子的并发度为 2，而下游算子的并发度为 6，则其中一个上游算子会将元素分发到 3 个下游算子，另一个上游算子会将元素分发到另外 3 个下游算子。相反，如果上游算子的并发度为 6，而下游算子的并发度为 2，则其中 3 个上游算子会将元素分发到 1 个下游算子，另 1 个上游算子会将元素分发到另外 1 个下游算子。 在上游算子和下游算子的并行度不是彼此的倍数的情况下，下游算子对应的上游的操作输入数量不同： `dataStream.rescale();`
broadcast	将 DataStream 流转换为 DataStream 流，将元素广播到每个分区： `dataStream.broadcast();`

5.4.6　其他转换算子

1. Fold 算子

Fold 算子可以将 KeyedStream 流转换为 DataStream 流，在带有初始值的键控流上"滚动"折叠，将当前元素与上一个折叠值组合在一起并发出新值。Fold 算子的使用方法如下所示：

```
DataStream<String> result =
  keyedStream.fold("start", new FoldFunction<Integer, String>() {
    @Override
    public String fold(String current, Integer value) {
        return current + "-" + value;
    }
});
```

折叠函数在应用于序列（1,2,3,4,5）时，会发出序列"start-1""start-1-2""start-1-2-3"等。

2. Interval Join 算子

Interval Join 算子可以将两个 KeyedStream 流转换为 DataStream 流。在给定的时间间隔内，用公共键将两个键控流的两个元素 e1 和 e2 连接起来，以便 e1.timestamp + lowerBound ≤ e2.timestamp ≤ e1.timestamp + upperBound。Interval Join 算子的使用方法如下所示：

```
keyedStream.intervalJoin(otherKeyedStream)
.between(Time.milliseconds(-2), Time.milliseconds(2))    // 上限和下限
.upperBoundExclusive(true)                                // 可选项
.lowerBoundExclusive(true)                                // 可选项
```

```
.process(new IntervalJoinFunction() {...}); // 将给定的 ProcessFunction 应用于输入流，从而创建转换
后的输出流
```

上述代码连接了 2 个流，以便 key1 == key2 && leftTs − 2 < rightTs < leftTs + 2。

3. Iterate 算子

Iterate 算子可以将 DataStream 流转换为 IterativeStream 流，然后转换为 DataStream 流。通过将一个算子的输出重定向到某个先前的算子，在流中创建 "反馈" 循环，这对于定义不断更新模型的算法特别有用。Iterate 算子提供了一种流计算中的类似于递归的方法。

图 5-5 展示了 Flink 中目前支持的几种流的类型，以及它们之间的转换关系。

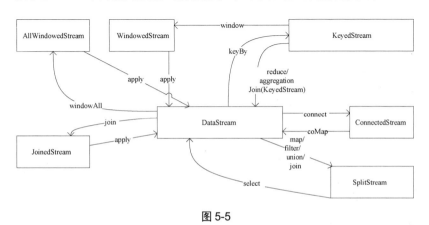

图 5-5

5.4.7　实例 16：使用 Union 算子连接多个数据源

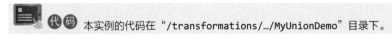 本实例的代码在 "/transformations/…/MyUnionDemo" 目录下。

本实例演示的是使用 Union 算子连接多个数据源。

首先准备 3 个类型一样的数据源，然后使用 Union 算子将它们连接起来，如下所示：

```
public class MyUnionDemo {
    // main()方法——Java 应用程序的入口
    public static void main(String[] args) throws Exception {
        // 获取流处理的执行环境
        final StreamExecutionEnvironment senv =
StreamExecutionEnvironment.getExecutionEnvironment();
        // 加载或创建源数据
        DataStream<Tuple2<String, Integer>> source1 = senv.fromElements(
                new Tuple2<>("Honda", 15),
                new Tuple2<>("CROWN", 25));
        // 加载或创建源数据
```

```
        DataStream<Tuple2<String, Integer>> source2 = senv.fromElements(
                new Tuple2<>("BMW", 35),
                new Tuple2<>("Tesla", 40));
        // 加载或创建源数据
        DataStream<Tuple2<String, Integer>> source3 = senv.fromElements(
                new Tuple2<>("Rolls-Royce", 300),
                new Tuple2<>("AMG", 330));
        DataStream<Tuple2<String, Integer>> union = source1.union(source2,source3);
        union.print("union");
        // 执行任务操作。因为 Flink 是懒加载的，所以必须调用 execute()方法才会执行
        senv.execute();
}
}
```

运行上述应用程序之后，会在控制台中输出以下信息：

```
union:10> (Rolls-Royce,300)
union:3> (BMW,35)
union:11> (CROWN,25)
union:4> (Tesla,40)
union:10> (Honda,15)
union:11> (AMG,330)
```

5.4.8 实例 17：使用 Connect 算子连接不同类型的数据源

 本实例的代码在 "/transformations/.../MyConnectDemo" 目录下。

将两条流从形式上连接在一起变成 ConnectedStream 流，但是，内部依然保持各自的数据和形式不发生任何变化，两个流相互独立。ConnectedStream 流会对两个流的数据应用不同的处理方法，内部的两个流之间可以共享状态。

使用 Connect 算子连接不同类型的数据源，如下所示：

```
public class MyConnectDemo {
// main()方法——Java 应用程序的入口
public static void main(String[] args) throws Exception {
        // 获取流处理的执行环境
        final StreamExecutionEnvironment senv =
StreamExecutionEnvironment.getExecutionEnvironment();
        // 加载或创建源数据
        DataStream<Tuple1<String>> source1 = senv.fromElements(
                new Tuple1<>("Honda"),
                new Tuple1<>("CROWN"));
        // 加载或创建源数据
        DataStream<Tuple2<String, Integer>> source2 = senv.fromElements(
```

```
                    new Tuple2<>("BMW", 35),
                    new Tuple2<>("Tesla", 40));
        ConnectedStreams<Tuple1<String>, Tuple2<String, Integer>> connectedStreams =
                source1.connect(source2);
                connectedStreams.getFirstInput().print("union");
                connectedStreams.getSecondInput().print("union");
        // 执行任务操作。因为 Flink 是懒加载的，所以必须调用 execute()方法才会执行
        senv.execute();
    }
}
```

运行上述应用程序之后，会在控制台中输出以下信息：

```
union:5> (BMW,35)
union:4> (Honda)
union:5> (CROWN)
union:6> (Tesla,40)
```

5.4.9 实例 18：使用 Reduce 操作键控流

 （代码）本实例的代码在 "/transformations/.../MyReduceDemo" 目录下。

本实例演示的是使用 Reduce 对键控流进行 "滚动" 压缩。将当前元素的值与最后一个元素的值合并，并发出新值，如下所示：

```
public class MyReduceDemo {
    // main()方法——Java 应用程序的入口
    public static void main(String[] args) throws Exception {
        // 获取流处理的执行环境
        final StreamExecutionEnvironment senv =
StreamExecutionEnvironment.getExecutionEnvironment();
        // 加载或创建源数据
        DataStream<Tuple2<String,Integer>> source = senv.fromElements(
                new Tuple2<>("A",1),
                new Tuple2<>("B",3),
                new Tuple2<>("C",6),
                new Tuple2<>("A",5),
                new Tuple2<>("B",8));
        //使用 reduce()方法
        DataStream<Tuple2<String, Integer>> reduce  = source
                // 键控流转换算子
                .keyBy(0)
                .reduce(new ReduceFunction<Tuple2<String, Integer>>() {

            @Override
```

```
            public Tuple2<String, Integer> reduce(Tuple2<String, Integer> value1, Tuple2<String,
Integer> value2) throws Exception {
                return new Tuple2(value1.f0,value1.f1+value2.f1);
            }
        });
        reduce.print("reduce");
        senv.execute("Reduce Demo");
    }
}
```

运行上述应用程序之后，会在控制台中输出以下信息：

```
reduce:10> (A,1)
reduce:2> (B,3)
reduce:2> (C,6)
reduce:2> (B,11)
reduce:10> (A,6)
```

5.4.10 实例 19：使用 Split 算子和 Select 算子拆分数据流，并选择拆分后的数据流

 代码 本实例的代码在 "/transformations/datastream" 目录下。

本实例演示的是使用 Split 算子根据某些特征把一个 DataStream 流拆分成两个 DataStream（SplitStream）流，并使用 Select 算子选择一个或多个 DataStream 流，如下所示：

```
public class SplitAndSelect {
// main()方法——Java 应用程序的入口
public static void main(String[] args) throws Exception {
        // 获取流处理的执行环境
        final StreamExecutionEnvironment sEnv =
StreamExecutionEnvironment.getExecutionEnvironment();
        // 加载或创建源数据
        DataStream<Integer> input = sEnv.fromElements(1, 2, 3, 4, 5, 6, 7, 8);
        // 设置并行度为 1
        sEnv.setParallelism(1);
        SplitStream<Integer> split = input.split(new OutputSelector<Integer>() {
            @Override
            public Iterable<String> select(Integer value) {
                List<String> output = new ArrayList<String>();
                if (value % 2 == 0) {
                    //返回偶数
                    output.add("even");
                }
                else {
```

```
                    //返回奇数
                    output.add("odd");
                }
                return output;
            }
        });
        DataStream<Integer> even = split.select("even");
        DataStream<Integer> odd = split.select("odd");
        DataStream<Integer> all = split.select("even","odd");
        even.print("even流");
        odd.print("odd流");
        // 执行任务操作。因为 Flink 是懒加载的，所以必须调用 execute()方法才会执行
        sEnv.execute();
    }
}
```

运行上述应用程序之后，会在控制台中输出以下信息：

```
odd 流> 1
even 流> 2
odd 流> 3
even 流> 4
odd 流> 5
even 流> 6
odd 流> 7
even 流> 8
```

5.4.11　任务、算子链和资源组

在分布式计算中，Flink 将算子的子任务链接成任务，每个任务由一个线程执行。把算子链接成任务，能够减少线程之间切换和缓冲的开销，在降低延迟时可以提高整体的吞吐量。

如图 5-6 所示，该数据流将 3 个任务拆解成 5 个子任务，因此具有 5 个并行线程。

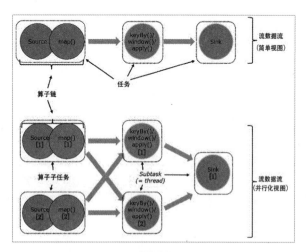

图 5-6

101

将算子链接成任务的优点包括以下几点。

- 减少线程之间的切换。
- 减少消息的序列化/反序列化。
- 减少数据在缓冲区的交换。
- 减少延迟。
- 提高整体的吞吐量。

在默认情况下，Flink 会自动链接算子。如果需要，则可以通过 API 对链接进行细粒度的控制。

如果在整个作业中禁用链接，则使用 StreamExecutionEnvironment. disableOperatorChaining() 方法。为了获得更精细的控制，可以使用以下功能。

资源组是 Flink 中的插槽。如果需要，则可以手动将算子隔离在单独的插槽中。

1. 开始新链接

如果从某个算子开始新的链接，则链接的前后两个映射器（Mapper）将被链接，并且过滤器将不会链接到第 1 个映射器。开始新链接的使用方法如下所示：

```
someStream.filter(...)
.map(...)
// 开始新链接
.startNewChain()
.map(...);
```

2. 关闭链接

关闭链接即不链接 Map 算子，其使用方法如下所示：

```
someStream.map(...)
// 关闭链接
.disableChaining();
```

3. 设置插槽共享组

Flink 会将具有相同插槽共享组的算子放入同一插槽中，同时将没有插槽共享组的算子保留在其他插槽中，这样可以隔离插槽。如果所有输入算子都在同一插槽共享组中，则插槽共享组将从输入算子继承。默认插槽共享组的名称为 "default"，可以通过调用 slotSharingGroup() 方法将算子明确地放入该组中。

设置插槽共享组的方法如下所示：

```
someStream
.filter(...)
// 设置插槽共享组
.slotSharingGroup("name");
```

> 这些方法只能在 DataStream 转换后使用，因为它们引用的是先前的转换。例如，可以使用 someStream.map(...).startNewChain()方法，但不能使用 someStream.startNewChain()方法。

5.5　认识低阶流处理算子

算子无法访问事件的时间戳信息和水位线信息。DataStream API 提供了一系列的低阶的流处理算子——ProcessFunction。这些算子用来构建事件驱动的应用，以及实现自定义的业务逻辑。这些低阶流处理算子不仅可以访问时间戳信息和水位线信息，注册定时事件，还可以输出特定的事件（如超时事件）等。所有的 ProcessFunction 都继承自 RichFunction 接口，都有 open()方法、close()方法和 getRuntimeContext()方法等。

Flink 提供了以下 8 个 ProcessFunction：ProcessFunction、CoProcessFunction、KeyedProcessFunction 、 ProcessJoinFunction 、 BroadcastProcessFunction 、 KeyedBroadcastProcessFunction 和 ProcessWindowFunction、ProcessAllWindowFunction。

下面介绍部分常用的 ProcessFunction。

5.5.1　ProcessFunction——在非循环流上实现低阶运算

ProcessFunction 可以访问所有非循环流应用程序的基本构建块。

可以将 ProcessFunction 视为可访问键控状态（Keyed State）和计时器（Timer）的 FlatMapFunction 函数。

对于容错状态，ProcessFunction 通过执行引擎上下文访问 Flink 的键控状态，类似于用其他有状态函数访问键控状态。

计时器允许应用程序对处理时间和事件时间的变化做出反应。每次调用 processElement()方法都会获得一个上下文对象，该上下文对象可以访问元素的事件时间时间戳和 TimerService。TimerService 用于为将来的事件时间/处理时间注册回调。

对于事件时间计时器，如果当前水位线前进到或超过计时器的时间戳，则调用 onTimer()方法；而对于处理时间计时器，在时间到达指定时间后，则使用挂钟（Wall Clock）调用 onTimer()方法。在该调用期间，所有状态都将再次限定在用于创建计时器的键上，从而允许计时器操作键控状态。

如果访问键控状态和计时器，则必须在键控流上应用 ProcessFunction，使用方法如下所示：
`stream.keyBy(...).process(new MyProcessFunction())`

5.5.2 CoProcessFunction——在两个输入流上实现低阶运算

可以使用 CoProcessFunction 或 KeyedCoProcessFunction 在两个输入流上实现低级别的运算。CoProcessFunction 绑定两个不同的输入，并为不同的输入记录分别调用 processElement1()方法和 processElement2()方法，对两个输入流的数据进行处理。实现低级别连接通常遵循以下模式。

- 为一个（或两个）输入创建一个状态对象。
- 当从输入源接收到元素时，更新状态。
- 当从其他输入源接收到元素时，探测状态并生成连接的结果。

5.5.3 KeyedProcessFunction——在键控流上实现低阶运算

KeyedProcessFunction 用来操作 KeyedStream 流。KeyedProcessFunction 会处理流的每个元素，输出为 0 个、1 个或多个元素。KeyedProcessFunction 额外提供了以下两个方法。

- processElement()方法：流中的每个元素都会调用这个方法，调用结果会放在 Collector 数据类型中输出。
- onTimer()方法：这是一个回调方法，在之前注册的计时器触发时调用。参数 timestamp 为计时器所设定的触发的时间戳；Collector 为输出结果的集合；OnTimerContext 和 processElement 的 Context 参数一样，用于提供上下文的一些信息。

5.5.4 计时器和计时器服务

TimerService 在内部维护两种类型的计时器——**处理时间计时器和事件时间计时器**，并排队等待执行。TimerService 删除每个键和时间戳重复的计时器，即每个键和时间戳最多有一个计时器。如果为同一时间戳注册了多个计时器，则 onTimer()方法仅被调用一次。

Flink 本身实现了 onTimer()方法和 processElement()方法的同步调用。因此，用户不必担心状态的并发修改。

Context 和 OnTimerContext 所持有的 TimerService 对象具有以下几个方法。

- currentProcessingTime()方法：返回当前处理时间。

- currentWatermark()方法：返回当前水位线的时间戳。
- registerProcessingTimeTimer()方法：注册当前时间计时器。

1. 计时器容错

计时器具有容错能力，并与应用程序状态一起被检查。如果发生故障恢复或从保存点启动应用程序，则会还原计时器。

计时器始终是异步检查点，但"RocksDB 后端+增量快照"和"RocksDB 后端+基于堆的计时器"的组合除外。大量计时器会增加检查点时间，因为计时器是检查点状态的一部分。

2. 计时器合并

由于 Flink 每个键和时间戳仅维护一个计时器，因此可以通过降低计时器分辨率（即将时间戳的单位控制在秒级，而不是毫秒级）进行合并，从而减少计时器的数量。

对于 1s（事件时间或处理时间）的计时器分辨率，可以将目标时间处理为整秒。计时器最多可以提前 1s 触发一次，但不晚于要求的毫秒精度。这样，每个键和每秒最多有一个计时器。注册处理时间计时器的使用方法如下所示：

```
// 定义合并时间
long coalescedTime = ((ctx.timestamp() + timeout) / 1000) * 1000;
// 注册处理时间计时器
ctx.timerService().registerProcessingTimeTimer(coalescedTime);
```

由于事件时间计时器仅在水位线进入时才被触发，因此还可以使用当前计时器安排下一个计时器，并将当前计时器与下一个水位线合并。注册事件时间计时器的使用方法如下所示：

```
// 定义合并时间
long coalescedTime = ctx.timerService().currentWatermark() + 1;
// 注册事件时间计时器
ctx.timerService().registerEventTimeTimer(coalescedTime);
```

也可以按照以下方式停止/删除计时器。

停止处理时间计时器，如下所示：

```
// 定义停止计时器的时间戳
long timestampOfTimerToStop = ...
// 停止处理时间计时器
ctx.timerService().deleteProcessingTimeTimer(timestampOfTimerToStop);
```

停止事件时间计时器，如下所示：

```
// 定义停止计时器的时间戳
long timestampOfTimerToStop = ...
// 停止事件时间计时器
ctx.timerService().deleteEventTimeTimer(timestampOfTimerToStop);
```

如果未注册具有给定时间戳的计时器，则停止计时器无效。

5.6 迭代运算

5.6.1 认识 DataSet 的全量迭代运算和增量迭代运算

迭代运算对于大数据非常重要，通过迭代可以从数据中提取有意义的信息。Flink 应用程序通过定义步进函数，并将其嵌入特殊的迭代算子中来实现迭代算法。

Flink 提供了两种迭代运算：**全量迭代**（Bulk Iterate）和**增量迭代**（Delta Iterate）。两种迭代运算都在当前迭代状态下重复调用步进函数，直到达到某个终止条件为止。

Flink 还可以通过图形处理库（Gelly）支持以顶点为中心的迭代、应用汇总迭代、求和迭代。

1. 全量迭代运算

迭代运算也被称为全量迭代运算，并且涵盖了简单的迭代形式。在每次迭代中，步进函数都会消费整个输入（上一个迭代的结果或初始数据集），并计算部分解的下一个版本（如 Map、Reduce 等）。全量迭代运算的执行过程如图 5-7 所示。

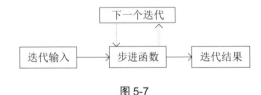

图 5-7

- 迭代输入（Iteration Input）：来自数据源，或者先前算子的第一次迭代的初始输入。
- 步进函数（Step Function）：它将在每次迭代中执行。它是一个任意的数据流，由 Map 算子、Reduce 算子、Join 算子等组成，并且取决于当前特定任务。
- 下一个迭代（Next Partial Solution）：在每次迭代中，步进函数的输出将反馈到下一个迭代中。
- 迭代结果（Iteration Result）：将最后一次迭代的输出写入数据接收器，或者用作下一个算子的输入。

迭代计算完成后需要进行终止，可以通过触发迭代的终止条件来终止。

- 最大迭代次数：在没有其他条件的情况下，迭代执行的限制次数。

- 自定义聚合器收敛条件：迭代允许自定义聚合器的收敛条件。

2. 增量迭代运算

增量迭代运算是指有选择地修改其解决方案的元素并迭代解决方案，而不是完全重新计算。在适用的情况下，这会使算法更有效，因为并非解决方案集中的每个元素在每次迭代中都会发生变化。这样用户可以将注意力集中在解决方案的热部分（Hot Part）上，冷部分（Cold Part）则保持不变。

通常，大多数解决方案的冷却速度都比较快，以后的迭代仅对数据的一小部分起作用。增量迭代运算的执行过程如图 5-8 所示。

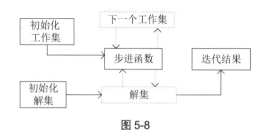

图 5-8

- 迭代输入（Iteration Input）：从数据源或先前的算子中读取初始工作集和解决方案集，作为第 1 次的迭代输入。
- 步进函数（Step Function）：它将在每次迭代中执行。它是一个任意的数据流，由 Map 算子、Reduce 算子、Join 算子等组成，并且取决于当前的特定任务。
- 下一个工作集/更新解决方案集（Next Workset/Update Solution Set）：下一个工作集驱动迭代计算，并将反馈给下一个迭代。此外，解决方案集将被更新并隐式转发（不需要重建）。这两个数据集可以由步进函数的不同算子更新。
- 迭代结果（Iteration Result）：在最后一次迭代后，解决方案集将写入数据接收器，或者用作下一个迭代算子的输入。

增量迭代的默认终止条件由**空工作集收敛条件和最大迭代次数**指定。在产生的下一个工作集为空或达到最大迭代次数时，迭代将终止。另外，还可以指定自定义聚合器和收敛标准。

3. 超步同步

步进函数的每一次执行被称为一次迭代。在并行设置中，将在不同分区上并行评估步进函数的多个实例。对所有并行实例上的步进函数的求值会形成所谓的"超步"（Superstep），它是同步的粒度。因此，在初始化下一个超步之前，迭代的所有并行任务都需要完成超步。终止标准还将在超步栏栅（Superstep Barrier）进行评估。步进函数如图 5-9 所示。

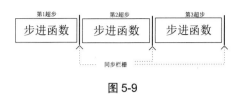

图 5-9

5.6.2 比较全量迭代运算和增量迭代运算

5.6.1 节介绍了全量迭代运算和增量迭代运算，这两种运算的区别如表 5-2 所示。

表 5-2

项 目	全量迭代运算	增量迭代运算
迭代输入	部分解	工作集（Workset）和解集（Solution Set）
步进函数	任意数据流	任意数据流
状态更新	下一个部分解	下一个工作集变为解集
迭代结果	最终的部分解	最后一次迭代后的解集状态
终止	（1）最大的迭代次数（默认）。 （2）自定义的聚合收敛	（1）最大的迭代次数。 （2）空的工作集（默认）。 （3）用户自定义聚合收敛条件

5.6.3 实例 20：全量迭代

 代码 本实例的代码在 "/DataSet/Iteration/Bulk Iteration" 目录下。

本实例的迭代估计数字为 Pi，目的是计算落入单位圆内的随机点的数量。在每次迭代中都会选择一个随机点，如果此点位于单位圆内，则将增加计数，然后将 Pi 估算为"结果计数除以迭代次数并乘以 4"，如下所示：

```
// 获取执行环境
final ExecutionEnvironment env = ExecutionEnvironment.getExecutionEnvironment();
// 创建初始的迭代数据集
IterativeDataSet<Integer> initial = env.fromElements(0).iterate(10);
// 转换数据
DataSet<Integer> iteration = initial.map(new MapFunction<Integer, Integer>() {
    @Override
    public Integer map(Integer i) throws Exception {
        double x = Math.random();
        double y = Math.random();
        return i + ((x * x + y * y < 1) ? 1 : 0);
    }
});
// 迭代转换
```

```
DataSet<Integer> count = initial.closeWith(iteration);
count.map(new MapFunction<Integer, Double>() {
    @Override
    public Double map(Integer count) throws Exception {
        return count / (double) 10 * 4;
    }
})
.print(); // 打印数据到控制台
```

要创建全量迭代，应从迭代开始的 DataSet 的 iterate()方法开始。这将返回一个 IterativeDataSet，可以使用常规运算对 IterativeDataSet 进行转换。迭代调用的单个参数指定最大迭代次数。

如果要指定迭代的结束，则在 IterativeDataSet 上调用 closeWith()方法，以指定应将哪种转换反馈给下一次迭代。可以选择使用 closeWith()方法指定终止条件，该条件将评估第 2 个 DataSet 并终止迭代（如果此 DataSet 为空）。如果未指定终止条件，则该迭代将在给定的最大迭代次数后终止。

运行上述应用程序之后，会在控制台中输出以下信息（会有变动）：

```
3.1556
```

5.6.4　实例 21：增量迭代

 代码 本实例的代码在 "/DataSet/Iteration/Delta Iteration" 目录下。

增量迭代的语法如下所示：

```
public class DeltaIterationDemo {
    // main()方法——Java 应用程序的入口
    public static void main(String[] args) throws Exception {
        // 获取执行环境
        ExecutionEnvironment env = ExecutionEnvironment.getExecutionEnvironment();
        // 加载或创建源数据
        DataSet<Tuple2<Long, Double>> initialSolutionSet = env.fromElements(
                new Tuple2<Long, Double>(1l, 4.17d));
        // 加载或创建源数据
        DataSet<Tuple2<Long, Double>> initialDeltaSet = env.fromElements(
                new Tuple2<Long, Double>(2l, 1.9d),
                new Tuple2<Long, Double>(2l, 4.8d),
                new Tuple2<Long, Double>(3l, 2.9d));
        DeltaIteration<Tuple2<Long, Double>, Tuple2<Long, Double>> iteration = initialSolutionSet
                // 迭代 100 次，键位置为 0
                .iterateDelta(initialDeltaSet, 100, 0);
        DataSet<Tuple2<Long, Double>> candidateUpdates = iteration.getWorkset()
```

```
                    // 分组转换算子
                    .groupBy(0)
                    // 应用 Group Reduce 函数
                    .reduceGroup(new GroupReduceFunction<Tuple2<Long,Double>, Tuple2<Long, Double>>()
{
                        @Override
                        public void reduce(Iterable<Tuple2<Long, Double>> values,
Collector<Tuple2<Long, Double>> out)
                            throws Exception {
                            Iterator<Tuple2<Long, Double>> ite = values.iterator();
                            while(ite.hasNext()) {
                                Tuple2<Long, Double> item = ite.next();
                                out.collect(new Tuple2<Long, Double>(item.f0, item.f1+1));
                            }
                        }
                    });
            // 转换数据
        DataSet<Tuple2<Long, Double>> deltas = candidateUpdates
                .join(iteration.getSolutionSet())
                .where(0)
                .equalTo(0)
                .with(new FlatJoinFunction<Tuple2<Long,Double>, Tuple2<Long,Double>,
Tuple2<Long,Double>>() {

                        @Override
                        public void join(Tuple2<Long, Double> first, Tuple2<Long, Double> second,
Collector<Tuple2<Long,Double>> out)
                            throws Exception {
                            if( second != null) {
                                out.collect(new Tuple2<Long, Double>(first.f0, first.f1 + second.f1));
                            } else {
                                out.collect(first);
                            }
                        }
                    });
            // 转换数据
        DataSet<Tuple2<Long, Double>> nextWorkset = deltas
                .filter(i -> i.f0 <1);
        iteration.closeWith(deltas, nextWorkset).print(); // 打印数据到控制台

    }
}
```

除了在每次迭代中反馈的部分解决方案（称为工作集），增量迭代还会维护各个迭代之间的状态（称为解决方案集），可以通过增量来更新状态。迭代计算的结果是最后一次迭代后的状态。在增量

迭代时，某些算子不会在每次迭代中更改"解决方案"的数据。

定义 DeltaIteration 类似于定义 BulkIteration。对于增量迭代，两个数据集形成每个迭代的输入（工作集和解决方案集），并且在每个迭代中生成两个数据集作为结果（新工作集和解决方案集增量）。

要定义 DeltaIteration，需要在初始解决方案集上调用 iterateDelta() 方法，返回的 DeltaIteration 对象可以通过 eration.getWorkset() 方法和 getSolutionSet() 方法来访问，分别表示工作集和解决方案集的数据集。

运行上述应用程序之后，会在控制台中输出以下信息：

```
(3,3.9)
(1,4.17)
(2,5.8)
```

5.6.5　认识 DataStream 的迭代

迭代（Iteration）流程序实现了一个逐步功能，并将其嵌入迭代流（IterativeStream）中。由于 DataStream 程序可能永远无法完成，因此没有最大迭代次数，需要使用拆分转换或过滤器指定流的哪一部分反馈给迭代，哪一部分向下游转发。

与 DataSet 提供的可迭代的数据集（IterativeDataSet）类似，在 DataStream 中也是通过一个特定的可迭代的流（IterativeStream）来构建相关的迭代处理逻辑的。

IterativeStream 的实例是通过 iterate() 方法创建的，该方法存在两个重载形式。

- iterate()：无参的 iterate() 方法，表示不限定最大等待时间。
- iterate(long maxWaitTimeMillis)：提供一个长整型的参数，允许用户指定等待反馈的下一个输入元素的最大时间间隔。

迭代流的关闭是通过调用 closeWith() 方法来实现的。

数据流都有与之对应的流转换。迭代数据流对应的转换是 FeedbackTransformation。

- 迭代中的数据流向：DataStream → IterativeStream → DataStream。
- 迭代数据流的数据流向：IterativeStream → FeedbackTransformation。

DataStream 的迭代应用程序的开发步骤如下。

（1）定义一个 IterativeStream，如下所示：

```
IterativeStream<Integer> iteration = input.iterate();
```

（2）指定将在循环内执行的逻辑。

在定义一个 IterativeStream 之后，需要使用一系列转换（指定将在循环内执行的逻辑），如下所示：

```
DataStream<Integer> iterationBody = iteration.map();
```

（3）关闭迭代并定义迭代尾部。

关闭迭代并定义迭代尾部，可以通过调用 IterativeStream 的 closeWith()方法实现。

一种常见的模式是，使用过滤器将"反馈的部分"与"向前传播的部分"分开。这些过滤器可以定义类似于"终止"的逻辑，其中允许元素向下游传播，而不是被反馈，如下所示：

```
iteration.closeWith(iterationBody.filter( /*流的一部分*/));
DataStream<Integer> output = iterationBody.filter( /*流的其他部分*/);
```

5.6.6　实例 22：实现 DataStream 的归零迭代运算

 代码 本实例的代码在"/DataStream/Iteration"目录下。

本实例演示的是从一系列整数中连续减去 1，直到它们达到 0，如下所示：

```
public class IterationDemo {
// main()方法——Java 应用程序的入口
    public static void main(String[] args) throws Exception {
        // 获取流处理的执行环境
        final StreamExecutionEnvironment env =
StreamExecutionEnvironment.getExecutionEnvironment();
        // 加载或创建源数据
        DataStream<Long> input = env.generateSequence(0,4);
        // 使用 iterate()方法创建迭代流，如果 iterate()方法有参数，则允许用户指定等待反馈的下一个输入
元素的最大时间间隔
        IterativeStream<Long> iterativeStream = input.iterate();
        // 增加处理逻辑，对元素执行减 1 操作
        DataStream<Long>  zero = iterativeStream.map(new MapFunction<Long, Long>() {
            @Override
            public Long map(Long value) throws Exception {
                return value - 1 ;
            }
        });
        // 获取要进行迭代的流
        DataStream<Long> stillGreaterThanZero = zero.filter(new FilterFunction<Long>() {
            @Override
            public boolean filter(Long value) throws Exception {
                return (value > 0);
            }
        });
        // 对需要迭代的流形成一个闭环，设置 feedback，这个数据流是被反馈的通道，只要是 value>0 的数据，
都会被重新迭代计算
        iterativeStream.closeWith(stillGreaterThanZero);
```

```
        // 小于或等于 0 的数据继续向前传输
        DataStream<Long> lessThanZero = zero.filter(new FilterFunction<Long>() {
            @Override
            public boolean filter(Long value) throws Exception {
                return (value <= 0);
            }
        });
        zero.print("IterationDemo");
        // 执行任务操作。因为 Flink 是懒加载的，所以必须调用 execute()方法才会执行
env.execute();
    }
}
```

运行上述应用程序之后，会在控制台中输出以下信息：

```
IterationDemo:3> 0
IterationDemo:4> 1
IterationDemo:5> 2
IterationDemo:4> 0
IterationDemo:5> 1
IterationDemo:5> 0
```

进阶篇

第 6 章
使用 DataSet API 实现批处理

本章首先介绍 DataSet API 的数据源，然后介绍操作函数中的数据对象、语义注释，最后介绍分布式缓存和广播变量。

6.1.1 认识 DataSet API 的数据源

1. 基于文件

基于文件的数据源可以使用以下几个方法来读取数据。

- readTextFile(path)/TextInputFormat：按行读取文件，并将其作为字符串返回。
- readTextFileWithValue(path)/TextValueInputFormat：按行读取文件，并将它们作为可变字符串返回。
- readCsvFile(path)/CsvInputFormat：解析逗号（或其他字符）分隔字段的文件，返回元组或 POJO 的数据集，支持基本 Java 类型作为字段类型。
- readFileOfPrimitives(path,Class)/PrimitiveInputFormat：读取一个原始数据类型（如 String 和 Integer）的文件，返回一个对应的原始类型的 DataSet 集合。
- readFileOfPrimitives(path,delimiter,Class)/PrimitiveInputFormat：读取一个原始数据类型（如 String 和 Integer）的文件,返回一个对应的原始类型的 DataSet 集合。这里使用给定的分隔符。
- readSequenceFile(Key,Value,path)/SequenceFileInputFormat：创建一个作业配置，并从指定路径中读取文件，然后将它们作为 Tuple2 <key,value>返回。

2．基于集合

基于集合的数据源可以使用以下几个方法来读取数据。

- fromElements()：根据给定的对象序列创建数据集，这种方式也支持 Tuple、自定义对象等复合形式。
- fromElements(T...)：根据给定的对象序列创建数据集，所有对象必须属于同一种类型，如 env.fromElements(1,2,3)。
- fromCollection(Iterator, Class)：从迭代器中创建数据集。该类指定迭代器返回数据元的数据类型，如 env.fromCollection(List(1,2,3))。
- fromCollection(Collection)：从 Java.util.Collection 中创建一个数据集，集合中的所有元素必须是相同的类型。
- generateSequence(from,to)：在给定的区间内并行生成数字序列，如 env.generateSequence(0, 8)。
- fromParallelCollection(SplittableIterator,Class)：并行地从迭代器中创建数据集。该类指定迭代器返回的数据元的数据类型。

3．基于通用方法

基于通用方法的数据源可以使用以下几个方法来读取数据。

- readFile(inputFormat, path)/FileInputFormat：接收文件输入格式。
- createInput(inputFormat)/InputFormat：接收通用输入格式。

6.1.2　配置 CSV 解析

Flink 提供了许多用于 CSV 解析的配置选项。

- Types(Class ... types)：指定要解析的字段的类型（必须配置已解析字段的类型）。在类型为 Boolean.class 的情况下，选项"True"（不区分大小写）、"False"（不区分大小写）、"1"和"0"被视为布尔值。
- lineDelimiter(String del)：指定单个记录的分隔符，默认的行定界符是换行符"\ n"。
- fieldDelimiter(String del)：指定分隔记录字段的定界符，默认的字段定界符是逗号。
- includeFields(boolean ... flag)、includeFields(String mask)或 includeFields(long bitMask)：定义从输入文件读取哪些字段（忽略哪些字段）。在默认情况下，将解析前 n 个字段（由 types()方法调用中的类型数定义）。
- parseQuotedStrings(char quoteChar)：启用加引号的字符串解析。如果字符串字段的第 1 个字符是引号字符（不修剪前导空格或尾随空格），则将字符串解析为带引号的字符串。带引号的字符串中的字段分隔符将被忽略。如果带引号的字符串字段的最后一个字符不是引号字符，或者如果引号字符出现在不是带引号的字符串字段的开始或结尾的某个点，则引号字符串解析失败（除非使用"""来对引号字符进行转义）。如果启用了带引号的字符串解析，并且字段的第 1 个字符不是带引号的字符串，则该字符串将解析为无引号的字符串。在默认情况下，带引号的字符串分析是禁用的。

- ignoreComments(String commentPrefix)：指定注释前缀。以指定的注释前缀开头的所有行都不会被解析和忽略。在默认情况下，不忽略任何行。
- ignoreInvalidLines()：忽略无法正确解析的行。在默认情况下是禁用的，无效行会引发异常。
- ignoreFirstLine()：忽略输入文件的第 1 行。在默认情况下不忽略任何行。

6.1.3 实例 23：读取和解析 CSV 文件

 本实例的代码在 "/DataSet/Source/ReadCSV" 目录下。

本实例演示的是通过批处理应用程序读取和解析 CSV 文件。

1. 创建 CSV 文件

创建 CSV 文件，列信息为 name,sex,age，并输入一些测试数据，如下所示：

```
name,sex,age
龙中华,男,20
龙剑融,男,10
```

2. 创建 POJO 类

创建 POJO 类，用于解析从 CSV 文件中读取到的数据，如下所示：

```java
public class User {
    // 定义类的属性

    private String name;
    // 定义类的属性

    private String sex;
    // 定义类的属性

    private Integer age;
    // 部分内容省略
}
```

3. 编写批处理程序

配置要读取的 CSV 文件的地址，并配置读取的列，如下所示：

```java
public class ReadCSV {
    // main()方法——Java 应用程序的入口

    public static void main(String[] args) throws Exception {
        // 获取执行环境

        ExecutionEnvironment env = ExecutionEnvironment.getExecutionEnvironment();
        // 加载或创建源数据

        DataSet<User> inputData= env.readCsvFile("F:\\flink\\Code\\File\\data.csv")
            // fieldDelimiter 设置分隔符，默认的是","
```

```
                    .fieldDelimiter(",")
                    // 忽略第 1 行
                    .ignoreFirstLine()
                    // 设置选取哪几列，第 2 列不选取
                    .includeFields(true, false, true)
                    // POJO 的类型和字段名，就是对应列
                    .pojoType(User.class,"name","age");
        // 打印数据到控制台
        inputData.print();
    }
}
```

运行上述应用程序之后，会在控制台中输出以下信息：

```
MyUser{name='龙中华', sex='', age=20}
MyUser{name='龙剑融', sex='', age=10}
```

6.1.4　读取压缩文件

如果输入文件标记了适当的文件扩展名，那么 Flink 支持透明的输入文件解压缩。这意味着，不需要进一步配置输入格式，并且任何文件输入格式都支持压缩（包括自定义输入格式）。压缩文件可能无法并行读取，所以可能会影响作业的可伸缩性。

1. Flink 支持的压缩方法

Flink 支持的压缩方法如表 6-1 所示。

表 6-1

压 缩 方 法	文件扩展名	并 行 性
DEFLATE	.deflate	no
GZip	.gz、 .gzip	no
Bzip2	.bz2	no
XZ	.xz	no

2. 压缩数据集中的元素

在某些算法中，可能需要为数据集元素分配唯一标识符，可以使用 DataSetUtils 类来实现。

（1）压缩索引。

使用 zipWithIndex() 方法可以为元素分配连续的标签，将接收数据集作为输入并返回新的（唯一 ID，初始值）二元组的数据集。使用 zipWithIndex() 方法的具体步骤包括计数和标记元素。zipWithIndex() 方法的使用方法如下所示：

```
// 获取执行环境
ExecutionEnvironment env = ExecutionEnvironment.getExecutionEnvironment();
// 设置并行度为 2
env.setParallelism(2);
// 加载或创建源数据
DataSet<String> in = env.fromElements("A", "B", "C", "D");
// 生成的值是连续的，返回由连续 ID 和初始值组成的元组的数据集
DataSet<Tuple2<Long, String>> result = DataSetUtils.zipWithIndex(in);
// 打印数据到控制台
result.print();
```

运行上述代码，会在控制台中输出以下元组：

```
0,A
1,B
2,C
3,D
```

（2）带唯一标识符的压缩。

使用 zipWithIndex()方法无法进行流水线处理，但可以使用 zipWithUniqueId()方法来替代。当唯一标签足够多，并且不需要分配连续的标签时，首选 zipWithUniqueId()方法，从而加快标签分配过程。此方法接收一个数据集作为输入，并返回一个新二元组（唯一 ID，初始值）的数据集。例如，以下代码：

```
// 获取执行环境
ExecutionEnvironment env = ExecutionEnvironment.getExecutionEnvironment();
// 设置并行度为 2
env.setParallelism(2);
// 加载或创建源数据
DataSet<String> in = env.fromElements("A", "B", "C", "D");
// 在所有任务之间创建唯一的 ID，该任务 ID 将被添加到计数器中
// 生成的值可能是非连续的，返回由连续 ID 和初始值组成的元组的数据集
DataSet<Tuple2<Long, String>> result = DataSetUtils.zipWithUniqueId(in);
// 打印数据到控制台
result.print();
```

运行上述代码，会在控制台中输出以下元组：

```
0,A
1,B
2,C
3,D
```

6.2　操作函数中的数据对象

Flink 的执行引擎会以 Java 对象的形式与用户函数交换数据。用户函数从执行引擎接收输入对象（常规方法参数或迭代参数）作为方法参数，并返回输出对象作为结果。因为这些对象是供用户函数和执行引擎代码访问的，所以了解并遵循有关用户代码如何访问（读取和修改）这些对象的规则非常重要。

函数中的数据对象分为输入对象和输出对象。

- 输入对象：执行引擎传递给用户函数的对象被称为输入对象。用户函数可以将对象作为方法返回值（如 MapFunction）或通过收集器（如 FlatMapFunction）发送给 Flink 的执行引擎。
- 输出对象：由用户函数发出到执行引擎的对象称为输出对象。

Flink 的 DataSet API 用来处理输入对象和输出对象的两种模式如下。

- 禁用对象重用。
- 启用对象重用。

这两种模式的不同之处在于：Flink 的执行引擎如何创建或重复使用输入对象。这个行为会影响用户函数与输入对象和输出对象交互的保证及约束。

6.2.1　禁用对象重用

在默认情况下，Flink 在禁用对象重用模式下运行，这种模式用于确保函数始终在函数调用中接收新的输入对象。禁用对象重用模式可以提供更好的保证，并且使用起来更安全。但是，禁用对象重用模式具有一定的处理开销，并且可能导致更高的 Java 垃圾回收活动。

表 6-2 介绍了在禁用对象重用模式下用户函数如何访问输入对象和输出对象。

表 6-2

操作方式	保证和限制
读取输入对象	在方法调用过程中，可以确保输入对象的值不会更改（包括由 Iterable 服务的对象）。例如，可以安全地在列表或映射中收集 Iterable 服务的输入对象。在函数调用之间记住对象是不安全的
修改输入对象	可以修改输入对象
发出输入对象	可以发出输入对象。在发出输入对象之后，其值可能已经更改。在发出输入对象之后读取它是不安全的
读取输出对象	提供给收集器或作为方法结果返回的对象可能已更改其值，读取输出对象是不安全的
修改输出对象	可以在发出对象之后对其进行修改，然后再次发出它

禁用对象重用模式的编码准则如下。

- 不要记住对象，不要读取方法调用之间的输入对象。
- 在发出对象之后请勿读取对象。

6.2.2 启用对象重用

在启用对象重用模式下，Flink 的执行引擎会将对象实例化的数量减至最少，以提高性能，减轻 Java 垃圾回收的压力，通过调用 ExecutionConfig.enableObjectReuse()方法可以启动该模式。

表 6-3 介绍了在启用对象重用模式下用户函数如何访问输入对象和输出对象。

表 6-3

操 作 方 式	保证和限制
读取作为常规方法参数接收的输入对象	作为常规方法参数接收的输入对象不会在函数调用中进行修改，但是在方法调用后可以修改对象。在函数调用之间记住对象是不安全的
读取从 Iterable 参数接收的输入对象	从 Iterable 参数接收的输入对象仅在调用 next()方法之前有效。Iterable 参数或 Iterator 参数可以多次服务于同一个对象实例。从 Iterable 参数接收到的输入对象是不安全的，如将它们放入列表或映射中
修改输入对象	除了 MapFunction、FlatMapFunction、MapPartitionFunction、GroupReduceFunction、GroupCombineFunction、CoGroupFunction 和 InputFormat.next（reuse）的输入对象，不得修改输入对象
发出输入对象	除了 MapFunction、FlatMapFunction、MapPartitionFunction、GroupReduceFunction、GroupCombineFunction、CoGroupFunction 和 InputFormat.next（reuse）的输入对象，不得发出输入对象
读取输出对象	提供给收集器或作为方法结果返回的对象可能已更改其值，读取输出对象是不安全的
修改输出对象	可以修改输出对象，然后再次发出它

启用对象重用模式的编码准则如下。

- 不要记住从 Iterable 参数接收的输入对象。
- 不要记住对象，不要读取方法调用之间的输入对象。
- 除了 MapFunction、FlatMapFunction、MapPartitionFunction、GroupReduceFunction、GroupCombineFunction、CoGroupFunction 和 InputFormat.next（reuse）的输入对象，不要修改或发出输入对象。
- 为了减少对象实例化，始终可以发出专用的输出对象，该对象被反复修改但从未被读取。

6.3 语义注释

语义注释可以为 Flink 提供有关函数行为的提示。它告诉系统函数读取和评估输入的字段，以及未经修改的字段的输出。

语义注释可以显著提高程序的性能，因为它使系统能够推理出在多个算子之间重用排序顺序和分区，使程序免于不必要的数据改组或不必要的排序。

> 语义注释是可选的。如果算子的行为无法明确预测，则不应提供注释。错误的语义注释可能会导致 Flink 对程序做出错误的假设，并最终导致错误的结果。

6.3.1 转发字段注释

转发字段注释声明了输入字段，这些输入字段未经修改就会被函数转发到输出中的相同位置或另一个位置。优化器使用此信息来推断函数是否保留了诸如排序或分区之类的数据属性。

对于在 GroupReduce、GroupCombine、CoGroup 和 MapPartition 等上运行的函数，所有定义为转发字段的字段都必须始终从同一输入元素联合转发。函数发出的每个元素的转发字段可能源自函数输入组的不同元素。

使用字段表达式指定字段转发信息，可以通过其位置指定转发到输出中相同位置的字段。指定的位置必须对输入数据类型和输出数据类型有效，并且必须具有相同的类型。例如，字符串 "f2" 声明 Java 输入元组的第 3 个字段始终等于输出元组中的第 3 个字段。

通过将输入中的源字段和输出中的目标字段指定为字段表达式，可以声明未修改的、转发到输出中其他位置的字段。字符串 "f0-> f2" 表示 Java 输入元组的第 1 个字段未复制到 Java 输出元组的第 3 个字段。通配符表达式 "*" 用于表示整个输入类型或输出类型，即 " f0-> *" 表示函数的输出始终等于其 Java 输入元组的第 1 个字段。

可以在单个字符串中声明多个转发字段，具体方法如下：使用**分号**将它们分隔为 "f0; f2-> f1; f3-> f2"，或者在单独的字符串 "f0" "f2->f1" "f3-> f2" 中声明。

> 在指定转发字段时，不需要声明所有转发字段，但是所有声明必须正确。

可以通过在函数类中定义附加 Java 注释，或者在数据集上调用函数之后将它们作为算子传递，从而声明转发的字段信息。

（1）函数类注释。

- @ForwardedFields：用于单个输入函数，如 Map 和 Reduce。
- @ForwardedFieldsFirst：用于具有两个输入（如 Join 和 CoGroup）的函数的第 1 个输入。

- @ForwardedFieldsSecond：用于具有两个输入（如 Join 和 CoGroup）的函数的第 2 个输入。

（2）算子参数。

- data.map(myMapFnc).withForwardedFields()：用于单个输入函数，如 Map 和 Reduce。
- data1.join(data2).where().equalTo().with(myJoinFnc).withForwardFieldsFirst()：用于具有两个输入（如 Join 和 CoGroup）的函数的第 1 个输入。
- data1.join(data2).where().equalTo().with(myJoinFnc).withForwardFieldsSecond()：用于具有两个输入（如 Join 和 CoGroup）的函数的第 2 个输入。

不能覆盖由算子参数指定为类批注的字段转发信息。

6.3.2 实例 24：使用函数类注释声明转发字段信息

 本实例的代码在 "/DataSet/Semantic Annotation/ForwardedField" 目录下。

本实例演示的是使用函数类注释声明转发字段信息：

```java
public class ForwardedFieldDemo{
    // main()方法——Java 应用程序的入口
    public static void main(String[] args) throws Exception {
        // 获取执行环境
        final ExecutionEnvironment env = ExecutionEnvironment.getExecutionEnvironment();
        // 加载或创建源数据
        DataSet<Tuple2<Integer, Integer>> input = env.fromElements(
                Tuple2.of(1, 2));
        input.map(new MyMap()).print(); // 打印数据到控制台
    }
}
// 将 Tuple2 的字段 1 转发到 Tuple3 的字段 3
@FunctionAnnotation.ForwardedFields("f0->f2")
class MyMap implements MapFunction<Tuple2<Integer, Integer>, Tuple3<String, Integer, Integer>>
{
@Override
    public Tuple3<String, Integer, Integer> map(Tuple2<Integer, Integer> value) throws Exception
{
        return new Tuple3<String, Integer, Integer>("foo", value.f1*8, value.f0);
    }
}
```

运行上述应用程序之后，会在控制台中输出以下信息：

```
(foo,16,1)
```

6.3.3　非转发字段

非转发字段（Non-forwarded Fields）信息声明了未保留在函数输出中相同位置的所有字段。所有其他字段的值都被视为保留在输出中的同一位置。因此，非转发字段信息与转发字段信息相反。对于 Groupwise 算子（如 GroupReduce、GroupCombine、CoGroup 和 MapPartition），未转发字段信息必须满足与转发字段信息相同的要求。

未转发字段被指定为字段表达式（Field Expressions）的列表。该列表既可以作为单个字符串（用分号分隔字段表达式）给出，也可以作为多个字符串给出。

例如，"f1; f3" 和 "f1"，"f3" 这两种写法都声明 Java 元组的第 2 个和第 4 个字段未保留在适当的位置，而所有其他字段均保留在适当的位置。非转发字段信息只能被具有相同输入类型和输出类型的函数指定。

可以使用以下注释将未转发的字段信息指定为函数类注释。

- @NonForwardedFields：用于单个输入函数，如 Map 和 Reduce。
- @NonForwardedFieldsFirst：用于具有两个输入（如 Join 和 CoGroup）的函数的第 1 个输入。
- @NonForwardedFieldsSecond：用于具有两个输入（如 Join 和 CoGroup）的函数的第 2 个输入。

6.3.4　实例 25：声明非转发字段

 代码 本实例的代码在 "/DataSet/Semantic Annotation/NonForwardedField" 目录下。

本实例演示的是声明非转发字段信息：

```
public class NonForwardedFieldDemo {
    // main()方法——Java 应用程序的入口
    public static void main(String[] args) throws Exception {
        // 获取执行环境
        final ExecutionEnvironment env = ExecutionEnvironment.getExecutionEnvironment();
        // 加载或创建源数据
        DataSet<Tuple2<Integer, Integer>> input = env.fromElements(
                Tuple2.of(1,2));
        // 打印数据到控制台
        input.map(new MyMap()).print();
    }
}
// 第 2 个字段不转发
@FunctionAnnotation.NonForwardedFields("f1")
```

```
    public static class MyMap implements
            MapFunction<Tuple2<Integer, Integer>, Tuple2<Integer, Integer>> {
        @Override
        public Tuple2<Integer, Integer> map(Tuple2<Integer, Integer> val) {
            return new Tuple2<Integer, Integer>(val.f0, val.f1*8);
        }
    }
}
```

运行上述应用程序之后，会在控制台中输出以下信息：

(1,16)

6.3.5　读取字段信息

读取字段信息声明被函数访问和评估的所有字段。可以使用以下注释将读取字段信息指定为函数类注释。

- @ReadFields：用于单个输入函数，如 Map 和 Reduce。
- @ReadFieldsFirst：用于具有两个输入的函数的第 1 个输入，如 Join 和 CoGroup。
- @ReadFieldsSecond：用于具有两个输入的函数的第 2 个输入，如 Join 和 CoGroup。

6.3.6　实例 26：声明读取字段信息

 代码 本实例的代码在"/DataSet/Semantic Annotation/ReadField"目录下。

本实例演示的是声明读取字段信息：

```
public class NonForwardedFieldDemo {
    // main()方法——Java 应用程序的入口
    public static void main(String[] args) throws Exception {
        // 获取执行环境
        final ExecutionEnvironment env = ExecutionEnvironment.getExecutionEnvironment();
        // 加载或创建源数据
        DataSet<Tuple4<Integer, Integer, Integer, Integer>> input = env.fromElements(
                Tuple4.of(1,2,3,4));
        // 打印数据到控制台
        input.map(new MyMap()).print();
    }
@FunctionAnnotation.ReadFields("f0; f3")
    // f0 和 f3 由该函数读取与评估
    static class MyMap implements MapFunction<Tuple4<Integer, Integer, Integer, Integer>,
            Tuple2<Integer, Integer>> {
        @Override
        public Tuple2<Integer, Integer> map(Tuple4<Integer, Integer, Integer, Integer> val) {
```

```
        if(val.f0 == 2) {
            return new Tuple2<Integer, Integer>(val.f0, val.f1);
        } else {
            return new Tuple2<Integer, Integer>(val.f3+8, val.f1+8);
        }
      }
   }
}
```

运行上述应用程序之后，会在控制台中输出以下信息：

```
(12,10)
```

6.4　认识分布式缓存和广播变量

6.4.1　分布式缓存

Flink 提供与 Hadoop 类似的分布式缓存，从而使文件在本地可以被用户函数并行访问。此功能可用于共享包含静态外部数据的文件，如字典或机器学习的回归模型。

缓存的工作流程如下。

（1）程序在执行环境中以特定的名称将本地或远程文件系统（如 HDFS 或 S3）的文件或目录注册为缓存文件。

（2）在执行程序之后，Flink 会自动将文件或目录复制到所有工作程序的本地文件系统中。

（3）用户函数可以查找指定名称下的文件或目录，并且从工作的本地文件系统进行访问。

分布式缓存的用法如下。

（1）在执行环境中注册文件或目录。其用法如下所示：

```
// 获取执行环境
ExecutionEnvironment env = ExecutionEnvironment.getExecutionEnvironment();
// 在 HDFS 注册一个文件
env.registerCachedFile("hdfs:///path/file", "hdfsFile")
// 注册一个本地可执行文件
env.registerCachedFile("file:///path//execfile", "localExecFile", true)
// 定义程序
...
// 加载或创建源数据
DataSet<String> input = ...
DataSet<Integer> result = input.map(new MyMapper());
...
```

```
// 执行任务操作。因为 Flink 是懒加载的，所以必须调用 execute()方法才会执行
env.execute();
```

（2）访问用户函数（此处为 MapFunction）中的缓存文件或目录，该函数必须扩展 RichFunction 类，因为它需要访问 RuntimeContext。其用法如下所示：

```
// 扩展一个 RichFunction，以便获取 RuntimeContext
public final class MyMapper extends RichMapFunction<String, Integer> {
    @Override
    public void open(Configuration config) {
        // 通过 RuntimeContext 和分布式缓存访问缓存

        File myFile = getRuntimeContext().getDistributedCache().getFile("hdfsFile");
        // 读取文件

        ...
    }
    @Override
    public Integer map(String value) throws Exception {
        // 使用文件内容

        ...
    }
}
```

6.4.2 广播变量

除了操作的常规输入，广播变量还允许将数据集用于操作的所有并行实例，这对于辅助数据集或与数据相关的参数设置很有用。在实现广播变量之后，算子可以将数据集作为集合进行访问。

我们可以把广播变量当作一个公共的共享变量，它可以把一个数据集广播出去，然后在不同的任务节点上都能够获取到该数据集，该数据集在每个节点上只会存在一份。

- 广播：广播数据集通过 withBroadcastSet()方法按名称注册。
- 访问：可以通过目标算子处的 getRuntimeContext().getBroadcastVariable()方法访问。

广播变量的使用方法如下所示：

```
// 1. 用于广播的数据集
// 加载或创建源数据
DataSet<Integer> dataSET = env.fromElements(1, 2, 3);
// 加载或创建源数据
DataSet<String> data = env.fromElements("a", "b");
data.map(new RichMapFunction<String, String>() {
    @Override
    public void open(Configuration parameters) throws Exception {
        // 3. 作为集合访问广播数据集

        Collection<Integer> broadcastSet =
getRuntimeContext().getBroadcastVariable("broadcastName");
```

```
    }
    @Override
    public String map(String value) throws Exception {
        ...
    }
}).withBroadcastSet(dataSET, "broadcastName"); // 2. 按名称注册广播数据集
```

在注册和访问广播数据集时，需要确保名称变量的匹配，如上述代码中的 broadcastName。

　　由于广播变量的内容在每个节点都保留在内存中，因此它不应太大。对于简单的事情，如标量值，可以简单地使参数成为函数闭包的一部分，或者使用 withParameters() 方法传入配置。

第 7 章
使用DataStream API实现流处理

本章首先介绍 DataStream API，然后介绍窗口、时间、状态、状态持久化等流应用的概念和功能，最后介绍旁路输出和数据处理语义。

7.1 认识 DataStream API

7.1.1 DataStream API 的数据源

对于 DataStream 流，可以使用 StreamExecutionEnvironment.addSource()方法将数据源附加到程序中。Flink 支持使用以下几种方式来获取数据源。

- 使用 Flink 附带的默认实现的源函数。
- 为非并行源实现 SourceFunction 接口。
- 为并行源实现 ParallelSourceFunction 接口。
- 为并行源扩展 RichParallelSourceFunction 接口。

使用 Flink 默认实现的源函数主要有以下几种。

1. 基于文件
- readTextFile(path)：逐行读取符合文本输入规范的文本文件，并将其作为字符串返回。
- readFile(fileInputFormat,path)：根据指定的文件输入格式一次性读取文件。
- readFile(fileInputFormat,path,watchType,interval,pathFilter,typeInfo)：该方法是前两个方法在内部调用的方法。

Flink 将文件读取过程分为目录监视和数据读取这两个子任务。

- 目录监视：由单个非并行（或并行度=1）的任务来实现。单个监视任务的作用是，根据观察类型定期（或仅一次）扫描目录，查找要处理的文件，将其拆分为多个，然后将这些拆分后的文件分配给下游的读取器读取。

- 数据读取：由并行运行的多个任务执行。拆分后的数据流只能由一个读取器读取，而读取器可以一对一地读取多个拆分后的数据流。数据读取的并行性等于作业的并行性。

> 如果将观察类型（WatchType）设置为 FileProcessingMode.PROCESS_CONTINUOUSLY，则在修改文件时将完全重新处理其内容。这可能会破坏"精确一次"的语义，因为在文件末尾附加数据将导致重新处理文件的全部内容。
>
> 如果将观察类型设置为 FileProcessingMode.PROCESS_ONCE，则源将扫描一次路径并退出，无须等待读取器完成文件内容的读取。当然，读取器将继续阅读，直到读取了所有文件内容。关闭源将导致在该点后没有更多的检查点。这可能会导致节点故障后恢复速度变慢，因为作业将从上一个检查点恢复读取。

2. 基于套接字

从基于套接字的文本流（SocketTextStream）读取数据，元素可以由定界符分隔，使用方法如下所示：

```
.socketTextStream(hostname, port) // 设置套接字的文本流的主机地址和端口
```

3. 基于集合

- fromCollection(Collection)：从 Java Java.util.Collection 创建数据流，集合中的所有元素必须具有相同的类型。
- fromCollection(Iterator,Class)：从迭代器创建数据流，需要指定迭代器返回元素的数据类型。
- fromElements(T ...)：从给定的对象序列创建数据流，所有对象必须具有相同的类型。
- fromParallelCollection(SplittableIterator,Class)：从迭代器并行创建数据流，需要指定迭代器返回元素的数据类型。
- generateSequence(from,to)：并行生成给定间隔中的数字序列。

4. 使用连接器

Flink 提供的大部分连接器用来连接外部的数据源，在使用这些外部的数据源时，加一个 addSource()方法即可。例如，要读取 Apache Kafka 的数据，可以使用如下所示的代码：

```
.addSource(new FlinkKafkaConsumer011 <>())
```

7.1.2　DataStream API 的数据接收器

数据接收器（Sink）的作用是，将转换后的数据集转发到文件、套接字、外部系统，或者打印到终端等。Flink 带有各种内置的输出格式，这些格式封装在 DataStream 的算子中。

接收器有以下几个方法。

- writeAsText()方法：将元素以字符串的形式逐行写入，这些字符串通过调用每个元素的 toString()方法来获取。
- writeAsCsv()方法:将元组写为以逗号分隔的 CSV 文件。行和字段定界符是可配置的，每个字段的值来自对象的 toString()方法。
- print()方法/printToErr()方法：打印每个元素的 toString()方法的值到标准输出或标准错误输出流中。该方法既可以提供前缀消息，也可以帮助用户区分不同的打印请求。如果并行度大于 1，则输出带有任务（Task）的标识符。
- writeUsingOutputFormat()方法：自定义文件输出的方法和基类，支持自定义对象到字节（Object-To-Bytes）的转换。
- writeToSocket()方法：根据 SerializationSchema 将元素写入套接字。
- addSink()方法：调用自定义接收器功能。Flink 有与其他系统（如 Kafka）的连接器，这些连接器已实现接收器功能。

> DataStream 上的 write*()方法主要用于调试。它们没有参与 Flink 的检查点，这意味着这些功能通常具有 "至少一次"（At-Least-Once）的语义。刷新到目标系统的数据取决于 OutputFormat 的实现，这意味着并非所有发送到 OutputFormat 的元素都立即显示在目标系统中。同样，在失败的情况下，这些记录可能会丢失。
>
> 为了将流可靠地一次传输到文件系统中，请使用 flink-connector-filesystem。此外，通过.addSink()方法进行的自定义实现也可以参与 Flink 的 "精确一次"（Exactly-Once）语义检查。

7.2 窗口

7.2.1 认识时间驱动和数据驱动的窗口

窗口（Window）是处理无限流的核心。窗口将流分成有限大小的多个"存储桶"，可以在其中对事件应用计算。

Count、Sum 等聚合事件在 Stream 和 Batch 处理上有所不同。例如，统计 Stream 中元素的个数是不可能的，因为流通常是没有边界的。所以，流聚合使用窗口划定范围，如统计过去 5min 内元素的个数，或者最近 100 个元素的和。

窗口可以是时间驱动（如每 1s)或数据驱动（如每 100 个元素）的。时间驱动的窗口和数据驱动的窗口如图 7-1 所示。

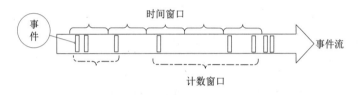

图 7-1

图 7-1 中的时间窗口是滚动时间窗口，根据一定的时间滚动划分数据，滚动时间窗口的数据不重复。计数窗口是根据数据元素数量来划分窗口的，将每 3 个数据划分为一个计数窗口。

在时间驱动的基础上，还可以将窗口划分为以下类型。

- 滚动窗口：数据没有重叠。
- 滑动窗口：数据有重叠。
- 会话窗口：由不活动的间隙隔开。

7.2.2　认识窗口分配器

窗口分配器定义如何将元素分配给窗口。在指定流是否为键控流后，就可以使用窗口分配器了。

（1）在键控流中使用窗口分配器。

在键控流中，使用 window() 方法调用窗口分配器，如下所示：

```
.window(WindowAssigner) // 键控流
```

（2）在非键控流中使用窗口分配器。

在非键控流中，使用 windowAll() 方法调用窗口分配器，如下所示：

```
.windowAll(WindowAssigner) // 非键控流
```

窗口分配器负责将数据流中的元素分配给一个或多个窗口。Flink 带有针对最常见用例的预定义窗口分配器：滚动窗口、滑动窗口、会话窗口和全局窗口。还可以通过扩展 WindowAssigner 类来实现自定义窗口分配器。

> 所有内置窗口分配器（全局窗口除外）均基于时间将元素分配给窗口，时间可以是摄入时间、处理时间、事件时间。

基于时间的窗口具有**开始时间戳（包括端点）**和**结束时间戳（包括端点）**，它们共同描述窗口的大小。

Flink 在使用基于时间的窗口时会用到 TimeWindow 类。时间窗口具有用于查询开始时间戳和结束时间戳的方法，以及用于返回给定窗口的最大允许时间戳的 maxTimestamp()方法。

1. 滚动窗口

滚动（翻转）窗口（Tumbling Windows）分配器将每个元素都分配给指定了窗口大小的窗口。滚动窗口具有固定的大小，并且不重叠。如果指定了大小为 2min 的滚动窗口，则评估当前窗口，并且每 2min 启动一个新窗口。滚动窗口如图 7-2 所示。

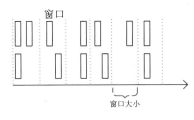

图 7-2

下面介绍如何使用滚动窗口。

（1）滚动"事件时间"窗口，如下所示：

```
DataStream<T> input = ...;
// 滚动"事件时间"窗口

Input
// 键控流转换算子

.keyBy(<key selector>)
// 窗口转换算子

.window(TumblingEventTimeWindows.of(Time.seconds(5)))
.<windowed transformation>(<window function>);
```

滚动时间窗口可以使用 Time.milliseconds(x)方法、Time.seconds(x)方法、Time.minutes(x)方法等来指定时间间隔。

（2）滚动"处理时间"窗口，如下所示：

```
// 滚动"处理时间"窗口

Input
// 键控流转换算子

.keyBy(<key selector>)
// 窗口转换算子

.window(TumblingProcessingTimeWindows.of(Time.seconds(5)))
.<windowed transformation>(<window function>);
```

（3）每日都翻滚"事件时间"窗口，如下所示：

```
// 每日都翻滚"事件时间"窗口
Input
// 键控流转换算子

.keyBy(<key selector>)
// 窗口转换算子
.window(TumblingEventTimeWindows.of(Time.days(1), Time.hours(-8))) // 时间偏移"-8"小时
.<windowed transformation>(<window function>);
```

滚动窗口分配器具有可选的 Offset 参数，该参数可用于更改窗口的对齐方式。如果没有偏移，则每小时滚动窗口与历元（开始时间）对齐，即将获得诸如以下两类窗口。

- 0：00：00.000～0：59：59.999。
- 1：00：00.000～1：59：59.999。

偏移量用于调整窗口的时区。例如，在中国必须指定 Time.hours（-8）的偏移量。

2. 滑动窗口

滑动窗口（Sliding Windows）分配器类似于滚动窗口分配器，它将元素分配给固定长度的窗口，窗口的大小由窗口大小参数配置。附加的窗口滑动参数控制滑动窗口启动的频率。

如果滑动值小于窗口大小，则滑动窗口可能会重叠。在这种情况下，元素被分配给多个窗口。例如，如果将大小为 2min 的窗口滑动 1min，则每隔 1min 就会得到一个窗口，其中包含最近 2min 内到达的事件，如图 7-3 所示。

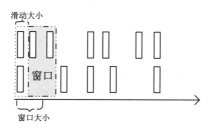

图 7-3

下面介绍如何使用滑动窗口。

（1）滑动"事件时间"窗口，如下所示：

```
// 滑动"事件时间"窗口
Input
// 键控流转换算子

.keyBy(<key selector>)
```

```
// 窗口转换算子
.window(SlidingEventTimeWindows.of(Time.seconds(10), Time.seconds(5)))
            .<windowed transformation>(<window function>);
```

（2）滑动"处理时间"窗口，如下所示：

```
// 滑动"处理时间"窗口
Input
// 键控流转换算子
.keyBy(<key selector>)
// 窗口转换算子
.window(SlidingProcessingTimeWindows.of(Time.seconds(10), Time.seconds(5)))
.<windowed transformation>(<window function>);
```

（3）滑动"处理时间"窗口偏移"-8"h，如下所示：

```
// 滑动"处理时间"窗口偏移"-8"h
input
// 键控流转换算子
.keyBy(<key selector>)
// 窗口转换算子
.window(SlidingProcessingTimeWindows.of(
Time.hours(12),
Time.hours(1),
Time.hours(-8))) // 偏移"-8"h
.<windowed transformation>(<window function>);
```

3. 会话窗口

会话窗口（Session Windows）分配器按活动会话对元素进行分组。

与滚动窗口和滑动窗口相比，会话窗口不重叠且没有固定的开始时间和结束时间。如果会话窗口在一定的时间段内未接收到元素，那么它将关闭。

会话窗口分配器既可以配置静态会话间隔，也可以配置动态间隔，该功能用于定义不活动的时间长度。当该时间段到期后，当前会话将关闭，随后的元素将被分配给新的会话窗口。会话窗口的示意图如图 7-4 所示。

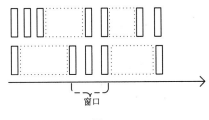

图 7-4

下面介绍如何使用会话窗口。

（1）具有静态间隔的"事件时间"会话窗口，如下所示：

```
DataStream<T> input = ...;
// 具有静态间隔的"事件时间"会话窗口
Input
// 键控流转换算子
.keyBy(<key selector>)
// 窗口转换算子
.window(EventTimeSessionWindows.withGap(Time.minutes(10)))
            .<windowed transformation>(<window function>);
```

（2）具有动态间隔的"事件时间"会话窗口，如下所示：

```
// 具有动态间隔的"事件时间"会话窗口
Input
// 键控流转换算子
.keyBy(<key selector>)
// 窗口转换算子
.window(EventTimeSessionWindows.withDynamicGap((element) -> {
   }))
            .<windowed transformation>(<window function>);
```

（3）具有静态间隔的"处理时间"会话窗口，如下所示：

```
// 具有静态间隔的"处理时间"会话窗口
Input
// 键控流转换算子
.keyBy(<key selector>)
// 窗口转换算子
.window(ProcessingTimeSessionWindows.withGap(Time.minutes(10)))
.<windowed transformation>(<window function>);
```

（4）具有动态间隔的"处理时间"会话窗口，如下所示：

```
// 具有动态间隔的"处理时间"会话窗口
Input
// 键控流转换算子
.keyBy(<key selector>)
// 窗口转换算子
.window(ProcessingTimeSessionWindows.withDynamicGap((element) -> {
   }))
.<windowed transformation>(<window function>);
```

对于动态间隔会话窗口，可以通过实现 SessionWindowTimeGapExtractor 接口来指定动态间隔。

由于**会话窗口没有固定的开始点和结束点**，因此对它的评估方式不同于滚动窗口和滑动窗口。在内部，会话窗口算子会为每个到达的记录都创建一个新窗口，**如果窗口彼此之间的距离比已定义的间隔小，则将它们合并在一起**。为了可合并，会话窗口算子需要合并触发器函数和合并窗口函数，如 ReduceFunction、AggregateFunction 和 ProcessWindowFunction（FoldFunction 无法合并）。

4. 全局窗口

全局窗口（Global Windows）分配器将具有相同键的所有元素分配给同一单个全局窗口。仅在指定自定义触发器时，全局窗口方案才有用，否则全局窗口不会执行任何计算，因为它没有可以处理聚合元素的自然结束。

全局窗口的使用方法如下所示：

```
DataStream<T> input = ...;
Input
// 键控流转换算子
.keyBy(<key selector>)
// 窗口转换算子
.window(GlobalWindows.create())
.<windowed transformation>(<window function>);
```

7.2.3 认识键控窗口和非键控窗口

窗口式 Flink 应用程序有以下几种窗口类型。

1. 键控窗口

```
// 键控流
stream
    .keyBy(...)                      // 键控流转换算子
    .window(...)                     // 窗口分配器，必填
    [.trigger(...)]                  // 触发器或使用默认触发器，可选
    [.evictor(...)]                  // 移出器，可选
    [.allowedLateness(...)]          // 允许延迟，可选
    [.sideOutputLateData(...)]       // 输出标签（否则没有侧面输出用于后期数据），可选
    .reduce/aggregate/fold/apply()   // 功能函数，必填
    [.getSideOutput(...)]            // 输出标签，可选
```

在上述代码中，方括号"[]"中的命令是可选的。Flink 允许以多种不同的方式定义键控窗口逻辑，从而适合需求。

2. 非键控窗口

```
// 非键控流
stream
```

```
.windowAll(...)                  // 窗口分配器，必填
[.trigger(...)]                  // 触发器或使用默认触发器，可选
[.evictor(...)]                  // 移出器，可选
[.allowedLateness(...)]          // 允许延迟，可选
[.sideOutputLateData(...)]       // 输出标签（否则没有侧面输出用于后期数据），可选
.reduce/aggregate/fold/apply()   // 功能函数，必填
[.getSideOutput(...)]            // 输出标签，可选
```

在上述代码中，方括号"[]"中的命令是可选的。Flink 允许以多种不同的方式定义非键控窗口逻辑，从而适合需求。

3．键控流和非键控流的区别

（1）调用方法不同。

- 键控流需要使用 keyBy()方法和 window()方法调用。
- 非键控流需要使用 windowAll()方法调用。

在使用窗口之前需要考虑是否为窗口设置键。可以使用 keyBy()方法将无限流拆分为逻辑键流。如果未调用 keyBy()方法，则不会为流设置键。

（2）加窗逻辑的并行性不同。

非键控流的原始流不能被拆分为多个逻辑流，所有加窗逻辑将由单个任务执行（即并行度为 1）。

键控流可以将传入事件的任何属性用作键。拥有键控流使窗口化计算可以由多个任务并行执行，因为每个逻辑键控流都可以独立于其他逻辑流进行处理。引用同一键的所有元素将被发送到同一并行任务中。

7.2.4　认识窗口的生命周期

窗口是有生命周期的：当属于窗口的第 1 个元素到达时，就会创建一个窗口；当时间（事件时间或处理时间）超过"其结束时间戳+用户指定的允许延迟"时，该窗口将被完全删除，但 Flink 只会删除基于时间的窗口，而不会删除其他类型的窗口。

窗口中主要有以下几个元素。

- 函数：窗口中的函数用于定义窗口内容的计算逻辑，如 ProcessWindowFunction()、ReduceFunction()、AggregateFunction()和 FoldFunction()。
- 触发器：指定窗口函数在什么条件下被触发。触发器还可以决定在创建和删除窗口之间的任何时间清除窗口中的内容。清除仅限于窗口中的元素，而不能是窗口元数据，即新数据仍然可以被添加到该窗口中。
- 移除器：用于在触发器触发之后或在函数被应用之前，清除窗口中的元素。

每个窗口都有一个触发器和一个函数。

窗口的生命周期有以下几个流程。

（1）创建：当属于该窗口的第 1 个元素到达时就会创建该窗口。

（2）销毁：当时间超过"窗口的结束时间戳+用户指定的延迟时间"时销毁。

（3）移除：窗口最终被移除（仅限时间窗口）。

例如，基于"事件时间"的窗口化策略，创建一个每 3min 翻滚一次且允许的延迟时间为 1min 的窗口的流程如下。

（1）创建一个 00∶00～00∶03 的新窗口。

（2）带有时间戳的第 1 个元素落入 00∶00～00∶03 的时间间隔时，创建窗口。

（3）当时间达到 00∶03，并且当水位线经过 00∶04 时间戳时，该窗口将被删除。

7.2.5 实例 27：实现滚动时间窗口和滑动时间窗口

 代码 本实例的代码在 "/DataStream/Window/TimeWindow" 目录下。

本实例演示的是实现滚动时间窗口和滑动时间窗口。

1. 实现滚动时间窗口

```
// 获取自定义的数据流
DataStream<String> input = env.addSource(new MySource());
DataStream<Tuple2<String, Integer>> output=input
        // FlatMap 转换算子
        .flatMap(new Splitter())
        // 键控流转换算子
        .keyBy(0)
        // 时间窗口
        .timeWindow(Time.seconds(3))
        // 求和
        .sum(1);
// 打印数据到控制台
output.print("window");
// 执行任务操作。因为 Flink 是懒加载的，所以必须调用 execute()方法才会执行
env.execute("WordCount");
```

运行上述应用程序之后，会在控制台中输出以下信息：

```
Source:Flink
Source:Batch
Source:Flink
window:5> (Batch,1)
window:12> (Flink,2)
```

```
Source:Flink
Source:Table
Source:Batch
window:5> (Batch,1)
window:4> (Table,1)
window:12> (Flink,1)
```

2. 实现滑动时间窗口

```java
// 获取自定义的数据流
DataStream<String> input = env.addSource(new MySource());
DataStream<Tuple2<String, Integer>> output=input
        // FlatMap 转换算子
        .flatMap(new Splitter())
        // 键控流转换算子
        .keyBy(0)
        // 指定窗口时间大小和滑动窗口时间
        .timeWindow(Time.seconds(3),Time.seconds(1))
        // 求和
        .sum(1);
// 打印数据到控制台
output.print("window");
// 执行任务操作。因为 Flink 是懒加载的，所以必须调用 execute()方法才会执行
env.execute("WordCount");
}
```

运行上述应用程序之后，会在控制台中输出以下信息：

```
Source:Batch
window:5> (Batch,1)
Source:world
window:7> (world,1)
window:5> (Batch,1)
Source:Batch
window:5> (Batch,2)
window:7> (world,1)
Source:Flink
window:12> (Flink,1)
window:5> (Batch,1)
window:7> (world,1)
```

7.2.6 实例 28：实现滚动计数窗口和滑动计数窗口

 本实例的代码在 "/DataStream/Window/CountWindow" 目录下。

计数窗口采用事件数量作为窗口处理依据。计数窗口分为滚动和滑动两类。可以使用keyedStream.countWindow()方法来定义计数窗口。

1. 滚动计数窗口

实现滚动计数窗口，如下所示：

```java
public class TumblingCountWindowDemo {
    // main()方法——Java 应用程序的入口
    public static void main(String[] args) throws Exception {
        // 获取流处理的执行环境
        StreamExecutionEnvironment env = StreamExecutionEnvironment.getExecutionEnvironment();
        // 加载或创建源数据
        final DataStream<Tuple2<String,Integer>> input = env.fromElements(
                Tuple2.of("S1",1),
                Tuple2.of("S1",2),
                Tuple2.of("S1",3),
                Tuple2.of("S2",4),
                Tuple2.of("S2",5),
                Tuple2.of("S2",6),
                Tuple2.of("S3",7),
                Tuple2.of("S3",8),
                Tuple2.of("S3",9)
        );
        Input
        // 键控流转换算子
        .keyBy(0)
        // 计数窗口
        .countWindow(3)
        // 求和
        .sum(1)
        // 打印数据到控制台
        .print();
        // 执行任务操作。因为 Flink 是懒加载的，所以必须调用 execute()方法才会执行
        env.execute();
    }
}
```

运行上述应用程序之后，会在控制台中输出以下信息：

```
12> (S1,6)
6> (S3,24)
4> (S2,15)
```

2. 滑动计数窗口

实现滑动计数窗口，如下所示：

```java
public class SlidingCountWindowDemo {
    // main()方法——Java 应用程序的入口
    public static void main(String[] args) throws Exception {
        // 获取流处理的执行环境
        StreamExecutionEnvironment env = StreamExecutionEnvironment.getExecutionEnvironment();
        // 设置并行度为 1
        env.setParallelism(1);
        // 加载或创建源数据
        final DataStream<Tuple2<String, Integer>> input = env.fromElements(
                Tuple2.of("S1", 1),
                Tuple2.of("S1", 2),
                Tuple2.of("S1", 3),
                Tuple2.of("S2", 4),
                Tuple2.of("S2", 5),
                Tuple2.of("S2", 6),
                Tuple2.of("S3", 7),
                Tuple2.of("S3", 8),
                Tuple2.of("S3", 9)
        );
        input
            // 键控流转换算子
            .keyBy(0)
            // 滑动计数窗口，滑动大小为 1
            .countWindow(3, 1)
            // 求和，计算最近 3 个事件的字段 2 的和
            .sum(1)
            // 打印数据到控制台
        .print();
        // 执行任务操作。因为 Flink 是懒加载的，所以必须调用 execute()方法才会执行
        env.execute();
    }
}
```

运行上述应用程序之后，会在控制台中输出以下信息：

```
(S1,1)
(S1,3)
(S1,6)
(S2,4)
(S2,9)
(S2,15)
```

(S3,7)

(S3,15)

(S3,24)

7.2.7 实例 29：实现会话窗口

 代码 本实例的代码在 "/DataStream/Window/SessionWindow" 目录下。

会话窗口采用"会话持续时长"作为窗口处理依据。设置"会话持续时长"之后，在这段时间中，如果不再出现会话，则认为超出会话时长。

1. 自定义数据源

自定义数据源，将延迟发送设置为"随机时间"，以便在会话窗口中触发计算，如下所示：

```java
public class MySource implements SourceFunction<String> {
    private long count = 1L;
    private boolean isRunning = true;
    /* 在 run()方法中通过实现一个循环来产生数据 */
    @Override
    public void run(SourceContext<String> ctx) throws Exception {
        while (isRunning) {
            // Word 流
            List<String> stringList = new ArrayList<>();
            stringList.add("world");
            stringList.add("Flink");
            stringList.add("Steam");
            stringList.add("Batch");
            stringList.add("Table");
            stringList.add("SQL");
            stringList.add("hello");
            int size=stringList.size();
            int i = new Random().nextInt(size);
            ctx.collect(stringList.get(i));
            System.out.println("Source:"+stringList.get(i));
            // 每 x（随机）s 产生一条数据
            int rt=i * 1000;
            System.out.println("延迟时间: "+rt);
            Thread.sleep(rt);
        }
    }
    // cancel()方法代表取消执行
    @Override
    public void cancel() {
        isRunning = false;
```

```
    }
}
```

2. 实现会话窗口

实现会话窗口，如下所示：

```java
public class SessionWindowDemo {
    // main()方法——Java 应用程序的入口
    public static void main(String[] args) throws Exception {
        // 获取流处理的执行环境
        StreamExecutionEnvironment env = StreamExecutionEnvironment.getExecutionEnvironment();
        // 获取自定义的数据流
        DataStream<String> input = env.addSource(new MySource());
        DataStream<Tuple2<String, Integer>> output=input
                // FlatMap 转换算子
                .flatMap(new Splitter())
                // 键控流转换算子
                .keyBy(0)
                // 如果超过 2s 没有事件，则计算进入窗口内的总数
                .window(ProcessingTimeSessionWindows.withGap(Time.seconds(2)))
                // 求和
                .sum(1);
        // 打印数据到控制台
        output.print("window");
        // 执行任务操作。因为 Flink 是懒加载的，所以必须调用 execute()方法才会执行
        env.execute("WordCount");
    }
    // 实现 FlatMapFunction，自定义处理逻辑
    public static class Splitter implements FlatMapFunction<String, Tuple2<String, Integer>> {
        @Override
        public void flatMap(String sentence, Collector<Tuple2<String, Integer>> out) throws
Exception {
            // 使用空格分隔单词
            for (String word : sentence.split(" ")) {
                out.collect(new Tuple2<String, Integer>(word, 1));
            }
        }
    }
}
```

运行上述应用程序之后，会在控制台中输出以下信息：

```
Source:Steam
延迟时间: 2000
Source:Flink
```

```
延迟时间：1000
window:4> (Steam,1)
Source:Flink
延迟时间：1000
Source:SQL
延迟时间：5000
window:12> (Flink,2)
window:9> (SQL,1)
```

7.2.8 认识窗口函数

在定义了窗口分配器之后，需要指定在每个窗口中执行的计算。这是窗口函数的职责，一旦系统确定窗口已经准备好进行处理，就可以处理每个窗口中的元素。

窗口函数可以是 ReduceFunction()、AggregateFunction()、FoldFunction() 或 ProcessWindowFunction()之一。前两个可以更有效地执行，因为 Flink 可以在每个窗口到达时都以增量方式聚合它们。ProcessWindowFunction()为窗口中包含的所有元素及"该元素所属的窗口的其他元信息"获取 Iterable。

用 ProcessWindowFunction()进行窗口转换不能像其他情况一样有效地执行，因为 Flink 必须在调用函数之前在内部缓冲窗口中的所有元素。可以通过将 ProcessWindowFunction()与 ReduceFunction()、AggregateFunction() 或 FoldFunction() 组合使用（即 ProcessWindowFunction()加上后面 3 个函数中的一个），来获得窗口元素的增量聚合，以及 ProcessWindowFunction 接收的其他窗口元数据，从而缓解这种情况。

1．ReduceFunction()

ReduceFunction()指定如何将输入中的两个元素组合在一起，以产生相同类型的输出元素。Flink 使用 ReduceFunction()来逐步聚合窗口中的元素。

2．AggregateFunction()

AggregateFunction()是 ReduceFunction()的通用版本。与 ReduceFunction()相同，Flink 将在窗口输入元素到达时对其进行增量聚合。AggregateFunction()具有 3 种类型：输入类型（IN）、累加器类型（ACC）、输出类型（OUT）。

输入类型是输入流中元素的类型，AggregateFunction()具有一种"将一个输入元素添加到累加器"的方法。该接口还具有一种"创建初始累加器，将两个累加器合并为一个累加器，并且从累加器提取输出"的方法。

3. FoldFunction()

FoldFunction()指定如何将窗口中的输入元素与输出类型的元素相组合。对于添加到窗口中的每个元素和当前输出值，都将递增调用 FoldFunction()。

> fold()方法不能与会话窗口或其他可合并窗口一起使用。

4. ProcessWindowFunction()

ProcessWindowFunction()获得一个 Iterable，其中包含窗口的所有元素，以及一个上下文对象（该对象可以访问**时间**和**状态**信息，从而使其比其他窗口函数更具有灵活性）。该功能以性能变低和资源消耗为代价，因为它不能增量聚合元素，而是在内部对聚合元素进行缓存，直到将窗口视为已准备好进行处理为止。所以，将 ProcessWindowFunction()用于简单聚合（如 Count）的效率很低。

键参数是通过为 keyBy()方法调用指定的键选择器提取的。如果是元组索引键或字符串字段引用，则此键类型始终为元组，必须手动将其强制转换为正确大小的元组以提取键字段。

可以将 ProcessWindowFunction() 与 ReduceFunction()、AggregateFunction 和 FoldFunction()组合使用（即 ProcessWindowFunction()加上后面 3 个函数中的一个），以在元素到达窗口时对其进行增量聚合。在窗口关闭时，聚合函数将向 ProcessWindowFunction()提供聚合结果。这样，ProcessWindowFunction() 可以递增地计算窗口，同时可以访问 ProcessWindowFunction()的其他窗口元信息。还可以使用旧版 WindowFunction()代替 ProcessWindowFunction()进行增量窗口聚合。

除了访问键控状态（任何富函数都可以），ProcessWindowFunction()还可以使用键控状态。该键控状态的作用域范围是该函数当前正在处理的窗口。

5. WindowFunction()（旧版本）

WindowFunction()是 ProcessWindowFunction()的旧版本，不但提供的上下文信息较少，而且没有某些高级功能（如每个窗口的键状态）。WindowFunction() 将来会被弃用。WindowFunction()的使用方法如下所示：

```
DataStream<Tuple2<String, Long>> input = ...;
Input
// 键控流转换算子

.keyBy(<key selector>)
// 窗口转换算子

.window(<window assigner>)
// 应用 MyWindowFunction
```

```
.apply(new MyWindowFunction());
```

7.2.9 实例 30：使用窗口函数实现窗口内的计算

 代码 本实例的代码在"/DataStream/Window/WindowFunction"目录下。

本实例演示的是使用窗口函数实现窗口内的计算。

1. ReduceFunction

使用 ReduceFunction 汇总窗口中元素的第 2 个字段，如下所示：

```
// main()方法——Java 应用程序的入口
public static void main(String[] args) throws Exception {
        // 获取流处理的执行环境
        final StreamExecutionEnvironment sEnv =
StreamExecutionEnvironment.getExecutionEnvironment();
        // 加载或创建源数据
    DataStream<Tuple2<String, Long>> input = sEnv.fromElements(
            new Tuple2("BMW",2L),
            new Tuple2("BMW",2L),
            new Tuple2("Tesla",3L),
            new Tuple2("Tesla",4L)
    );
    DataStream<Tuple2<String, Long>> output= input
            // 键控流转换算子
            .keyBy(0)
            // 计数窗口
            .countWindow(2)
            // Reduce 聚合转换算子
            .reduce(new ReduceFunction<Tuple2<String, Long>>() {
    @Override
    public Tuple2<String, Long> reduce(Tuple2<String, Long> value1, Tuple2<String, Long>
value2) throws Exception {
        return new Tuple2<>(value1.f0, value1.f1 + value2.f1);
    }
});
        // 打印数据到控制台
    output.print();
        // 执行任务操作。因为 Flink 是懒加载的，所以必须调用 execute()方法才会执行
    sEnv.execute();
}
```

运行上述应用程序之后，会在控制台中输出以下信息：

```
7> (BMW,4)
```

```
3> (Tesla,7)
```

上述代码汇总了窗口中所有元素的第 2 个字段。

2. AggregateFunction

下面计算窗口中元素的第 2 个字段的平均值，如下所示：

```java
public class AggregateFunctionDemo {
    // main()方法——Java 应用程序的入口
    public static void main(String[] args) throws Exception {
        // 获取流处理的执行环境
        final StreamExecutionEnvironment sEnv =
StreamExecutionEnvironment.getExecutionEnvironment();
        // 加载或创建源数据
        DataStream<Tuple2<String, Long>> input =sEnv.fromElements(
                new Tuple2("BMW",2L),
                new Tuple2("BMW",2L),
                new Tuple2("Tesla",3L),
                new Tuple2("Tesla",4L)
        );

        DataStream<Double> output=  input
                // 键控流转换算子
                .keyBy(0)
                // 计数窗口
                .countWindow(2)
                .aggregate(new AverageAggregate());
                // 打印数据到控制台
        output.print();
                // 执行任务操作。因为 Flink 是懒加载的，所以必须调用 execute()方法才会执行
        sEnv.execute();
    }
    private static class AverageAggregate implements AggregateFunction<Tuple2<String, Long>,
Tuple2<Long, Long>, Double> {
        @Override
        public Tuple2<Long, Long> createAccumulator() {
            return new Tuple2<>(0L, 0L);
        }
        @Override
        public Tuple2<Long, Long> add(Tuple2<String, Long> value, Tuple2<Long, Long> accumulator)
{
            return new Tuple2<>(accumulator.f0 + value.f1, accumulator.f1 + 1L);
        }

        @Override
```

```
        public Double getResult(Tuple2<Long, Long> accumulator) {
            return ((double) accumulator.f0) / accumulator.f1;
        }

        @Override
        public Tuple2<Long, Long> merge(Tuple2<Long, Long> a, Tuple2<Long, Long> b) {
            return new Tuple2<>(a.f0 + b.f0, a.f1 + b.f1);
        }
    }
}
```

运行上述应用程序之后，会在控制台中输出以下信息：

```
3> 3.5
7> 2.0
```

3. FoldFunction

FoldFunction 通过对初始累加器元素应用二进制运算将组元素中的每个元素组合到单个值中。其使用方法如下所示：

```
public class FoldFunctionDemo {
    // main()方法——Java 应用程序的入口
    public static void main(String[] args) throws Exception {
        // 获取流处理的执行环境
        final StreamExecutionEnvironment sEnv =
StreamExecutionEnvironment.getExecutionEnvironment();
        // 加载或创建源数据
        DataStream<Tuple2<String, Long>> input = sEnv.fromElements(
                new Tuple2("BMW", 2L),
                new Tuple2("BMW", 2L),
                new Tuple2("Tesla", 3L),
                new Tuple2("Tesla", 4L)
        );

        DataStream<String> output=input
                // 键控流转换算子
                .keyBy(0)
                // 计数窗口
                .countWindow(2)
                .fold("", new FoldFunction<Tuple2<String, Long>, String>() {
        @Override
        public String fold(String accumulator, Tuple2<String, Long> value) throws Exception {
            return accumulator+value.f1;
        }
    });
```

150

```
        // 打印数据到控制台
    output.print();
        // 执行任务操作。因为 Flink 是懒加载的，所以必须调用 execute()方法才会执行
    sEnv.execute();
    }
}
```

运行上述应用程序之后，会在控制台中输出以下信息：

```
3> 34
7> 22
```

4. ProcessWindowFunction

下面演示的是使用 ProcessWindowFunction 对窗口中的元素进行计数，并将有关窗口的信息添加到输出中，如下所示：

```
public class ProcessWindowFunctionDemo {
// main()方法——Java 应用程序的入口
    public static void main(String[] args) throws Exception {
        // 获取流处理的执行环境
        final StreamExecutionEnvironment sEnv =
StreamExecutionEnvironment.getExecutionEnvironment();
        // 设置时间特性
        sEnv.setStreamTimeCharacteristic(TimeCharacteristic.EventTime);
        // 设置并行度为 1
        sEnv.setParallelism(1);
        // 加载或创建源数据
        DataStream<Tuple2<String, Long>> input = sEnv.fromElements(
                new Tuple2("BMW", 1L),
                new Tuple2("BMW", 2L),
                new Tuple2("Tesla", 3L),
                new Tuple2("BMW", 3L),
                new Tuple2("Tesla", 4L)
        );
        // 转换数据
        DataStream<String> output = input
                // 为数据流中的元素分配时间戳，并生成水位线以表示事件时间进度
                .assignTimestampsAndWatermarks(new AscendingTimestampExtractor<Tuple2<String,
Long>>() {
                    @Override
                    public long extractAscendingTimestamp(Tuple2<String, Long> element) {
                        return element.f1;
                    }
                })
                // 键控流转换算子
```

151

```
            .keyBy(t -> t.f0)
            // 时间窗口

            .timeWindow(Time.seconds(1))
            // 将给定的 ProcessFunction 应用于输入流，从而创建转换后的输出流

            .process(new MyProcessWindowFunction());
            // 打印数据到控制台

        output.print();
        // 执行任务操作。因为 Flink 是懒加载的，所以必须调用 execute()方法才会执行

        sEnv.execute();

    }
}


class MyProcessWindowFunction
        extends ProcessWindowFunction<Tuple2<String, Long>, String, String, TimeWindow> {

    @Override
    public void process(String key, Context context, Iterable<Tuple2<String, Long>> input,
Collector<String> out) {
        long count = 0;
        for (Tuple2<String, Long> in : input) {
            count++;
        }
        out.collect("窗口信息: " + context.window() + "元素数量: " + count);
    }
}
```

运行上述应用程序之后，会在控制台中输出以下信息：

```
窗口信息: TimeWindow{start=0, end=1000}元素数量: 3
窗口信息: TimeWindow{start=0, end=1000}元素数量: 2
```

7.2.10　触发器

触发器（Trigger）用于控制窗口何时准备好。每个窗口分配器都带有一个默认的触发器。如果默认触发器不符合需求，则可以用 trigger()方法自定义触发器。

触发器接口具有以下 5 个方法，这 5 个方法允许触发器对不同事件做出反应。

- onElement()方法：对于进入窗口中的每个元素，都会调用 onElement()方法。
- onEventTime()方法：当注册的事件时间计时器被触发时，将调用 onEventTime()方法。
- onProcessingTime()方法：当注册的处理时间计时器被触发时，将调用 onProcessingTime()方法。
- onMerge()方法：在两个相应窗口合并时合并两个触发器的状态，如在使用会话窗口时。
- clear()方法：执行删除窗口后的操作。

onElement()方法、onEventTime()方法、onProcessingTime()方法中的任何一个方法都可以用于注册处理时间计时器或事件时间计时器，以用于将来的操作。这几个方法根据返回的触发器结果来执行动作，动作可以是以下之一。

- 继续（CONTINUE）：什么都不做。
- 触发（FIRE）：触发计算。
- 清除（PURGE）：清除窗口中的元素。
- 触发和清除（FIRE_AND_PURGE）：触发计算并随后清除窗口中的元素。

1. 触发和清除

触发器在确定窗口已准备好进行处理后就会触发，即返回 FIRE 或 FIRE_AND_PURGE。这是窗口算子发出当前窗口结果的信号。

如果给定一个带有 ProcessWindowFunction 的窗口，则所有元素都将被传递给 ProcessWindowFunction(这个过程可能是在将它们传递给移除器后)。具有 ReduceFunction()、AggregateFunction()或 FoldFunction()的窗口只会给出聚合结果。

在触发器触发时，窗口可以触发或触发并且清除。在 FIRE 保留窗口内容的同时，FIRE_AND_PURGE 会删除窗口内容。在默认情况下，预实现的触发器仅触发 FIRE，而不会清除窗口状态。

> 清除的仅是窗口中的内容，仍然保留有关该窗口的任何潜在元信息及所有触发状态。

2. 窗口分配器的默认触发器

窗口分配器的默认触发器适用于许多用例。例如，所有事件时间窗口分配器都有一个默认触发器 EventTimeTrigger，一旦水位线通过窗口的末端，则此触发器便触发。

在默认情况下，全局窗口不触发触发器。因此，在使用全局窗口时，必须自定义一个触发器。

通过使用 trigger()方法指定的触发器，将覆盖窗口分配器的默认触发器。

3. 内置触发器

Flink 带有以下内置触发器。

- EventTimeTrigger：根据水位线测量的事件时间的进度触发。
- ProcessingTimeTrigger：根据处理时间触发。一旦窗口中的元素数量超过给定的限制就会触发。
- PurgingTrigger：将一个触发器转换为一个清除触发器。

如果内置的触发器不能满足需求，则可以自定义触发器。自定义触发器可以参考触发器的抽象的 Trigger 类。

7.2.11 实例 31：自定义触发器

 代码 本实例的代码在"/DataStream/Trigger"目录下。

本实例演示的是自定义触发器。

1. 自定义无界数据流处理程序

自定义无界数据流处理程序，用于处理自定义无界数据流，如下所示：

```
// 获取流处理的执行环境
StreamExecutionEnvironment env = StreamExecutionEnvironment.getExecutionEnvironment();
// 设置并行度为 1
env.setParallelism(1);
// 获取自定义的数据流
DataStream<String> input = env.addSource(new MySource());
// 转换数据
DataStream<Tuple2<String, Integer>> output=input
        // FlatMap 转换算子
        .flatMap(new Splitter())
        // 键控流转换算子
        .keyBy(0)
        // 时间窗口
        .timeWindow(Time.seconds(15)).trigger(new MyTrigger())
        // 求和
        .sum(1);
// 打印数据到控制台
output.print("window");
// 执行任务操作。因为 Flink 是懒加载的，所以必须调用 execute()方法才会执行
env.execute("WordCount");
// 以下内容省略
```

2. 自定义一个触发器

自定义一个触发器，当元素个数到 10 个时触发触发器，如下所示：

```
public class MyTrigger extends Trigger {
    int count =0;
    @Override
    public TriggerResult onElement(Object element, long timestamp, Window window, TriggerContext
ctx) throws Exception {
        if (count>9) {
            count = 0;
```

```
            System.out.println("触发器触发");
                // 触发触发器
                return TriggerResult.FIRE;
        } else {
            count++;
            System.out.println("onElement : " + element+"Count:"+count);
                // 不触发触发器
                return TriggerResult.CONTINUE;
        }
}
// 以下内容省略
```

3. 指定窗口触发器

在创建好窗口触发器之后，需要通过使用 trigger()方法来指定该窗口触发器，如下所示：

```
// 时间窗口
.timeWindow(Time.seconds(15))
.trigger(new MyTrigger()) // 自定义窗口触发器
// 求和
.sum(1);
```

4. 测试

运行上述应用程序之后，会在控制台中输出以下信息：

```
onElement : (world,1)Count:1
onElement : (SQL,1)Count:2
onElement : (SQL,1)Count:3
onElement : (Steam,1)Count:4
onElement : (world,1)Count:5
onElement : (Batch,1)Count:6
onElement : (Flink,1)Count:7
onElement : (Batch,1)Count:8
onElement : (hello,1)Count:9
onElement : (SQL,1)Count:10
触发器触发
```

7.2.12　移除器

除了使用 Flink 默认的窗口分配器和窗口触发器，还可以通过使用 evictor()方法来指定某个**移除器**（Evictor）。**移除器**可以在触发器触发后，应用窗口函数之前或之后从窗口中删除元素。在 Evictor 接口中有以下两个内置的方法。

- evictBefore()方法：定义要在窗口函数之前应用的移除逻辑。

- evictAfter()方法：定义要在窗口函数之后应用的移除逻辑。在应用窗口函数之前移除的元素不会被窗口函数处理。

Flink 默认提供了以下 3 个移除器。

- CountEvictor：从窗口中保留用户指定数量的元素，并从窗口缓冲区的开头丢弃其余的元素。
- DeltaEvictor：采用 DeltaFunction 和阈值，计算窗口缓冲区中最后一个元素与其余每个元素之间的增量，并删除增量大于或等于阈值的元素。
- TimeEvictor：采用以毫秒为单位的间隔作为参数。对于给定的窗口，它将在其元素中找到最大时间戳 max_ts，并删除所有时间戳小于 max_ts 的元素。

在默认情况下，所有预先实现的移除程序均在窗口函数应用之前应用其逻辑。

> 指定移除器可以防止任何预聚合，因为在应用计算之前必须将窗口中的所有元素传递给移除器。
>
> Flink 不保证窗口内元素的排序。移除器从窗口中删除的元素不一定是最先到达的。

7.2.13　处理迟到数据

在使用"事件时间"窗口时，可能会发生元素迟到的情况，具体的表现是，Flink 用于跟踪"事件时间"进度的水位线已经超过了元素所属窗口的结束时间戳。

在默认情况下，当水位线超过窗口末端时将删除迟到的元素。但是，Flink 允许为窗口算子指定最大允许延迟——在删除指定元素之前可以延迟的时间，其默认值为 0。

在使用某些触发器时，延迟但未掉落的元素可能会导致窗口再次触发，事件时间触发器就存在这种情况。

Flink 保持窗口的状态，直到允许的延迟过期为止。一旦发生这种情况，Flink 将删除该窗口并删除其状态。

在使用全局窗口分配器时，不需要考虑任何数据延迟，因为全局窗口的结束时间戳是 Long.MAX_VALUE。

可以使用 allowedLateness()方法指定延迟，其使用方法如下所示：

```
// 加载或创建源数据
DataStream<T> input = ...;
// 转换数据
  input
    // 键控流转换算子
    .keyBy(<key selector>)
    // 窗口转换算子
```

```
    .window(<window assigner>)
    // 运行延迟时间
    .allowedLateness(<time>)
    .<windowed transformation>(<window function>);
```

1. 旁路输出迟到数据

使用 Flink 的旁路输出功能，可以获得最近被丢弃的数据流，具体步骤如下。

（1）使用窗口流上的 sideOutputLateData()方法指定要获取的最新数据。

（2）根据窗口化操作的结果获取侧面输出流。

标记旁路输出的使用方法如下所示：

```
// 标记旁路输出
final OutputTag<T> lateOutputTag = new OutputTag<T>("late-data"){};
// 加载或创建源数据
DataStream<T> input = ...;
// 转换数据
SingleOutputStreamOperator<T> result = input
// 键控流转换算子
.keyBy(<key selector>)
// 窗口转换算子
.window(<window assigner>)
// 运行延迟时间
.allowedLateness(<time>)
// 将迟到的数据发送到用 OutputTag 标识的旁路输出流中
            .sideOutputLateData(lateOutputTag)
            .<windowed transformation>(<window function>);
// 加载旁路输出数据
DataStream<T> lateStream = result.getSideOutput(lateOutputTag);
```

2. 计算迟到数据

当指定的允许延迟大于 0 时，在水位线通过窗口末尾后，将保留窗口及其内容。当延迟但未丢弃的元素到达时，可能会使该窗口再一次被触发。这些触发被称为"延迟触发"，因为它们是由延迟事件触发的，与窗口的第一次触发不同。在会话窗口中，后期触发会进一步导致窗口合并。

后期触发发出的元素应被视为"先前计算的更新结果"（即数据流将包含同一计算的多个结果）。因为结果中可能存在重复的数据，所以需要考虑删除重复数据。

7.2.14　处理窗口结果

窗口操作的结果还是一个 DataStream 流，结果元素中没有保留任何有关窗口化操作的信息，如果要保留有关窗口的元信息，则必须在 ProcessWindowFunction 的结果元素中手动编码该信息。在结果元素上设置的唯一相关信息是元素时间戳。

由于窗口的结束时间戳是唯一的，因此需要将其设置为已处理窗口的最大允许时间戳（即"结束时间戳–1"），"事件时间"窗口和"处理时间"窗口都是如此。

1. 水位线和窗口的相互作用

当水位线到达窗口时，将触发以下两点事情。

- 水位线会触发所有"最大时间戳（即'结束时间戳–1'）小于新水位线"的所有窗口的计算。
- 水位线被按原样转发到下游算子。

一旦下游算子接收到水位线后，水位线就会"溢出"所有在下游算子中被认为是后期窗口的元素。

2. 连续窗口操作

开窗结果的时间戳的计算方式，以及水位线与窗口的交互方式，允许将连续的开窗操作串联在一起。在执行两个连续的窗口化操作时，如果想使用不同的键，但仍希望来自同一上游窗口的元素最终位于同一下游窗口中，则此功能将非常有用。具体示例如下：

```
// 加载或创建源数据
DataStream<Integer> input = ...;
// 转换数据
DataStream<Integer> results = input
// 键控流转换算子
.keyBy(<key selector>)
// 窗口转换算子
.window(TumblingEventTimeWindows.of(Time.seconds(5)))
// Reduce 聚合转换算子
.reduce(new MySummer());
// 转换数据
DataStream<Integer> globalResults = results
            .windowAll(TumblingEventTimeWindows.of(Time.seconds(5)))
// 将给定的 ProcessFunction 应用于输入流，从而创建转换后的输出流
.process(new MyWindowFunction());
```

在此示例中，第 1 个算子的时间窗口[0，5）的结果也将在随后的窗口算子中的时间窗口[0，5）中结束。这允许计算键的总和，然后在第 2 个操作中计算同一窗口中的元素。

窗口可以定义很长时间，如几天、几个星期或几个月，因此可以积累很长的状态。在估算"窗口计算的存储需求"时，需要注意以下几点。

- Flink 为每个元素所属的窗口创建一个副本。
- 考虑有用状态的大小。
- 滚动窗口保留每个元素的一个副本，一个元素恰好属于一个窗口，除非它被延迟放置。

- 滑动窗口会为每个元素创建多个窗口。所以，如果设置窗口大小为"1 天"+"滑动时间为 1s"的滑动窗口，则是非常糟糕的。
- ReduceFunction()方法、AggregateFunction()方法和 FoldFunction()方法可以极大地减少存储需求，因为它们聚合元素且每个窗口仅存储一个值。
- 如果仅使用 ProcessWindowFunction，则需要累积所有元素。
- 使用移除器可以防止任何预聚合，因为在使用计算之前必须将窗口的所有元素传递给移除器。

7.3　认识时间和水位线生成器

7.3.1　认识时间

时间是流处理应用程序的另一个重要概念。

事件总是在特定时间点发生，所以大多数的事件流都拥有事件本身所固有的时间语义。许多常见的流计算都是基于时间语义的，如窗口聚合、会话计算、模式检测和基于时间的连接。

Flink 支持以下 3 种时间类型。

- Event time：事件时间。
- Ingestion Time：摄入时间。
- Processing Time：处理时间。

Flink 的事件时间、摄入时间和处理时间的定义如图 7-5 所示。

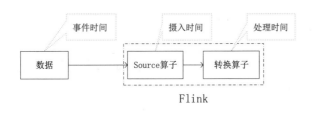

图 7-5

1．事件时间

事件时间是指事件发生时的时间（即每个独立的事件在产生它的设备上发生的时间），通常由事件中的时间戳来描述。在事件进入 Flink 之前，事件时间就已经嵌入了事件中，时间顺序取决于事件发生的地方，与下游数据处理系统的时间无关。Flink 通过时间戳分配器（Timestamp Assigner）访问事件时间戳。

如果使用事件时间，则必须指定水位线（Watermark）的生成方式。

2. 摄入时间

摄入时间是指数据进入 Flink 系统的时间，它取决于数据源算子所在主机的系统时钟。因为摄入时间是在数据接入后生成的，其时间戳不会再发生变化，和后续处理数据的算子所在机器的时钟没有关系，所以不会出现因为某台机器时钟不同步或网络延迟而导致计算结果不准确的问题。摄入时间不能处理乱序事件，所以不必生成相应的水位线。

3. 处理时间

处理时间由算子的本地系统时间决定，与机器相关。Flink 默认的时间属性就是处理时间。使用处理时间不需要机器之间的协调，但是容易受到多种因素的影响（事件产生的速度、到达 Flink 的速度、在算子之间的传输速度等）。

4. 事件时间、摄入时间和处理时间的区别

事件时间、摄入时间和处理时间的区别如表 7-1 所示。

表 7-1

比 较 项	事 件 时 间	摄 入 时 间	处 理 时 间
性能	低	中	高
延迟	高	中	低
确定性	结果确定（可重现）	结果不确定（无法重现）	结果不确定（无法重现）
复杂度	处理复杂	处理简单	处理简单
优势	对于确定性、乱序、延时或数据重复等情况，都能给出正确的结果	自动生成	最佳的性能和最低的延迟
劣势	处理无序事件时性能会受到影响，可能会产生延迟	不能处理无序事件和延迟数据	具有不确定性,不能处理无序事件和延迟数据

对于大多数流数据处理应用程序而言，能够使用处理实时数据的代码重新处理历史数据，并产生确定并一致的结果是非常有价值的。

在处理流式数据时，通常需要关注事件本身发生的顺序，因为根据事件时间能推理出事件是何时发生和结束的。

7.3.2　设置时间特征

Flink 的 DataStream 程序的第一部分通常用于设置时间特征。

如下所示的代码用于为事件元素设置时间特征：

```
// 获取流处理的执行环境
final StreamExecutionEnvironment env = StreamExecutionEnvironment.getExecutionEnvironment();
```

```
/** ProcessingTime 代表设置时间特征为处理时间
* IngestionTime 代表设置时间特征为摄入时间
* EventTime 代表设置时间特征为事件时间
*/
env.setStreamTimeCharacteristic(TimeCharacteristic.ProcessingTime);
// 加载或创建源数据
DataStream<MyEvent> stream = env.addSource(new FlinkKafkaConsumer010<MyEvent>(topic, schema,
props));
   stream
   // 键控流转换算子
   .keyBy( (event) -> event.getLog() )
```

为了在事件时间中运行此示例，程序需要直接为元素定义事件时间并指定发出水位线的源，或者程序必须在源后注入 Timestamp Assigner＆Watermark Generator。这些功能描述了如何访问事件时间戳，以及处理乱序事件。

7.3.3　认识水位线

1. 为什么需要水位线

事件从发生，到流经 Flink 的数据源算子，再到转换算子，中间是有一个过程和时间的。另外，网络、分布式等原因会导致乱序的产生。乱序使 Flink 接收到的事件的先后顺序不是严格按照事件的事件时间的先后顺序排列的。

在理想情况下，数据的传输顺序和发生顺序是一样的，原始数据和接收到的数据中的正常数据，但是也可能存在乱序情况，如图 7-6 所示。

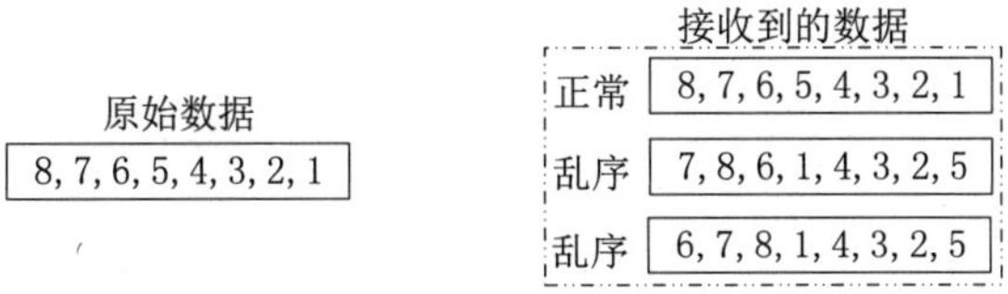

接收到的数据

原始数据

| 正常 | 8, 7, 6, 5, 4, 3, 2, 1 |

| 8, 7, 6, 5, 4, 3, 2, 1 |

| 乱序 | 7, 8, 6, 1, 4, 3, 2, 5 |

| 乱序 | 6, 7, 8, 1, 4, 3, 2, 5 |

图 7-6

当出现乱序时，如果根据事件时间来决定窗口的运行，则不能明确数据是否全部到位。但又不能无限期等待，所以用相应的机制来保证在一个特定的时间后必须触发窗口进行计算，这个机制就是水位线。

2. 什么是水位线

水位线（Watermark）是一种衡量事件时间进展的机制，**用于处理乱序事件和迟到的数据**。从本质上来说，**水位线**是一种时间戳。要正确地处理乱序事件，通常使用"水位线机制+事件时间和窗口"来实现。

水位线可以被理解成一个延迟触发机制。可以设置水位线的延时时长为 t，系统会先校验已经到达的数据中最大的事件时间——maxEventTime，然后验证事件时间小于"maxEventTime – t"的所有数据是否都已经到达，如果有窗口的停止时间等于"maxEventTime – t"，则这个窗口被触发执行。窗口的执行是由水位线触发的。

在程序并行度大于 1 时，会有多个流产生水位线和窗口，此时 Flink 会选取时间戳最小的水位线。

如果水位线设置的延迟参数太长，则收到结果的速度会很慢，解决的办法是在水位线到达之前输出一个近似的结果。

如果窗口内的最后水位线达到得太早，则可能会收到错误的结果，但是 Flink 处理迟到数据的机制可以解决这个问题。

水位线以广播的形式在算子之间进行传播。上游的算子会把自己当前收到的水位线以广播的形式传到下游。

源在关闭时，会发出带有时间戳"Long.MAX_VALUE"的最终水位线。如果在程序中收到了一个 Long.MAX_VALUE 数值的水位线，则表示对应的那一条流的某个窗口内的部分不会再有数据发过来，它相当于一个终止标志。

对于水位线而言，一个原则是，单输入取水位线的最大值，多输入取水位线的最小值。

> 国内的开发人员对 Watermark 的翻译有多种，有人理解为水印，有人理解为水位线，其实它们是一个概念。因为 Watermark 是从小到大的，所以本书统一使用水位线（Watermark）。

3. 不同流中的水位线

（1）有序流中的水位线。

在某些情况下，基于事件时间的数据流是有序的。在有序流中，水位线就是一个简单的周期性标记。

（2）乱序流中的水位线。

在某些情况下，基于事件时间的数据流是无序的。在无序流中，水位线至关重要，它告诉算子比水位线更早的事件已经到达，算子可以触发窗口计算。

（3）并行流中的水位线。

在通常情况下，水位线在源函数中生成，但也可以在源函数后的任何阶段生成。如果指定多次，则后面的值会覆盖前面的值。源函数的每个子任务独立生成水位线。水位线通过算子时会推进算子处的当前事件时间，同时算子会为下游生成一个新的水位线。**多输入算子**（如 Union 算子、KeyBy 算子）的当前事件时间是其**输入流事件时间的最小值。**

4. 水位线的特征

水位线的特征主要包括以下几点。

- 水位线是一条特殊的数据记录。
- 水位线必须是单调递增的，以确保任务的事件时间时钟向前推进，而不是向后退。
- 水位线与数据的时间戳相关。

5. 认识水位线策略

为了使用事件时间，流中的每个元素都需要指定事件时间戳，通常是通过使用 TimestampAssigner 从元素中的某些字段来提取时间戳的。

分配时间戳与生成水位线齐头并进，水位线告诉系统事件时间的进展，可以通过指定 WatermarkGenerator 进行配置。

Flink API 需要一个同时包含 TimestampAssigner 和 WatermarkGenerator 的 WatermarkStrategy 接口。作为 WatermarkStrategy 接口上的静态方法，有许多常见的策略可以直接使用，但用户也可以在需要时构建自己的策略。

WatermarkStrategy 接口的源码如下所示：

```
public interface WatermarkStrategy<T> extends TimestampAssignerSupplier<T>,
WatermarkGeneratorSupplier<T>{
    // 实例化一个 TimestampAssigner，以根据此策略分配时间戳
    @Override
    TimestampAssigner<T> createTimestampAssigner(TimestampAssignerSupplier.Context context);
    // 实例化一个 WatermarkGenerator，该生成器根据此策略生成水位线
    @Override
    WatermarkGenerator<T> createWatermarkGenerator(WatermarkGeneratorSupplier.Context
context);
}
```

通常不需要实现 WatermarkStrategy 接口，而是将 WatermarkStrategy 接口上的静态辅助方法用于常见的水位线策略，或者将自定义的 TimestampAssigner 与 WatermarkGenerator 捆绑在一起。例如，可以使用无界水位线和 Lambda 函数作为时间戳分配器，如下所示：

```
WatermarkStrategy
        .<Tuple2<Long, String>>forBoundedOutOfOrderness(Duration.ofSeconds(30))
        // TimestampAssigner 是可选的
        .withTimestampAssigner((event, timestamp) -> event.f0);
```

TimestampAssigner 是可选的，例如，当使用 Kafka 或 Kinesis 时，可以直接从 Kafka 或 Kinesis 记录中获得时间戳。

> 时间戳和水位线都指定为自 1970-01-01T00：00：00Z 的 Java 的毫秒数。

6. 使用水位线策略

Flink 应用程序中有两个地方可以使用 WatermarkStrategy 接口：直接在源码上；在非源算子之后。

直接在源码上使用水位线策略，允许源利用水位线逻辑中有关分片、分区、拆分的知识。源通常可以在更精细的级别上跟踪水位线，并且源产生的整体水位线将更加准确。直接在源码上指定 WatermarkStrategy 接口，通常意味着必须使用特定于源的接口。

只有不能直接在源码上设置策略时，才应在任意算子之后设置 WatermarkStrategy 接口：

```
// 获取流处理的执行环境
final StreamExecutionEnvironment env = StreamExecutionEnvironment.getExecutionEnvironment();
// 设置时间特性
env.setStreamTimeCharacteristic(TimeCharacteristic.EventTime);
// 加载或创建源数据
DataStream<MyEvent> stream = env.readFile(
        myFormat, myFilePath, FileProcessingMode.PROCESS_CONTINUOUSLY, 100,
        FilePathFilter.createDefaultFilter(), typeInfo);
// 转换数据
DataStream<MyEvent> withTimestampsAndWatermarks = stream
        .filter( event -> event.severity() == WARNING )
        // 为数据流中的元素分配时间戳，并生成水位线以表示事件时间进度
        .assignTimestampsAndWatermarks(<watermark strategy>);
        withTimestampsAndWatermarks
            // 键控流转换算子
            .keyBy( (event) -> event.getGroup() )
            // 时间窗口
            .timeWindow(Time.seconds(10))
             // Reduce 聚合转换算子
            .reduce( (a, b) -> a.add(b) )
        .addSink();
```

使用 WatermarkStrategy 方式可以获取一个流，并产生带有时间戳的元素和水位线的新流。如果原始流已经具有时间戳和/或水位线，则时间戳分配器将覆盖它们。

7.　闲置来源

在使用纯事件时间水位线生成器时，如果没有需要处理的元素，则水位线将无法进行。这意味着在输入数据存在间隙的情况下，事件时间将不会继续进行，如不会触发窗口算子，因此现有窗口将无法生成任何输出数据。为了避免这种情况，可以使用周期性的水位线分配器，分配器在一段时间内未观察到新事件后切换为使用当前处理时间作为时间基础。

可以使用 SourceFunction.SourceContext#markAsTemporarilyIdle()方法将源标记为空闲。

如果输入的拆分、分区、碎片中的其中一个在一段时间内未携带事件，则意味着 WatermarkGenerator 不会获得任何新信息作为水位线基础，这种情况称为空闲输入或空闲源。在空闲状态下，某些分区可能仍然承载事件。此时，水位线将被保留，因为它是在所有不同的并行水位线上计算的最小值。

为了解决这个问题，可以使用 WatermarkStrategy 来检测空闲状态，同时将输入标记为空闲状态。WatermarkStrategy 为此提供了一个 **withIdleness**()方法，如下所示：

```
WatermarkStrategy
        .<Tuple2<Long, String>>forBoundedOutOfOrderness(Duration.ofSeconds(30))
        // 空闲检测
.withIdleness(Duration.ofMinutes(1));
```

8.　水位线策略和 Kafka 连接器

如果将 Kafka 用作 Flink 的数据源，那么每个 Kafka 分区可能具有简单的事件时间模式（时间戳增加或边界乱序）。但是，使用来自 Kafka 的流时，通常会并行使用多个分区，从而将来自分区的事件交错输入并破坏每个分区的模式。在这种情况下，可以使用 Flink 的可识别 Kafka 分区的水位线功能。该功能可以在 Kafka 内部针对每个 Kafka 分区生成水位线。这种按分区合并水位线的方式与在（流）随机播放中合并水位线的方式相同。

例如，如果事件时间戳严格按照每个 Kafka 分区递增，则使用递增时间戳水位线生成器生成按分区的水位线将产生完美的整体水位线。

图 7-7 显示了如何使用 Kafka 分区的水位线生成水位线，以及在这种情况下水位线如何通过数据流传播。

如下所示：

```
FlinkKafkaConsumer<MyType> kafkaSource = new FlinkKafkaConsumer<>("myTopic", schema, props);
KafkaSource
// 为数据流中的元素分配时间戳，并生成水位线，以表示事件时间进度
.assignTimestampsAndWatermarks(
        WatermarkStrategy.
                .forBoundedOutOfOrderness(Duration.ofSeconds(20)));
```

```
// 加载或创建源数据
DataStream<MyType> stream = env.addSource(kafkaSource);
```

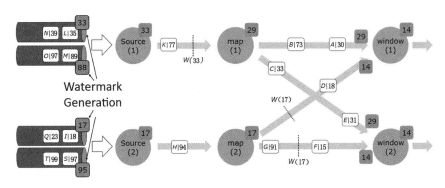

图 7-7

9. 算子处理水位线

通常要求算子在将给定水位线转发给下游之前处理完给定水位线。例如，窗口算子将首先评估应触发的所有窗口，只有在产生了所有由水位线触发的输出后，水位线本身才会被发送到下游。也就是说，由于水位线的出现而产生的所有元素将在水位线之前发出。

相同的规则适用于双输入流算子（TwoInputStreamOperator）。但在这种情况下，算子的当前水位线被定义为两个输入值中较小的那个。

此行为的详细信息由 OneInputStreamOperator # processWatermark() 方法、TwoInputStreamOperator # processWatermark1() 方法和 TwoInputStreamOperator # processWatermark2()方法的实现定义。

10. AssignerWithPeriodicWatermarks 和 AssignerWithPunctuatedWatermarks

目前，Flink 最新的水位线生成接口是 WatermarkStrategy、TimestampAssigner 和 WatermarkGenerator。在此之前，Flink 使用的是 AssignerWithPeriodicWatermarks 和 AssignerWithPeriodicWatermarks，虽然现在仍会在 API 中看到它们，但建议使用新接口，因为新接口提供了更清晰的关注点分离，并且还统一了水位线生成的定期和标点样式。

7.3.4 内置水位线生成器

为了简化生成水位线的编程工作，Flink 默认提供了一些内置水位线生成器。

1. 单调增加时间戳

周期性生成水位线最简单的情况是——数据源的时间戳以升序出现。在这种情况下，当前时间戳始终可以充当水位线，因为没有更早的时间戳会到达。

每个并行数据源任务的时间戳都仅递增。例如，如果在一个特定的设置中，一个并行数据源实例读取一个 Kafka 分区，则仅在每个 Kafka 分区内将时间戳递增。每当对并行流进行混洗、合并、连接或合并时，Flink 的水位线合并机制将生成正确的水位线。其使用方法如下所示：

```
WatermarkStrategy.forMonotonousTimestamps();
```

2. 固定的延迟量

周期性水位线生成的另一个实例是，水位线在流中的最大（事件时间）时间戳落后于固定时间量，这种情况涵盖了事先知道流中可能遇到的最大延迟的场景。例如，在创建包含带有时间戳的元素的自定义源时，该时间戳会在固定的时间内传播以进行测试。对于这些情况，Flink 提供了 BoundedOutOfOrdernessWatermarks 生成器，该生成器将 maxOutOfOrderness 作为参数，即在计算给定窗口的最终结果时，允许元素延迟到被忽略之前的最长时间。延迟对应 t−t_w 的结果，其中 t 是元素的（事件时间）时间戳，而 t_w 是先前水位线的时间戳。如果延迟大于 0，则将元素视为延迟，在默认情况下，在为其相应窗口计算作业结果时将忽略该元素。其使用方法如下所示：

```
WatermarkStrategy.forBoundedOutOfOrderness(Duration.ofSeconds(10));
```

7.3.5 编写水位线生成器

可以通过实现 WatermarkGenerator 接口来实现自己的时间戳并发出自己的水位线。也可以通过 TimestampAssigner 函数从事件中提取时间字段来生成简单的水位线。WatermarkGenerator 接口的代码如下所示：

```
/**
* WatermarkGenerator 接口可以基于事件或定期（以固定间隔）生成水位线
*/
@Public
public interface WatermarkGenerator<T> {
    // 调用每个事件，使水位线生成器可以检查并记住事件时间戳，或者根据事件本身发出水位线

    void onEvent(T event, long eventTimestamp, WatermarkOutput output);
    // 定期调用，该方法可能会发出新的水位线。调用此方法和生成水位线的时间间隔取决于 ExecutionConfig#
getAutoWatermarkInterval()方法

    void onPeriodicEmit(WatermarkOutput output);
}
```

WatermarkGenerator 接口有以下两种不同的水位线生成方式。

- Periodic：周期性的生成。
- Punctuated：标点符号的生成。

周期性生成器通常先通过 onEvent()方法观察传入的事件，然后在框架调用 onPeriodicEmit()方法时发出水位线。被打断的生成器将查看 onEvent()方法中的事件，并等待在流中携带水位线信

息的特殊标记事件或标点符号。在看到这些事件之一时，水位线生成器将立即发出水位线。通常，标点符号生成器不会从 onPeriodicEmit() 方法发出水位线。

1. 编写周期性水位线生成器

周期性生成器观察流事件，并周期性地生成水位线（可能取决于流元素，或者仅基于处理时间）。

可以使用 ExecutionConfig.setAutoWatermarkInterval() 方法定义生成水位线的时间间隔（一般是 n 毫秒）。生成器的 onPeriodicEmit() 方法每次都会被调用，如果返回的水位线非空，并且大于前一个水位线，则将发出新的水位线。

以下代码显示了两个使用周期性方式生成水位线的简单实例。

Flink 附带了 BoundedOutOfOrdernessWatermarks，这是一个 WatermarkGenerator，其工作原理与下面显示的 BoundedOutOfOrdernessGenerator 相似：

```java
/** 该生成器会在假定元素顺序混乱的情况下生成水位线 */
public class BoundedOutOfOrdernessGenerator implements WatermarkGenerator<MyEvent> {
    private final long maxOutOfOrderness = 3500; // 3.5 s
    private long currentMaxTimestamp;
    @Override
    public void onEvent(MyEvent event, long eventTimestamp, WatermarkOutput output) {
        currentMaxTimestamp = Math.max(currentMaxTimestamp, eventTimestamp);
    }
    @Override
    public void onPeriodicEmit(WatermarkOutput output) {
        // 发出水位线
        output.emitWatermark(new Watermark(currentMaxTimestamp - maxOutOfOrderness - 1));
    }
}
/**
* 此生成器生成的水位线滞后于处理时间一定量
* 假设元素在有限的延迟后到达 Flink
*/
public class TimeLagWatermarkGenerator implements WatermarkGenerator<MyEvent> {
    private final long maxTimeLag = 5000; // 5s
    @Override
    public void onEvent(MyEvent event, long eventTimestamp, WatermarkOutput output) {
        // 不需要做任何事情，因为使用的是处理时间
    }
    @Override
    public void onPeriodicEmit(WatermarkOutput output) {
        output.emitWatermark(new Watermark(System.currentTimeMillis() - maxTimeLag));
    }
}
```

2. 编写标点符号水位线生成器

标点符号水位线生成器将观察事件流，并在看到带有水位线信息的特殊元素时发出水位线。其使用方法如下所示：

```
public class PunctuatedAssigner implements WatermarkGenerator<MyEvent> {
    @Override
    public void onEvent(MyEvent event, long eventTimestamp, WatermarkOutput output) {
        if (event.hasWatermarkMarker()) {
            output.emitWatermark(new Watermark(event.getWatermarkTimestamp()));
        }
    }
    @Override
    public void onPeriodicEmit(WatermarkOutput output) {
        // 不需要做任何事情，因为发出了一个反应给上面的事件
    }
}
```

> 可以在每个事件上生成水位线。但是，由于每个水位线都会在下游引起一些计算，因此过多的水位线会降低系统的性能。

7.4 状态

7.4.1 认识状态

每个具有一定复杂度的流处理应用都是有状态的，只有在单独的事件上进行转换操作的应用才不需要状态。

尽管数据流中的许多操作一次仅查看一个事件（如事件解析器），但某些操作会记住多个事件的信息（如窗口算子），这些操作被称为有状态。

以下操作是有状态操作的。

- 当应用程序搜索某些事件模式时，状态将存储到目前为止遇到的事件序列。
- 在每分钟/每小时/每天汇总事件时，状态将保留待处理的汇总。
- 在数据流上训练机器学习模型时，状态保持模型参数的当前版本。
- 当需要管理历史数据时，该状态允许有效访问过去发生的事件。

Flink 需要知道状态，以便使用检查点和保存点来进行容错。Flink 负责在并行实例之间重新分配状态。可查询状态允许在运行时从 Flink 外部访问状态。

任何运行基本业务逻辑的流处理应用，都需要在一定的时间内存储所接收的**事件或中间结果**，以供后续的某个时间点（如收到下一个事件或经过一段特定的时间）进行访问并进行后续处理。事件流中的状态如图 7-8 所示。

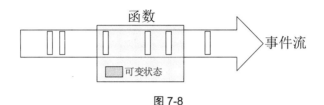

图 7-8

状态是 Flink 中最重要的元素之一。Flink 提供了以下几种与状态管理相关的特性支持。

- 多种状态基础类型：Flink 为多种不同的数据结构提供了相对应的状态基础类型，如原子值（Value）、列表（List）及映射（Map）。开发者可以基于 ProcessFunction 为状态的访问方式选择最高效或最合适的状态基础类型。
- 插件化的状态后端：状态后端（State Backend）负责管理应用程序状态，并在需要时进行检查点检查。Flink 支持多种状态后端——内存、RocksDB 等。RocksDB 是一种高效的嵌入式、持久化键值存储引擎。Flink 也支持自定义状态后端进行状态存储。
- "语义"：Flink 的检查点和故障恢复算法保证了在故障发生后应用状态的一致性。因此，Flink 能够在应用程序发生故障时，对应用程序透明，不影响正确性。
- 超大数据量状态：Flink 能够利用其异步、增量式的检查点算法，存储 TB 级别的应用状态。
- 可弹性伸缩的应用：Flink 支持有状态应用程序的分布式的横向伸缩。

Flink 有以下两种基本类型的状态。

1. 算子状态

算子状态（Operator State），也被称为**非键控状态**，是绑定到一个并行算子实例的状态。它的作用范围限定为算子任务，状态对于同一任务而言是共享的，所以，同一并行任务所处理的所有数据都可以访问到相同的状态。算子状态不能由相同或不同算子的另一个任务访问。当更改并行性时，算子状态接口支持在并行算子实例之间重新分配状态。有多种执行此重新分配的方案。

Kafka 连接器是在 Flink 中使用算子状态的一个很好的例子。Kafka 使用的每个并行实例都维护一个主题分区和偏移量的映射作为其算子状态。

在典型的有状态 Flink 应用程序中，不需要算子状态。它通常是一种特殊的状态类型，用于源接收器实现场景中，在这些情况下，没有可用于划分状态的键。

Flink 为算子状态提供了 3 种基本数据结构，如表 7-2 所示。

表 7-2

基本数据结构	名　　称	说　　明
List state	列表状态	将状态表示为一组数据的列表
Union list state	联合列表状态	将状态表示为数据的列表。它与常规列表状态的区别在于：在发生故障时（或者从保存点启动应用程序时）如何进行状态的恢复
Broadcast state	广播状态	如果一个算子有多项任务，而它每项任务的状态又都相同，则这种特殊情况最适合应用广播状态

2. 键控状态

键控状态（Keyed State）被维持在嵌入式键值对中。Flink 严格将状态与有状态算子读取的流一起进行分区和分发。因此，仅在键控流（Keyed Stream）上，即在键控/分区数据（keyed/partitioned）交换后才可以访问键/值状态，并且仅限于与当前事件的键关联的值。对齐流键和状态键可以确保所有状态更新都是本地操作，确保了一致性而没有事务开销。这种对齐方式还允许 Flink 重新分配状态，并透明地调整流分区。键控状态如图 7-9 所示。

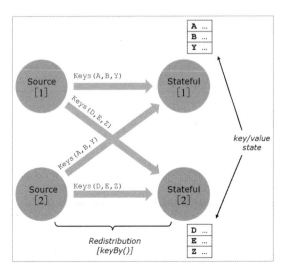

图 7-9

键控状态被进一步组织成键组（Key Group）。键组是 Flink 可以重新分配键控状态的原子单位。在作业执行期间，键控算子的每个并行实例都使用一个或多个键组的键。

Flink 支持的键控状态类型如表 7-3 所示。

表 7-3

键控状态类型	功　能	说　明
ValueState	保存一个可以更新和检索的值	保存一个可以更新和检索的值(每个值都对应着当前的输入数据的键, 因此算子接收到的每个键都可能对应一个值),这个值可以通过 update() 方法进行更新, 通过 value()方法进行检索
ListState	保存一个元素的列表	保存一个元素的列表, 可以在这个列表中追加数据, 并在当前的列表中进行检索。可以通过 add()方法或 addAll(List<T>)方法添加元素, 可以通过 Iterable<T>get() 方法获得整个列表, 还可以通过 update(List<T>)方法覆盖当前的列表
ReducingState	保存一个单值, 表示添加到状态的所有值的聚合	保存一个单值, 表示添加到状态的所有值的聚合。ReducingState 与 ListState 类似, 但使用 add() 方法增加元素, 使用提供的 ReduceFunction()方法进行聚合
AggregatingState	保留一个单值, 表示添加到状态的所有值的聚合	保留一个单值, 表示添加到状态的所有值的聚合。和 ReducingState 相反的是, 聚合类型可能与添加到状态的元素的类型不同。AggregatingState 与 ListState 类似, 但使用 add()方法添加的元素会用指定的 AggregateFunction 进行聚合
MapState	维护一个映射列表	维护一个映射列表。既可以添加键值对到状态中, 也可以获得反映当前所有映射的迭代器。使用 put()方法或 putAll()方法添加映射, 使用 get()方法检索特定键, 使用 entries()方法、keys()方法和 values()方法分别检索映射、键和值的可迭代视图, 还可以使用 isEmpty()方法来判断是否包含任何键值对

7.4.2　使用算子状态

如果使用算子状态, 则可以用以下几种接口。

1. CheckpointedFunction 接口

CheckpointedFunction 接口提供了访问算子状态的方法, 需要实现下面两个方法。

- snapshotState()方法: 在进行检查点检查时会调用该方法。
- initializeState()方法: 在用户自定义函数初始化时会调用该方法。初始化包括第一次自定义函数初始化和从之前的检查点恢复。因此, 在 initializeState()方法中需要定义不同状态类型的初始化, 以及包括状态恢复的逻辑。initializeState() 方法接收一个 FunctionInitializationContext 参数, 用来初始化算子状态的"容器"。这些容器是一个 ListState, 用于在检查点中保存算子状态对象。同样, 可以在 initializeState()方法中使用 FunctionInitializationContext 参数初始化键控状态。

当前算子状态以列表的形式存在。这些状态是一个可序列化对象的集合列表, 集合中的元素彼此独立, 方便在改变并发后进行状态的重新分派。也就是说, 这些对象是重新分配算子状态的最细粒度。根据状态的不同访问方式, 有如下几种重新分配的模式。

- Even-split redistribution：均分再分配。每个算子都保存一个列表形式的状态集合，整个状态由所有列表拼接而成。在作业恢复或重新分配时，整个状态会按照算子的并发度进行均匀分配。例如，算子 A 的并发为 1，包含两个元素 element1 和 element2，当并发数增加为 2 时，element1 会被分到并发 0 上，element2 则会被分到并发 1 上。
- Union redistribution：联合再分配。每个算子保存一个列表形式的状态集合。整个状态由所有列表拼接而成。在作业恢复或重新分配时，每个算子都将获得所有的状态数据。如果列表具有较高的基数，则不需要使用此功能。检查点元数据会为每个列表条目存储一个偏移量，这可能会导致系统内存不足。

与键控状态类似，StateDescriptor 包括状态名字、状态类型等相关信息。

调用不同的获取状态对象的接口，会使用不同的状态分配算法。例如，getUnionListState()方法会使用联合再分配算法，而 getListState()方法则使用均分再分配算法。

在初始化好状态对象之后，可以使用 isRestored()方法判断是否从之前的故障中恢复。如果该方法的返回值为 true，则表示接下来会执行恢复逻辑。

在 BufferingSink 中初始化时，恢复的 ListState 的所有元素会被添加到一个局部变量中，供下次 snapshotState()方法使用。然后清空 ListState，再把当前局部变量中的所有元素写入检查点中。

2. ListCheckpointed 接口

ListCheckpointed 接口是 CheckpointedFunction 接口的精简版，仅支持均分再分配的 List State。ListCheckpointed 接口同样需要实现两个方法。

- snapshotState()方法：返回一个将写入检查点的对象列表。
- restoreState()方法：处理恢复的对象列表。如果状态不可切分，则可以在 snapshotState()方法中返回 Collections.singletonList(MY_STATE)。

3. 带状态的数据源函数

带状态的数据源函数比其他的算子需要注意更多的东西。为了保证更新状态，以及输出的原子性（用于支持 Exactly-Once 语义），用户需要在发送数据之前获取数据源的全局锁。

7.4.3　认识键控流

如果要使用键控状态，则需要先在 DataStream 上指定一个键，该键用于对状态及流本身中的记录进行分区。可以先在 DataStream 上使用 keyBy()方法或键选择器指定键，从而产生一个 KeyedDataStream，然后使用键控状态的操作。

键选择器函数将单个记录作为输入，并返回该记录的键。键可以是任何类型，并且必须从确定性计算中得出。

Flink 的数据模型不是基于"键-值"对的。因此，无须将数据集类型实际打包到"键-值"对中。键是"虚拟的"：将它们定义为对实际数据的功能，以指导分组算子。

下面引用一个键选择器函数，该函数仅返回对象的字段：

```java
// Java 的 POJO
public class WC {
    // 定义类的属性
    public String word;
    // 定义类的属性
    public int count;
    // 无参构造方法
public String getWord() { return word; }
}
DataStream<WC> words = // [...]
KeyedStream<WC> keyed = words
// 键控流转换算子
    .keyBy(WC::getWord);
```

Flink 还有两种定义键的替代方法——元组键和表达式键。

7.4.4　使用键控状态

键控状态都作用于当前输入数据的键下，这些键控状态仅可在 KeyedStream 上使用。Flink 提供了不同类型的键控状态访问接口，可以通过接口中的 stream.keyBy()方法得到 KeyedStream，使用 clear()方法可以清除当前键下的状态数据（即当前输入元素的键）。

这些状态对象仅用于与状态交互。状态本身不一定存储在内存中，还可能在磁盘或其他位置。从状态中获取的值取决于输入元素所代表的键。因此，在不同键上调用同一个接口，可能会得到不同的值。

必须创建一个 StateDescriptor，这样才能得到对应的状态句柄。它保存了状态名称，可以创建多个状态，但状态必须具有唯一的名称，以便引用。根据状态类型的不同，可以创建 ValueStateDescriptor、ListStateDescriptor、ReducingStateDescriptor 或 MapStateDescriptor。

状态通过 RuntimeContext（运行时上下文）进行访问，因此只能在富函数（RichFunction）中使用状态。RuntimeContext 提供了如下方法：

```
ValueState<T> getState(ValueStateDescriptor<T>)
ReducingState<T> getReducingState(ReducingStateDescriptor<T>)
ListState<T> getListState(ListStateDescriptor<T>)
AggregatingState<IN, OUT> getAggregatingState(AggregatingStateDescriptor<IN, ACC, OUT>)
MapState<UK, UV> getMapState(MapStateDescriptor<UK, UV>)
```

1. 状态有效期

任何类型的键控状态都可以有有效期（TTL）。如果配置了有效期，并且状态值已过期，则 Flink 会尽最大可能清除对应的值。所有状态类型都支持单元素的有效期，列表元素和映射元素将独立到期。

在使用状态有效期之前，需要先构建一个 StateTtlConfig 配置对象，然后把配置对象传递到 State Descriptor 中启用有效期功能，如下所示：

```
// 构建一个 StateTtlConfig 配置对象
StateTtlConfig sttlConfig = StateTtlConfig
    .newBuilder(Time.seconds(1))
    // 有效期的更新策略（默认）
    .setUpdateType(StateTtlConfig.UpdateType.OnCreateAndWrite)
    // 数据在过期但还未被清理时的可见性配置（默认），不返回过期数据
    .setStateVisibility(StateTtlConfig.StateVisibility.NeverReturnExpired)
    .build();
ValueStateDescriptor<String> stateDescriptor = new ValueStateDescriptor<>("myTextState",
String.class);
stateDescriptor.enableTimeToLive(sttlConfig);
```

下面对上述代码进行解释。

- newBuilder()方法的第 1 个参数表示数据的有效期，并且是必选项。
- StateTtlConfig.UpdateType.OnCreateAndWrite：有效期的更新策略（默认），仅在创建和写入时更新。也可以配置为 StateTtlConfig.UpdateType.OnReadAndWrite，代表读取时也进行更新。
- StateTtlConfig.StateVisibility.NeverReturnExpired：数据在过期但还未被清理时的可见性配置（默认），不返回过期数据。也可以配置为 StateTtlConfig.StateVisibility. ReturnExpiredIfNotCleanedUp，代表会返回过期但未清理的数据。在 NeverReturnExpired 情况下，过期数据就像不存在一样，不管是否已被物理删除。这在不能访问过期数据的场景下非常有用，如敏感数据。ReturnExpiredIfNotCleanedUp 在数据被物理删除之前都会返回。

状态上次的修改时间会和数据一起被保存在状态后端中，因此开启有效期特性会增加状态数据的存储量。堆内存（Heap）状态后端会额外存储一个包括用户状态及时间戳的 Java 对象，RocksDB 状态后端在每个状态值（List 或 Map 的每个元素）被序列化之后会增加 8Byte。

Flink 暂时只支持基于处理时间的有效期。有效期的配置并不会保存在检查点或保存点中，仅对当前作业有效。

在尝试从检查点或保存点进行恢复时，有效期的状态（是否开启）必须和之前保持一致，否则会出现错误提示"StateMigrationException"。

当前开启有效期的 Map 状态，仅在用户值序列化器支持 Null 的情况下才支持用户值为 Null。如果用户值序列化器不支持 Null，则可以用 NullableSerializer 将其包装一层。

2. 过期数据的清理

在默认情况下，过期数据会在读取时被删除，如果状态后端支持，也可以由后台线程定期清理。可以通过 StateTtlConfig 配置关闭后台清理，如下所示：

```
StateTtlConfig sttlConfig = StateTtlConfig
    .newBuilder(Time.seconds(1))
    // 关闭后台，清理过期数据
    .disableCleanupInBackground()
    .build();
```

在 Flink 的当前的默认实现中，"内存状态后端"使用的是"增量数据清理"策略，RocksDB 状态后端利用压缩过滤器进行后台清理。

3. 在全量快照时进行清理

可以启用"在全量快照时进行清理"策略，以减少整个快照的大小。在当前实现中不会清理本地的状态；但从上次快照恢复时，不会恢复那些已经删除的过期数据。该策略可以通过 StateTtlConfig 进行配置，如下所示：

```
StateTtlConfig ttlConfig = StateTtlConfig
    .newBuilder(Time.seconds(1))
    // 在全量快照时进行清理
    .cleanupFullSnapshot()
    .build();
```

但是该策略在 RocksDB 状态后端的"增量检查点"模式下无效。

在全量快照时进行清理可以在任何时候通过 StateTtlConfig 启用或关闭，如从保存点恢复。

4. 增量数据清理

在访问或处理状态时，可以进行"增量数据清理"。如果某个状态开启了该清理策略，则会在存储后端保留一个所有状态的惰性全局迭代器。每次触发"增量数据清理"时，会从迭代器中选择已经过期的数进行清理。

该特性可以通过 StateTtlConfig 进行配置，如下所示：

```
StateTtlConfig sttlConfig = StateTtlConfig
    .newBuilder(Time.seconds(1))
    // 增量数据清理
    .cleanupIncrementally(10, true)
    .build();
```

"增量数据清理"策略有以下两个参数。

第 1 个是每次清理时检查状态的条目数，在每个状态访问时触发。

第 2 个参数表示是否在处理每条记录时触发清理。"内存状态后端"默认检查 5 条状态，并且关闭在每条记录时触发清理。

如果没有状态访问，也没有处理数据，则不会清理过期数据。"增量数据清理"策略会增加数据处理的耗时。

Flink 当前仅"内存状态后端"支持"增量数据清除"策略，在 RocksDB 状态后端上启用该策略无效。

如果"内存状态后端"使用同步快照方式，则会保存一份所有键的复制文件，以应对并发修改问题，因此会增加内存的使用，但异步快照没有这个问题。对于已有的作业，这种清理方式可以在任何时候通过 StateTtlConfig 启用或禁用，如可以从保存点重启后启用或禁用。

5. 在 RocksDB 压缩时清理

如果使用 RocksDB 状态后端，则会启用 Flink 为 RocksDB 定制的压缩过滤器。RocksDB 不仅会周期性地对数据进行合并压缩，还会过滤掉已经过期的状态数据，从而减少存储空间。

该特性可以通过 StateTtlConfig 进行配置，如下所示：

```
StateTtlConfig sttlConfig = StateTtlConfig
    .newBuilder(Time.seconds(1))
    // 在 RocksDB 压缩时清理
    .cleanupInRocksdbCompactFilter(5000)
    .build();
```

Flink 在处理一定条数的状态数据之后，会使用当前时间戳来检测 RocksDB 中的状态是否已经过期，可以使用 cleanupInRocksdbCompactFilter()方法指定处理状态的条数。时间戳更新越频繁，状态清理越及时。RocksDB 的压缩会调用 JNI（Java Native Interface），因此会影响整体的压缩性能。RocksDB 状态后端的默认清理策略是后台清理策略，在该策略下，每处理 1000 条数据就会进行一次压缩。

还可以配置开启 RocksDB 过滤器的 debug 日志，如下所示：

```
log4j.logger.org.rocksdb.FlinkCompactionFilter=DEBUG
```

在压缩时调用有效期过滤器会降低速度。有效期过滤器需要解析上次访问的时间戳，并对每个将参与压缩的状态进行是否过期检查。有效期过滤器会对集合型状态类型（如 List 和 Map）集合中的每个元素进行检查。

对于元素序列化之后长度不固定的列表状态，有效期过滤器需要在每次 JNI 调用过程中额外调用 Flink 的 Java 序列化器，从而确定下一个未过期数据的位置。

对于已有的作业，这种清理方式可以在任何时候（如从保存点重启后）通过 StateTtlConfig 启用或禁用。

7.5 状态持久化

Flink 使用"**流重放**"和"**检查点**"来实现容错，即恢复算子的状态并从检查点重放记录，可以使数据流从检查点恢复，同时保持"精确一次"（Exactly-Once）语义。

在应用程序失败的情况下（由于机器、网络或软件故障），Flink 实现容错的具体流程如下。

（1）Flink 停止分布式数据流。

（2）Flink 重新启动算子，并将算子重置为最新成功的检查点。

（3）输入流被重置到"状态快照"的位置。

"重新启动的并行数据流"处理任何记录都不会影响以前的检查点状态。在默认情况下，检查点是禁用的。

容错机制连续绘制分布式数据流的快照（Snapshot）。对于状态较小的流应用程序，这些快照是轻量级的，可以经常绘制，不会对性能造成太大的影响。

如果容错机制要实现"精确一次"计算的语义，则数据流源需要支持"将流倒回到已定义的最近点"功能，如 Kafka 支持该功能。

因为 Flink 的检查点是通过分布式快照实现的，所以**快照**和**检查点**这两个词**可以互换**使用。通常还可以使用"快照"（Snapshot）来表示检查点（Checkpoint）或保存点（Savepoint）。

7.5.1 检查点

Flink 中的每个**方法**或**算子**都可以是**有状态**的。状态化的方法在处理单个元素/事件时存储数据，让状态成为使各个类型的算子更加精细的重要部分。为了让状态容错，Flink 需要为状态添加检查点。检查点标记每个输入流中的特定点，以及每个算子的对应状态。检查点的间隔设置为多少，是在执行期间的容错开销与恢复时间（需要重放的记录数量）之间进行权衡的一种结果。

Flink 能够使用检查点恢复状态到流中的某个位置，从而向应用程序提供与无故障执行时一样的语义。

Flink 的检查点机制会和持久化存储进行交互，读／写"流"与"状态"，一般需要满足以下几点要求。

- 一个能够回放一段时间内数据的持久化数据源，如持久化消息队列（Kafka、RabbitMQ、Kinesis 和 PubSub 等）。
- 存放状态的持久化存储，通常为分布式文件系统（如 HDFS、S3、GFS、NFS 和 Ceph 等）。

1. 开启与配置检查点

在默认情况下，检查点是禁用的。通过调用 StreamExecutionEnvironment 的 enableCheckpointing()方法来启用检查点，该方法可以通过设置参数来确定进行检查的间隔，单位是 ms。

检查点属性如表 7-4 所示。

表 7-4

检查点属性	说　明
精确一次（Exactly-Once）和至少一次（At-Least-Once）	可以通过向 enableCheckpointing()方法中传入一个模式来选择使用两种保证等级中的哪一种。对于大多数应用来说，"精确一次"是比较好的选择，"至少一次"可能与某些延迟超低的应用的关联较大
检查点超时	如果检查点执行的时间超过了该配置的阈值，则还在进行中的检查点操作就会被抛弃
检查点之间的最小时间	该属性定义在检查点之间需要多久的时间，以确保流应用在检查点之间有足够的进展。如果将值设置为 5000，则无论检查点持续时间与间隔是多久，在前一个检查点完成时的至少 5s 后才开始下一个检查点。使用"检查点之间的最小时间"来配置应用比检查点间隔容易很多，因为"检查点之间的最小时间"在检查点的执行时间超过平均值时不会受到影响（如目标的存储系统忽然变得很慢）。需要注意的是，这个值也意味着并发检查点的数为 1
并发检查点的数	在默认情况下，如果上一个检查点未完成（失败或成功），则系统不会触发另一个检查点。这样可以确保拓扑不会在检查点上花费太多时间，从而不影响正常的处理流程。但允许多个检查点并行进行，对于有确定的处理延迟（如某方法调用的比较耗时的外部服务），但是仍然想进行频繁的检查点去最小化故障后重跑的管道来说，是有意义的。该选项不能和"检查点之间的最小时间"同时使用
外部化检查点	可以将周期存储检查点配置到外部系统中。将它们的元数据写到持久化存储上，并且在作业失败时不会被自动删除。在这种方式下，如果作业失败，则会有一个现有的检查点去恢复
在检查点出错时使任务失败或继续进行任务	该选择决定了在任务的检查点检查的过程中发生错误时，是否使任务也失败，默认会使任务失败。也可以禁用该选项，这个任务会简单地把检查点错误信息报告给检查点协调员并继续运行
优先从检查点恢复	该属性确定作业是否在最新的检查点回退，即使有更近的保存点可用，也可以潜在地减少恢复时间（检查点恢复比保存恢复更快）

开启与配置检查点的使用方法如下所示：

```
// 获取流处理的执行环境
StreamExecutionEnvironment env = StreamExecutionEnvironment.getExecutionEnvironment();
// 每1000ms 开始一次检查点
```

```
env.enableCheckpointing(1000);
// 将模式设置为"精确一次"（默认值）
env.getCheckpointConfig().setCheckpointingMode(CheckpointingMode.EXACTLY_ONCE);
// 确认检查点之间的时间会进行 500 ms
env.getCheckpointConfig().setMinPauseBetweenCheckpoints(500);
// 检查点必须在 1min 内完成，否则就会被抛弃
env.getCheckpointConfig().setCheckpointTimeout(60000);
// 同一时间只允许 1 个检查点进行
env.getCheckpointConfig().setMaxConcurrentCheckpoints(1);
// 开启在作业中止后仍然保留的外部检查点
env.getCheckpointConfig().enableExternalizedCheckpoints(ExternalizedCheckpointCleanup.RETAIN_
ON_CANCELLATION);
// 允许在有更近保存点时回退到检查点
env.getCheckpointConfig().setPreferCheckpointForRecovery(true);
```

更多的属性与默认值可以在 conf/flink-conf.yaml 中设置。

2．选择状态后端

Flink 的检查点机制会将计时器和有状态的算子进行快照，然后存储下来，包括连接器、窗口，以及任何用户自定义的状态。检查点存储在哪里，取决于所配置的状态后端（如 JobManager 的内存、文件系统、数据库）。

在默认情况下，**状态保持在任务管理器的内存中，检查点保存在作业管理器的内存中**。Flink 支持用各种各样的途径将检查点状态存储到其他的状态后端上。可以使用 setStateBackend()方法来配置所选的状态后端。

3．迭代作业中的状态和检查点

Flink 为没有迭代的作业提供"精确一次"的保证。在迭代作业上开启检查点会导致异常。为了在迭代程序中强制实现检查点，用户需要在开启检查点时设置一个特殊的标志，如下所示：

```
env.enableCheckpointing(interval, CheckpointingMode.EXACTLY_ONCE, force = true)。
```

4．重启策略

Flink 支持不同的重启策略，用来控制发生作业故障后应该如何重启。

7.5.2 状态快照

1．什么是"状态快照"

"状态快照"用于获取并存储分布式管道（Pipeline）中整体的状态，将数据源中消费数据的偏移量记录下来，并将整个作业图中算子获取到该数据（记录的偏移量对应的数据）时的状态记录并存储下来。

在发生故障时，Flink 作业会恢复上次存储的状态，重置数据源从"状态中记录的上次消费的偏移量"开始重新进行消费处理。另外，"状态快照"在执行时会异步获取状态并存储，并且不会阻塞正在进行的数据处理逻辑。

通过将"状态快照"和"流重放"这两种方式进行组合，Flink 能够提供可容错的"精确一次"语义，即**通过"状态快照"实现容错处理**。

2. "状态快照"如何工作

Flink 使用"异步栏栅快照"来实现"状态快照"。"异步栏栅快照"是 Chandy-Lamport 算法的一种变体。

当作业管理器的检查点协调器（Checkpoint Coordinator）指示任务管理器开始检查时，任务管理器会让所有数据源算子记录它们的偏移量，并将编号的检查点栏栅（Checkpoint Barrier）插入流中。这些栏栅流经作业图时标注每个检查点前后的流部分，如图 7-10 所示。

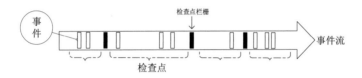

图 7-10

检查点包含每个算子的状态。作业图中的每个算子在接收到检查点栏栅时会记录其状态。拥有两个输入流的算子（如 CoProcessFunction）会执行"栏栅对齐"（Barrier Alignment），以便当前快照能够包含消费在两个输入流检查点栏栅之前（但不超过）的所有事件而产生的状态。"栏栅对齐"的工作流程如图 7-11 所示。

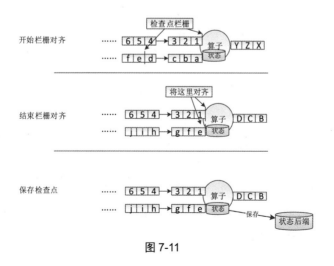

图 7-11

181

由图 7-11 可知，"栏栅对齐"的工作流程如下：开始栏栅对齐；结束栏栅对齐；保存检查点。

Flink 的"状态后端利用写时复制"机制允许在异步生成旧版本的"状态快照"时，不受影响地继续进行流处理。只有当快照被持久保存后，这些旧版本的状态才会被当作垃圾回收。

栏栅只有在需要提供"精确一次"语义保证时，才需要进行"栏栅对齐"（Barrier Alignment）。如果不需要这种语义，则可以通过配置 CheckpointingMode.AT_LEAST_ONCE 关闭"栏栅对齐"来提高性能。

7.5.3 保存点

使用 Data Stream API 编写的程序，可以从保存点继续执行。保存点允许在不丢失任何状态的情况下升级程序和 Flink 集群。

保存点是手动触发检查点的，它依靠常规的检查点机制获取程序的快照，并将其写入状态后端。在执行期间，程序会定期在工作节点（任务管理器）上创建快照，并生成检查点。对于恢复，Flink 仅需要最后完成的检查点，而一旦完成新的检查点，旧的检查点就可以被丢弃。

保存点类似于这些定期的检查点，除了它们是由用户触发的，并且在新的检查点完成后不会自动过期。可以通过命令行，或者在取消一个作业时通过 REST API，来创建保存点。

7.5.4 状态后端

"键-值"对索引存储的数据结构取决于状态后端的选择。一类状态后端将数据存储在内存的哈希映射中，另一类状态后端使用 RocksDB 作为"键-值"对存储。

除了定义保存状态的数据结构，状态后端还实现了获取 "键-值"对状态的时间点快照的逻辑，并将该快照存储为状态后端的一部分。触发检查点和"状态快照"的存储过程如图 7-12 所示。

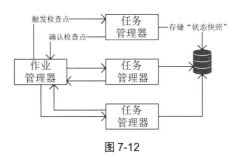

图 7-12

Flink 支持多种状态后端，以便指定状态的存储方式和位置。

状态可以位于 Java 的堆或堆外内存。Flink 也可以自己管理应用程序的状态（取决于状态后端）。为了让应用程序可以维护非常大的状态，Flink 可以自己管理内存（如果有必要，可以溢写到磁盘）。

在默认情况下，所有 Flink 作业会使用在配置文件 flink-conf.yaml 中指定的状态后端。但是，在配置文件中指定的默认状态后端会被作业中指定的状态后端覆盖。可以在程序中配置状态后端，如下所示：

```
// 获取流处理的执行环境
StreamExecutionEnvironment env = StreamExecutionEnvironment.getExecutionEnvironment();
env.setStateBackend(...);
```

由 Flink 管理的键控状态是一种分片的"键-值"对存储，每个键控状态的工作副本都保存在负责该键的任务管理器本地中。另外，算子状态也保存在机器节点本地。Flink 定期获取所有状态的快照，并将这些快照复制到持久化位置，如分布式文件系统。如果发生故障，则 Flink 可以恢复应用程序的完整状态并继续处理，就如同没有出现过异常。

1. 状态后端的实现

Flink 管理的状态被存储在状态后端中，默认有两种状态的后端实现。

- 基于 RocksDB：基于 RocksDB 数据的内嵌"键-值"对存储，将状态保存在磁盘上。
- 基于堆的状态后端：将状态保存在 Java 的堆内存中。

基于堆的状态后端有两种类型：一是 FsStateBackend，将其"状态快照"持久化到分布式文件系统中。二是 MemoryStateBackend，它使用作业管理器的堆保存"状态快照"。

在使用"基于堆的状态后端"保存状态时，访问和更新仅涉及"在堆上读／写对象"，所以只有比较小的开销。但对于保存在 RocksDBStateBackend 中的对象，访问和更新涉及序列化与反序列化，所以会有比较大的开销。RocksDB 的状态量会受到本地磁盘容量的限制。只有 RocksDBStateBackend 能够进行增量快照，这对于具有大量变化缓慢状态的应用程序来说是大有裨益的。

所有这些状态后端都支持异步执行快照，这意味着它们可以在不妨碍正在进行的流处理的情况下执行快照。

2. 比较 3 种状态后端

3 种状态后端的区别如表 7-5 所示。

表 7-5

状 态 后 端	工 作 状 态	状 态 备 份	快照	吞吐	备注
RocksDBStateBackend	本 地 磁 盘（tmp dir）	分布式文件系统	全 量 /增量	低	支持大于内存大小的状态。该状态后端的速度大约只有基于堆的状态后端的十分之一。超大状态、超长窗口、大型 K-V 结构

续表

状 态 后 端	工 作 状 态	状 态 备 份	快照	吞吐	备注
FsStateBackend	JVM Heap	分布式文件系统	全量	高	快速，需要大的堆内存，受限于 Java 的垃圾回收器。普通状态、窗口、K–V 结构
MemoryStateBackend	JVM Heap	JobManager JVM Heap	全量	高	适用于小状态（本地）的测试和实验。调试、无状态或对数据丢失或重复无要求

7.5.5　比较快照、检查点、保存点和状态后端

1. 快照

快照（Snapshot）是一个通用术语，是指 Flink 工作状态的全局一致镜像。快照包括指向每个数据源的指针（如到文件或 Kafka 分区的偏移量），以及每个作业的有状态算子的状态副本，这些状态是由向上处理到数据源 Source 中一些位置的所有事件产生的。

在 Flink 中，通常使用**快照**来**表示检查点**或**保存点**。

2. 检查点

Flink 自动进行快照，以便能够从故障中恢复。检查点可以是增量的，并为快速恢复进行了优化。

通常，检查点不会被用户操作。Flink 只保留作业运行时的最近的 n 个检查点（n 可配置），并在作业取消时删除它们，可以将它们配置为保留，在这种情况下，可以手动从中恢复。

3. 保存点

保存点是由用户（或 API 调用）手动触发的快照，用于有状态的重新部署、升级、重新缩放等操作。保存点始终完整，并且针对操作灵活性进行了优化。保存点与定期的检查点类似。

4. 状态后端

状态后端是用来保存状态信息的后端，如内存、RocksDB 数据等。

7.6　旁路输出

7.6.1　认识旁路输出

如果算子需要多次处理的样本和设定的主流（原数据流）一样，则需要对原数据流进行多次复制，但这样会造成不必要的性能浪费。这时可以使用旁路输出，旁路输出可以产生任意数量的附加

输出结果流。结果流中的数据类型不必与主流中的数据类型匹配，并且不同旁路输出的类型也可以不同。可以简单地将旁路输出理解为同一数据源的重复使用，如图 7-13 所示。

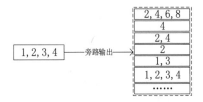

图 7-13

旁路输出的作用包括以下几点。

- 对数据流进行分割，而不对流进行复制的一种分流机制。
- 对延时迟到的数据进行处理，这样就可以不必丢弃迟到的数据。
- 能有效地解决 Spilt 算子不能进行连续分流的问题。

在使用旁路输出时，需要先定义一个 OutputTag，它将用于标识旁路输出流，使用方法如下所示：

```
OutputTag<String> outputTag = new OutputTag<String>("sideOutput") {};
```

根据旁路输出包含的元素类型来输入 OutputTag。可以通过以下函数将数据发送到旁路输出：ProcessFunction、KeyedProcessFunction、CoProcessFunction、KeyedCoProcessFunction、ProcessWindowFunction 和 ProcessAllWindowFunction。

可以使用在上述函数中向用户公开的 Context 参数，将数据发送到由 OutputTag 标识的旁路输出流。ProcessFunction 发出旁路输出流的示例如下所示：

```
// 加载或创建源数据
DataStream<Integer> input = ...;
// 定义一个 OutputTag，用于标识旁路输出流
final OutputTag<String> outputTag = new OutputTag<String>("sideOutput"){};
// 处理数据
SingleOutputStreamOperator<Integer> mainDataStream = input
    // 将给定的 ProcessFunction 应用于输入流，从而创建转换后的输出流
    .process(new ProcessFunction<Integer, Integer>() {
@Override
    // 将给定值写入算子状态，每个记录都会调用此方法
    public void processElement(
        Integer value,
        Context ctx,
        Collector<Integer> out) throws Exception {
        // 发出数据到常规输出
        out.collect(value);
        // 发出数据到旁路输出
```

```
      ctx.output(outputTag, "sideout-" + String.valueOf(value));
    }
  });
```

使用 getSideOutput()方法来检索旁路输出流。

获取旁路输出流，如下所示：

```
// 定义一个 OutputTag，用于标识旁路输出流
final OutputTag<String> outputTag = new OutputTag<String>("sideOutput"){};
SingleOutputStreamOperator<Integer> mainDataStream = ...;
// 获取旁路输出流
DataStream<String> sideOutputStream = mainDataStream.getSideOutput(outputTag);
```

7.6.2 实例 32：输出多条旁路数据流

代码 本实例的代码在"/DataStream/Side Output"目录下。

本实例演示的是输出多条旁路数据流，如下所示：

```
public class SideOutputDemo {
    // main()方法——Java 应用程序的入口
    public static void main(String[] args) throws Exception {
        // 定义一个 OutputTag，用于标识旁路输出流

        final OutputTag<String> outputTag = new OutputTag<String>("side-output"){};
        // 定义一个 OutputTag，用于标识旁路输出流

        final OutputTag<String> outputTag2 = new OutputTag<String>("side-output2"){};
        // 获取流处理的执行环境

        final StreamExecutionEnvironment env =
StreamExecutionEnvironment.getExecutionEnvironment();
        // 加载或创建源数据

        DataStream<Integer> input =env.fromElements(1,2,3,4);
        SingleOutputStreamOperator<Integer> mainDataStream = input
            // 将给定的 ProcessFunction 应用于输入流，从而创建转换后的输出流

            .process(new ProcessFunction<Integer, Integer>() {
                @Override
                // 将给定值写入算子状态，每个记录都会调用此方法

                public void processElement(
                    Integer value,
                    Context ctx,
                    Collector<Integer> out) throws Exception {
                // 发出数据到常规输出

                out.collect(value);
                // 发出数据到旁路输出

                ctx.output(outputTag, "sideout-" + String.valueOf(value));
                ctx.output(outputTag2, "sideout2-" + String.valueOf(value*3));
```

```
            }
        });
    // 加载或创建源数据

    DataStream<String> sideOutputStream = mainDataStream.getSideOutput(outputTag);
    // 加载或创建源数据

    DataStream<String> sideOutputStream2 = mainDataStream.getSideOutput(outputTag2);
    sideOutputStream.print("sideOutputStream");
    sideOutputStream2.print("sideOutputStream2");
    // 执行任务操作。因为 Flink 是懒加载的，所以必须调用 execute()方法才会执行

    env.execute();
    }
}
```

运行上述应用程序之后，会在控制台中输出以下信息：

```
sideOutputStream:8> sideout-2
sideOutputStream2:8> sideout2-6
sideOutputStream:9> sideout-3
sideOutputStream2:9> sideout2-9
sideOutputStream:10> sideout-4
sideOutputStream2:10> sideout2-12
sideOutputStream:7> sideout-1
sideOutputStream2:7> sideout2-3
```

7.7　数据处理语义

7.7.1　认识数据处理语义

流处理引擎通常提供以下几种数据处理语义。

1．最多一次

"最多一次"（At-Most-Once）指的是用户的数据只会被处理一次，不管成功还是失败，不会重试也不会重发。

2．至少一次

"至少一次"（At-Least-Once）指的是流应用程序的所有算子都应保证事件被至少处理一次，如果发生丢失或错误，则通过重放或重新传输丢失或错误的数据。重放和重新传输可能会导致事件被处理多次，但可以达到"至少一次"的要求。

3．精确一次

"精确一次"（Exactly-Once）通常也被称作"恰好一次"，或者"完全一次"。流应用程序的

所有算子都应保证事件被"精确一次"地处理,即使是在有故障的情况下。

实现"精确一次"的保障机制包括以下几种:分布式快照/状态检查点;至少一次事件传递,以及去重复处理。

"精确一次"是 Flink 等流处理系统的核心特性之一,这种语义会保证每条消息只被流处理系统处理一次。另外,Flink 支持端到端的"精确一次"语义。

4. 端到端的"精确一次"

端到端的"精确一次"是指,Flink 应用从 Source 端开始到 Sink 端结束,数据必须经过起始点和结束点。Flink 自身是无法保证外部系统"精确一次"语义的,所以,如果要实现端到端的"精确一次",则外部系统必须支持"精确一次"语义,然后借助 Flink 提供的"分布式快照"和"两阶段提交"来实现。

为了实现端到端的"精确一次",以便数据源中的每个事件都仅"精确一次"地输出,必须满足以下条件:数据源必须是可重放的;输出必须是事务性(或幂等)的。

7.7.2 两阶段提交

"两阶段提交"(Two Phase Commit)是为了使分布式系统中的所有节点在进行事务处理的过程中,能够实现 ACID 特性而设计的一种协议。"两阶段提交"常用于关系型数据库的事务系统。

"两阶段提交"协议把事务分为如下两个阶段。

1. 提交事务阶段

在提交事务阶段,事务管理器要求每个涉及事务的资源管理器进行预提交操作,资源管理器返回是否可以提交的信息。提交事务阶段的工作流程如图 7-14 所示。

由图 7-14 可知,提交事务阶段的工作流程如下。

(1)发送询问:事务管理器询问所有的资源管理器是否可以执行提交操作。

(2)执行事务:各个资源管理器执行事务操作,如资源上锁、将 Undo 和 Redo 信息记入事务日志中。

(3)资源管理器应答事务管理器:如果资源管理器成功执行了事务操作,则反馈信息给事务管理器。

2. 执行事务提交阶段

在执行事务提交阶段,事务管理器要求每个资源管理器提交或回滚数据,该阶段的工作流程如图 7-15 所示。

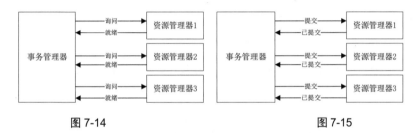

图 7-14　　　　　　　　　　　　　　图 7-15

如果事务管理器从所有的资源管理器获得的反馈都是就绪的响应，则执行事务提交，具体流程如下。

（1）提交请求：事务管理器向资源管理器发送事务提交（Commit）请求。

（2）事务提交：资源管理器接收到提交请求后，正式执行事务提交操作，并且在完成提交之后释放事务资源。

（3）反馈事务提交结果：资源管理器在完成事务提交之后，向事务管理器发送已提交（Ack）消息。

（4）完成事务：事务管理器接收到所有资源管理器反馈的已提交消息后完成事务。

假如某个资源管理器向事务管理器反馈了"未提交"响应，或者在等待超时之后事务管理器尚未接收到所有资源管理器的反馈信息，则会中断事务。其流程如下。

（1）发送回滚请求：事务管理器向资源管理器发送 Rollback 请求。

（2）事务回滚：资源管理器利用 Undo 信息来执行事务回滚，以释放事务资源。

（3）反馈事务回滚结果：资源管理器在完成事务回滚之后向协调者发送 Ack 消息。

（4）中断事务：事务管理器在接收到所有参与者反馈的 Ack 消息之后中断事务。

2PC 协议存在以下几个问题。

- 单点问题：一旦事务管理器出现问题，则整个第二阶段的提交将无法运转；如果事务管理器在执行事务提交阶段出现问题，则其他资源管理器会一直处于锁定事务资源的状态，无法继续完成操作。

- 阻塞问题：在执行事务提交阶段执行了提交动作后，事务管理器需要等待资源管理器中节点的响应。如果没有接收到其中任何节点的响应，则事务管理器进入等待状态，此时其他正常发送响应的资源管理器将进入阻塞状态，无法进行其他任何操作，只有等待超时中断事务，这极大地限制了系统的性能。

7.7.3　Flink"两阶段提交"的事务性写入

端到端的"精确一次"语义的实现需要输入、处理、输出协同作用。Flink 内部依托检查点机制和轻量级分布式快照算法（ABS）保证"精确一次"。实现"精确一次"的输出逻辑，需要实现幂等性写入和事务性写入。

Flink 提供了基于"两阶段提交"的 TwoPhaseCommitSinkFunction 类，需要保证"精确一次"的 Sink 逻辑都继承该抽象类，该抽象类定义了如下 4 个抽象方法。

- beginTransaction()方法：开始一个事务，返回事务信息的句柄。
- preCommit()方法：预提交（即提交请求）阶段的逻辑。
- commit()方法：正式提交阶段的逻辑。
- abort()方法：取消事务。

可以通过查阅 FlinkKafkaProducer011 类来了解 Flink "两阶段提交"的事务性写入的具体实现。Flink 支持的"精确一次"Source 列表如表 7-6 所示。

表 7-6

数 据 源	语 义 保 证	备 注
Apache Kafka	精确一次	需要对应的 kafka 版本
AWS Kinesis Streams	精确一次	—
RabbitMQ	至少一次(v 0.10)/精确一次(v 1.0)	—
Twitter Streaming	最多一次	—
Collections	精确一次	—
Files	精确一次	—
Sockets	最多一次	—

端到端的"精确一次"语义需要 Sink 的配合，目前 Flink 支持的列表如表 7-7 所示。

表 7-7

写 入 目 标	语 义 保 证	备 注
HDFS rolling sink	精确一次	依赖 Hadoop 版本
Elasticsearch	至少一次	—
kafka producer	至少一次/精确一次	需要 Kafka 0.11 及以上
Cassandra sink	至少一次/精确一次	幂等更新
AWS Kinesis Streams	至少一次	—
Flie sinks	至少一次	—
Sockets sinks	至少一次	—
Standard output	至少一次	—
Redis sink	至少一次	—

7.8　实例 33：自定义事件时间和水位线

 本实例的代码在 "/DataStream/EventTime/" 目录下。

本实例演示的是自定义事件时间和水位线的实现，如下所示：

```java
public class WindowAndWatermarkDemo {
    // main()方法——Java 应用程序的入口
    public static void main(String[] args) throws Exception {
        // 获取流处理的执行环境
        StreamExecutionEnvironment sEnv = StreamExecutionEnvironment.getExecutionEnvironment();
        // 设置时间特性。使用 EventTime，默认使用 processtime
        sEnv.setStreamTimeCharacteristic(TimeCharacteristic.EventTime);
        // 设置并行度为 1，默认并行度是当前计算机的 CPU 数量
        sEnv.setParallelism(1);
        /* 消息格式：String,time。例如，消息 1,1599456459000 */
        DataStream<String> input = sEnv.addSource(new MySource());
        // 解析输入的数据
        DataStream<Tuple2<String, Long>> inputMap = input.map(new MapFunction<String,
Tuple2<String, Long>>() {
            @Override
            public Tuple2<String, Long> map(String value) throws Exception {
                String[] arr = value.split(",");
                return new Tuple2<>(arr[0], Long.parseLong(arr[1]));
            }
        });
        // 抽取时间戳，生成水位线
        DataStream<Tuple2<String, Long>> waterMarkStream = inputMap
                    // 为数据流中的元素分配时间戳并生成水位线，以表示事件时间进度
                    .assignTimestampsAndWatermarks(new WatermarkStrategy<Tuple2<String,
Long>>() {
            @Override
            public WatermarkGenerator<Tuple2<String, Long>>
createWatermarkGenerator(WatermarkGeneratorSupplier.Context context) {
                return new WatermarkGenerator<Tuple2<String, Long>>() {
                    private long maxTimestamp;
                    private long delay = 3000;
                    @Override
                    public void onEvent(Tuple2<String, Long> event, long eventTimestamp,
WatermarkOutput output) {
                        maxTimestamp = Math.max(maxTimestamp, event.f1);
                    }
```

```
                @Override
                public void onPeriodicEmit(WatermarkOutput output) {
                    output.emitWatermark(new Watermark(maxTimestamp - delay));
                }
            };
        }
    });
    /* 获取水位线信息 */

    waterMarkStream
        // 将给定的 ProcessFunction 应用于输入流，从而创建转换后的输出流

        .process(new ProcessFunction<Tuple2<String, Long>, Object>() {
        SimpleDateFormat sdf = new SimpleDateFormat("yyyy-MM-dd HH:mm:ss.SSS");
        @Override
    // 将给定值写入算子状态，每个记录都会调用此方法
    public void processElement(Tuple2<String, Long> value, Context ctx, Collector<Object> out)
throws Exception {
            long w = ctx.timerService().currentWatermark();
            System.out.println("水位线 ： " + w + "水位线时间" + sdf.format(w) + "消息的事件时
间" +
                sdf.format(value.f1));
        }
    });
    // 打印数据到控制台

    waterMarkStream.print();
    // 执行任务操作。因为 Flink 是懒加载的，所以必须调用 execute()方法才会执行
    sEnv.execute();
    }
}
```

运行上述应用程序之后，会在控制台中输出以下信息：

```
水位线 ： -9223372036854775808 水位线时间 292269055-12-03 00:47:04.192 消息的事件时间 2020-09-07
15:20:08.354
(消息 1,1599463208354)
 水位线 ： 1599463205354 水位线时间 2020-09-07 15:20:05.354 消息的事件时间 2020-09-07 15:20:09.369
(消息 2,1599463209369)
 水位线 ： 1599463206369 水位线时间 2020-09-07 15:20:06.369 消息的事件时间 2020-09-07 15:20:10.384
(消息 3,1599463210384)
 水位线 ： 1599463207384 水位线时间 2020-09-07 15:20:07.384 消息的事件时间 2020-09-07 15:20:11.400
(消息 4,1599463211400)
```

第 8 章

使用状态处理器 API——State Processor API

本章首先介绍状态处理器 API，然后介绍如何使用状态处理器 API 读取状态，最后介绍如何使用状态处理器 API 编写和修改保存点。

8.1 认识状态处理器 API

状态处理器 API（State Processor API）是 DataSet API 的扩展，用于读取、写入和修改 Flink 的保存点与检查点中的状态。也可以使用 Table API 或 SQL 查询来分析和处理状态数据。状态处理器 API 主要有以下几种使用场景。

- 验证该应用程序的行为是否正确：获取正在运行的流处理应用程序的保存点，并使用 DataSet API 对其进行分析和验证。
- 引导流应用程序的状态：从任何存储中读取一批数据，对其进行预处理，然后将结果写入保存点。
- 修复不一致的状态条目。
- 在 Flink 应用程序启动后，可以在不丢失所有状态的情况下任意修改状态的数据类型，调整算子的最大并行度，拆分或合并算子状态，重新分配算子 UID 等。

如果要使用状态处理器 API，则需要在应用程序中添加如下所示的依赖：

```
<!-- 状态处理器 API 的依赖 -->
<dependency>
        <groupId>org.apache.flink</groupId>
        <artifactId>org.apache.flink</artifactId>
```

```
<artifactId>flink-state-processor-api_2.11</artifactId>
<version>1.11.0</version>
<!-- provided 表示在打包时不将该依赖打包进去，可选的值还有 compile、runtime、system、test -->
<scope>provided</scope>
</dependency>
```

8.2 将应用程序状态映射到 DataSet

状态处理器 API 将流应用程序的状态映射到一个或多个可以单独处理的 DataSet。

在设计此功能时，Flink 社区评估了 DataStream API 和 Table API，它们都不能提供相应的支持。因此，Flink 社区最终在 DataSet API 上构建了该功能，但该功能对 DataSet API 的依赖性非常低。如果将来调整——将状态处理器 API 迁移到 DataStream API 或 Table API、SQL，则很容易。

通常，Flink 作业由以下算子组成。

- 一个或多个数据源算子。
- 一个或多个处理算子。
- 一个或多个输出算子（接收器）。

每个算子在一个或多个任务中并行运行，并且可以使用不同类型的状态。算子可以具有 0 个、1 个或多个状态，这些状态被组织为"以算子任务为范围的列表"。如果将算子应用于键控流，则它还可以具有 0 个、1 个或多个键控状态，它们的作用域范围是已处理记录中提取的键。可以将键控状态视为分布式"键-值"对映射。

8.3 读取状态

读取状态需要指定有效保存点或检查点的路径，以及应用于还原数据的状态后端。可以按照如下方式指定（载入）保存点：

```
// 获取执行环境
ExecutionEnvironment env = ExecutionEnvironment.getExecutionEnvironment();
// 指定（载入）保存点
ExistingSavepoint savepoint = Savepoint.load(env, "hdfs://path/", new MemoryStateBackend());
```

8.3.1 读取算子状态

算子状态包括在应用程序中对检查点函数（CheckpointedFunction）或广播状态（BroadcastState）的使用数据。在读取算子状态时，用户需要指定算子状态的 UID、名称和类型信息。算子状态有以下几种类型。

1. 列表算子状态

存储在检查点函数（CheckpointedFunction）中的列表算子状态，可以使用 readListState()
方法读取。状态名称和类型信息应与"定义在 DataStream 应用程序中的 ListStateDescriptor 所
使用的信息"相匹配。其使用方法如下所示：

```
DataSet<Integer> listState  = savepoint.readListState<>(
// 算子状态 UID
"my-uid",
// 算子状态名称
"list-state",
// 算子状态类型信息
Types.INT);
```

2. 联合列表算子状态

存储在检查点函数中的联合列表算子状态可以使用 readUnionState()方法读取。

状态名称和类型信息应与"定义在 DataStream 应用程序中的信息"相匹配，框架将返回状态
的单个副本，等效于"用并行机制 1 还原 DataStream"。其使用方法如下所示：

```
DataSet<Integer> listState  = savepoint.readUnionState<>(
// 算子状态 UID
"my-uid",
// 算子状态名称
"union-state",
// 算子状态类型信息
Types.INT);
```

3. 广播状态

广播状态可以使用 readBroadcastState()方法读取。

状态名称和类型信息应与"应用程序中声明此状态的 MapStateDescriptor 所使用的信息"相匹
配，框架将返回状态的单个副本，等效于"用并行机制 1 还原 DataStream"。其使用方法如下所示：

```
DataSet<Tuple2<Integer, Integer>> broadcastState = savepoint.readBroadcastState<>(
// 算子状态 UID
"my-uid",
// 算子状态名称
"broadcast-state",
// 算子状态类型信息
Types.INT,
Types.INT);
```

4. 使用自定义序列化器

如果使用的是自定义状态的 State Descriptor，则每个算子状态读取器都支持使用自定义 TypeSerializer。其使用方法如下所示：

```
DataSet<Integer> listState = savepoint.readListState<>(
// 算子状态 UID
"my-uid",
// 算子状态名称
"list-state",
// 算子状态类型信息
Types.INT,
new MyCustomIntSerializer());
```

8.3.2 读取键控状态

键控状态是相对于键进行分区的任何状态。

在读取键控状态时，用户需要指定算子的 UID 和 KeyedStateReaderFunction。KeyedStateReaderFunction 允许用户读取任意复杂的状态类型，如 ListState、MapState 和 AggregatingState。如果一个算子包含一个有状态的 ProcessFunction，如下所示：

```
public class StatefulFunctionWithTime extends KeyedProcessFunction<Integer, Integer, Void> {
    ValueState<Integer> state;
    ListState<Long> updateTimes;
    @Override
    public void open(Configuration parameters) {
        ValueStateDescriptor<Integer> stateDescriptor = new ValueStateDescriptor<>("state",
Types.INT);
        state = getRuntimeContext().getState(stateDescriptor);
        ListStateDescriptor<Long> updateDescriptor = new ListStateDescriptor<>("times",
Types.LONG);
        updateTimes = getRuntimeContext().getListState(updateDescriptor);
    }
    @Override
    // 将给定值写入算子状态，每个记录都会调用此方法。
    public void processElement(Integer value, Context ctx, Collector<Void> out) throws Exception
{
        state.update(value + 1);
        updateTimes.add(System.currentTimeMillis());
    }
}
```

则可以通过定义输出类型和相应的 KeyedStateReaderFunction 进行读取，如下所示：

```
DataSet<KeyedState> keyedState = savepoint.readKeyedState("my-uid", new ReaderFunction());
public class KeyedState {
  public int key;
  public int value;
  public List<Long> times;
}

public class ReaderFunction extends KeyedStateReaderFunction<Integer, KeyedState> {
  ValueState<Integer> state;
   ListState<Long> updateTimes;
  @Override
  public void open(Configuration parameters) {
    ValueStateDescriptor<Integer> stateDescriptor = new ValueStateDescriptor<>("state",
Types.INT);
    state = getRuntimeContext().getState(stateDescriptor);
    ListStateDescriptor<Long> updateDescriptor = new ListStateDescriptor<>("times", Types.LONG);
    updateTimes = getRuntimeContext().getListState(updateDescriptor);
  }
   @Override
  public void readKey(
    Integer key,
    Context ctx,
    Collector<KeyedState> out) throws Exception {
    KeyedState data = new KeyedState();
    data.key    = key;
    data.value  = state.value();
    data.times  = StreamSupport
      .stream(updateTimes.get().spliterator(), false)
      .collect(Collectors.toList());
    out.collect(data);
  }
}
```

除了读取注册状态值，每个键还可以读取带有元数据（Metadata）的上下文，如注册事件时间计时器和处理时间计时器。

在使用 KeyedStateReaderFunction 时，所有状态描述符（State Descriptor）必须在 open() 方法中注册。只要尝试调用 RuntimeContext # get ＊ State 就会导致运行时异常（RuntimeException）。

8.4　编写新的保存点

状态处理器 API 可以编写新的保存点，每个保存点由一个或多个引导转换（BootstrapTransformation）组成，每个引导转换定义了单个算子的状态。其使用方法如下所示：

```
int maxParallelism = 128;
Savepoint
        // 创建一个新的保存点
        .create(new MemoryStateBackend(), maxParallelism)
        // 向保存点添加新的算子。uid1：算子的 UID；transformation1：要包含的转换
        .withOperator("uid1", transformation1)
        // 向保存点添加新的算子。uid2：算子的 UID；transformation2：要包含的转换
        .withOperator("uid2", transformation2)
        // 存入新的或更新的保存点
        .write(savepointPath);
```

与算子关联的 UID 必须与在 DataStream 应用程序中分配给该算子的 UID 匹配，以便 Flink 知道如何将状态映射到算子。

1. 算子状态

可以使用 StateBootstrapFunction 创建使用 CheckpointedFunction 的简单算子状态。其使用方法如下所示：

```
// 继承 StateBootstrapFunction（用于将元素写入算子状态的接口）
public class SimpleBootstrapFunction extends StateBootstrapFunction<Integer> {
    private ListState<Integer> state;
    @Override
    // 将给定值写入算子状态，每个记录都会调用此方法
    public void processElement(Integer value, Context ctx) throws Exception {
        state.add(value);
    }
    @Override
    // 当请求检查点快照时调用此方法
    public void snapshotState(FunctionSnapshotContext context) throws Exception {
    }
    @Override
    // 在分布式执行期间创建并行函数实例时，将调用此方法
    public void initializeState(FunctionInitializationContext context) throws Exception {
        state = context. getKeyedStateStore ().getListState(new ListStateDescriptor<>("state",
Types.INT));
    }
}
```

```
// 获取执行环境
ExecutionEnvironment env = ExecutionEnvironment.getExecutionEnvironment();
// 加载或创建源数据
DataSet<Integer> data = env.fromElements(1, 2, 3);
// 将新的算子状态写入保存点
BootstrapTransformation transformation = OperatorTransformation
        .bootstrapWith(data)
        .transform(new SimpleBootstrapFunction());
```

2. 广播状态

可以使用 BroadcastStateBootstrapFunction 编写广播状态。其使用方法如下所示：

```
public class CurrencyRate {
        // 定义类的属性
        public String currency;
        // 定义类的属性
        public Double rate;
}
// 继承 BroadcastStateBootstrapFunction（用于将元素写入广播状态的接口）
public class CurrencyBootstrapFunction extends BroadcastStateBootstrapFunction<CurrencyRate> {
    public static final MapStateDescriptor<String, Double> descriptor =
        new MapStateDescriptor<>("currency-rates", Types.STRING, Types.DOUBLE);
        @Override
        // 将给定值写入算子状态，每个记录都会调用此方法
        public void processElement(CurrencyRate value, Context ctx) throws Exception {
        ctx.getBroadcastState(descriptor).put(value.currency, value.rate);
    }
}
// 加载或创建源数据
DataSet<CurrencyRate> currencyDataSet = bEnv.fromCollection(
new CurrencyRate("USD", 1.0), new CurrencyRate("EUR", 1.3));
// 将新的算子状态写入保存点
BootstrapTransformation<CurrencyRate> broadcastTransformation = OperatorTransformation
        .bootstrapWith(currencyDataSet)
        .transform(new CurrencyBootstrapFunction());
```

3. 键控状态

可以使用 KeyedStateBootstrapFunction 编写 ProcessFunction 和其他 RichFunction 类型的键控状态。其使用方法如下所示：

```
public class Account {
    public int id;
    public double amount;
    public long timestamp;
```

```
}
public class AccountBootstrapper extends KeyedStateBootstrapFunction<Integer, Account> {
    ValueState<Double> state;
    @Override
    public void open(Configuration parameters) {
        ValueStateDescriptor<Double> descriptor = new
ValueStateDescriptor<>("total",Types.DOUBLE);
        state = getRuntimeContext().getState(descriptor);
    }

    @Override
    // 将给定值写入算子状态，每个记录都会调用此方法
    public void processElement(Account value, Context ctx) throws Exception {
    state.update(value.amount);
    }
}
// 获取执行环境
ExecutionEnvironment bEnv = ExecutionEnvironment.getExecutionEnvironment();
DataSet<Account> accountDataSet = bEnv.fromCollection(accounts);
        // 将新的算子状态写入保存点
        BootstrapTransformation<Account> transformation = OperatorTransformation
        .bootstrapWith(accountDataSet)
        // 键控流转换算子
        .keyBy(acc -> acc.id)
        .transform(new AccountBootstrapper());
```

KeyedStateBootstrapFunction 支持设置事件时间计时器和处理时间计时器。计时器将不会在 BootstrapFunction 内触发，只有在 DataStream 应用程序中还原后才会被激活。如果设置了处理时间计时器，那么计时器将在启动后立即触发。

如果 BootstrapFunction 创建了计时器，则只能使用其 ProcessTypeFunctions 来恢复状态。

8.5 修改保存点

可以对现有的保存点进行修改，如在为现有作业引导单个新算子时。其使用方法如下所示：

```
Savepoint
    // 载入保存点
    .load(bEnv, new MemoryStateBackend(), oldPath)
    // uid1：算子的 UID；transformation：要包含的转换
    .withOperator("uid", transformation)
    // 存入新的或更新的保存点
    .write(newPath);
```

当基于现有状态创建新的保存点时，状态处理器 API 将指向现有算子的指针进行浅表复制。此时，两个保存点共享状态，并且一个保存点不能在不破坏另一个保存点的情况下被删除。

8.6　实例 34：使用状态处理器 API 写入和读取保存点

 代码 本实例的代码在 "/State Processor API" 目录下。

本实例演示的是使用状态处理器 API 写入和读取保存点。

1. 实现状态的写入

每个保存点由一个或多个 BootstrapTransformation 组成，每个 BootstrapTransformation 定义了单个算子的状态。

编写保存点，如下所示：

```
public class StateProcessorWriteDemo {
    // main()方法——Java 应用程序的入口
    public static void main(String[] args) throws Exception {
        // 获取执行环境
        ExecutionEnvironment env = ExecutionEnvironment.getExecutionEnvironment();
        // 加载或创建源数据
        DataSet<Integer> input = env.fromElements(1, 2, 3, 4, 5, 6);
        // 将新的转换状态写入保存点
        BootstrapTransformation transformation = OperatorTransformation
                .bootstrapWith(input)
                .transform(new MySimpleBootstrapFunction());
        int maxParallelism = 128;
        Savepoint
                // 创建一个新的保存点
                .create(new MemoryStateBackend(), maxParallelism)
                // 向保存点添加新的算子。uid1：算子的 UID；transformation：要包含的转换
                .withOperator("uid1", transformation)
                // 存入新的或更新的保存点
                .write("F:/savepoint/savepoint-1");
                // 执行任务操作。因为 Flink 是懒加载的，所以必须调用 execute()方法才会执行
        env.execute();
    }

    private static class MySimpleBootstrapFunction extends StateBootstrapFunction<Integer> {
        private ListState<Integer> state;
        @Override
        // 将给定值写入算子状态，每个记录都会调用此方法
```

```
        public void processElement(Integer value, Context ctx) throws Exception {
            state.add(value);
        }
        @Override
        // 当请求检查点快照时调用此方法
        public void snapshotState(FunctionSnapshotContext context) throws Exception {
        }

        @Override
        // 在分布式执行期间创建并行函数实例时，将调用此方法
        public void initializeState(FunctionInitializationContext context) throws Exception {
            state = context.getOperatorStateStore().getListState(new
ListStateDescriptor<>("state1", Types.INT));
        }
    }
}
```

运行上述应用程序之后，就会在"savepoint-1"目录下创建一个保存点，创建完成后即可读取该保存点。

2. 读取保存点

可以使用 Savepoint.load()方法来读取保存点，如下所示：

```
public class StateProcessorReadDemo {
    // main()方法——Java 应用程序的入口
    public static void main(String[] args) throws Exception {
        // 获取执行环境
        ExecutionEnvironment env = ExecutionEnvironment.getExecutionEnvironment();
        // 指定（载入）保存点
        ExistingSavepoint savepoint = Savepoint.load(env, "F:/savepoint/savepoint-1", new
MemoryStateBackend());
        /**
         * 从保存点读取算子
         * @param  uid1：状态的 UID
         * @param  state1：状态的唯一名称
         * @param  Types.INT：状态的类型信息
         */
        DataSet<Integer> listState  = savepoint.readListState("uid1","state1", Types.INT);
        // 打印数据到控制台
        listState.print();
    }
}
```

运行上述应用程序之后，会在控制台中输出以下信息：

```
3
2
4
6
5
1
```

第 9 章

复杂事件处理库

本章首先介绍复杂事件处理库，然后通过实现 CEP 应用程序来理解复杂事件处理库的概念和开发过程，最后介绍模式 API 和检测模式、复杂事件处理库中的时间。

9.1 认识复杂事件处理库

1. 复杂事件处理库是什么

复杂事件处理库（Complex Event Processing，CEP）可以在无限事件流中检测出特定的事件模型。

复杂事件处理库支持在流上进行模式匹配，模式条件有连续和不连续两种；模式的条件允许有时间的限制，当在条件范围内没有满足条件时，就会导致模式匹配超时。

模式匹配如图 9-1 所示。

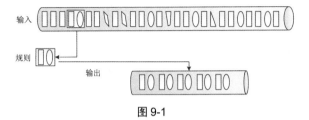

输入

规则

输出

图 9-1

由图 9-1 可以看出，Flink 根据模式规则找出符合规则的事件，然后输出。

DataStream 中的事件如果需要进行模式匹配，则必须实现合适的 equals()方法和 hashCode()方法，因为复杂事件处理库使用它们来比较和匹配事件。

如果要使用复杂事件处理库，就需要添加以下依赖：

```
<!-- Flink 的复杂事件处理库依赖 -->
<dependency>
        <groupId>org.apache.flink</groupId>
        <artifactId>flink-cep_2.11</artifactId>
        <version>1.11.0</version>
</dependency>
```

2. 复杂事件处理库的使用流程

（1）添加依赖库。

（2）获取流。

（3）定义模式。

（4）执行模式。

（5）获取符合条件的流（通过 Select 或 FlatSelect）。

9.2　实例 35：实现 3 种模式的 CEP 应用程序

 本实例的代码在 "/CEP/Pattern" 目录下。

下面分别演示实现单个模式、循环模式和组合模式的 CEP 应用程序，以便读者了解如何开发 CEP 应用程序。

9.2.1　实现单个模式的 CEP 应用程序

下面实现一个单个模式的 CEP 应用程序，其功能是处理以 "a" 开始的字符串，如下所示：

```
public class CEPIndividualPatternDemo{
    // main()方法——Java 应用程序的入口
    public static void main(String[] args) throws Exception {
        // 获取流处理的执行环境
        final StreamExecutionEnvironment env =
StreamExecutionEnvironment.getExecutionEnvironment();
        // 加载或创建源数据
        DataStream<String> input = env.fromElements("a1", "c","b4" ,"a2", "b2", "a3");
        // 定义匹配模式（Pattern）
        Pattern<String, ?> pattern = Pattern.<String>begin("start")
                // 组合条件
```

```
                .where(new SimpleCondition<String>() {
                @Override
                public boolean filter(String value) throws Exception {
                    return value.startsWith("a");
                }
            });

        // 执行 Pattern

        PatternStream<String> patternStream = CEP.pattern(input, pattern);
        // 从 Pattern Stream 中检出匹配事件序列
        DataStream<String> result = patternStream
                // 将给定的 ProcessFunction 应用于输入流，从而创建转换后的输出流
                .process(
                new PatternProcessFunction<String, String>() {
                    @Override
                    public void processMatch(Map<String, List<String>> match, Context ctx,
Collector<String> out) throws Exception {
                        System.out.println(match);
                        // out.collect(new String("匹配"));
                    }
                });
        // 打印数据到控制台
        result.print();
        // 执行任务操作。因为 Flink 是懒加载的，所以必须调用 execute()方法才会执行
        env.execute();
    }
}
```

运行上述程序之后，会在控制台中输出以下信息：

```
{start=[a1]}
{start=[a2]}
{start=[a3]}
```

由此可以看出，该 CEP 应用程序成功处理了以 "a" 开始的数据流。

9.2.2　实现循环模式的 CEP 应用程序

下面用量词把单个模式转换成循环模式。

增加以下代码：

```
pattern.times(2);
```

再次运行该应用程序之后，会在控制台中输出以下信息：

```
{start=[a1, a2]}
```

```
{start=[a2, a3]}
```

由此可以看出，该循环模式生效，成功处理了连续两次以"a"开始的数据流。

9.2.3 实现组合模式的 CEP 应用程序

下面在模式序列中增加更多的模式，并指定它们之间所需的连续条件，以实现一个完整的模式序列。

本书使用 next() 方法来添加一个严格延续策略，如下所示：

```
public class CEPCombiningPatternDemo {
    // 此部分代码省略
    // 实现组合模式
                .next("end")
// 组合条件
.where(new SimpleCondition<String>() {
        @Override
        public boolean filter(String value) throws Exception {
            return value.startsWith("b");
        }
    });
    // 此部分代码省略
    }
}
```

运行上述应用程序之后，会在控制台中输出以下信息：

```
{start=[a2], end=[b2]}
```

9.3 认识模式 API

利用模式 API 可以定义从输入流中抽取的复杂模式序列。每个复杂模式序列包括多个简单的模式。

每个模式必须有一个独一无二的名字，以便在后面用它来标记匹配到的事件。模式的名字不能包含字符"："。

9.3.1 单个模式

单个模式可以是一个单例或循环模式。单个模式只接收一个事件，循环模式可以接收多个事件。

在默认情况下，模式都是单例的，可以通过量词把它们转换成循环模式。每个模式可以用一个或多个条件来决定它接收哪些事件。

1. 量词

在 Flink 的复杂事件处理库中，可以通过以下方法指定循环模式。

- pattern.oneOrMore()方法：指定期望一个给定事件出现一次或多次的模式。
- pattern.times(#ofTimes)方法：指定期望一个给定事件出现特定次数的模式，如出现 4 次 "a"。
- pattern.times(#fromTimes,#toTimes)方法：指定期望一个给定事件出现的次数（在一个最小值和最大值中间的模式），如出现 2～4 次 "a"。
- pattern.greedy()方法：让循环模式变成贪心（Greedy）的，但目前不支持模式组贪心。
- pattern.optional()方法：让所有的模式变成可选的，不管是否是循环模式。

对于一个自定义名为 "pattern" 的模式，以下量词是有效的：

```
// 期望出现 3 次
pattern.times(3);
// 期望出现 0 次或 3 次
pattern.times(3).optional();
// 期望出现 2 次、3 次或 4 次
pattern.times(2, 4);
// 期望出现 2 次、3 次或 4 次，并且尽可能多地重复
pattern.times(2, 4).greedy();
// 期望出现 0 次、2 次、3 次或 4 次
pattern.times(2, 4).optional();
// 期望出现 0 次、2 次、3 次或 4 次，并且尽可能多地重复
pattern.times(2, 4).optional().greedy();
// 期望出现 1 次到多次
pattern.oneOrMore();
// 期望出现 1 次到多次，并且尽可能多地重复
pattern.oneOrMore().greedy();
// 期望出现 0 次到多次
pattern.oneOrMore().optional();
// 期望出现 0 次到多次，并且尽可能多地重复
pattern.oneOrMore().optional().greedy();
// 期望出现 2 次到多次
pattern.timesOrMore(2);
// 期望出现 2 次到多次，并且尽可能多地重复
pattern.timesOrMore(2).greedy();
// 期望出现 0 次、2 次或多次
pattern.timesOrMore(2).optional();
// 期望出现 0 次、2 次或多次，并且尽可能多地重复
pattern.timesOrMore(2).optional().greedy();
```

2. 条件

每个模式可以指定一个条件，以便进行模式匹配，例如，value 字段应该大于 5，或者大于前面接收的事件的平均值。判断事件属性的条件可以通过 pattern.where()方法、pattern.or()方法或 pattern.until()方法来指定，条件可以是 IterativeCondition 或 SimpleCondition。条件如表 9-1 所示。

表 9-1

条　　件	说　　明
where()方法	模式的条件，如 pattern.where(_.userId=8)
or()方法	模式的或条件，如 pattern.where(_.userId=8).or(_.userId=88)，模式条件为 userId=8 或 88
util()方法	模式发生直至某条件满足为止，如 pattern.oneOrMore().util(condition)，模式发生一次或多次，直至条件满足为止

（1）迭代条件。

迭代条件是最普遍的条件类型，它可以指定一个基于前面已经被接收的事件的属性（或它们的一个子集的统计数据）来决定是否接收时间序列的条件。

迭代条件如下所示：

```
// "middle" 模式
middle.oneOrMore()
.subtype(SubEvent.class)
// 组合条件
.where(new IterativeCondition<SubEvent>() {
        @Override
        public boolean filter(SubEvent value, Context<SubEvent> ctx) throws Exception {
            if (!value.getName().startsWith("foo")) {
                return false;
            }
            double sum = value.getPrice();
            for (Event event : ctx.getEventsForPattern("middle")) {
                sum += event.getPrice();
            }
            return Double.compare(sum, 5.0) < 0;
        }
});
```

调用 ctx.getEventsForPattern()方法可以获得可能匹配的事件。调用这个操作的代价可能很小，也可能很大，所以在实现条件时尽量少使用它。

（2）简单条件。

简单条件扩展了 IterativeCondition 类，它是否接收一个事件只取决于事件自身的属性，如下所示：

```
pattern
// 组合条件
.where(new SimpleCondition<Event>() {
      @Override
      public boolean filter(Event value) {
      return value.getName().startsWith("foo");
   }
});
```

还可以通过使用 pattern.subtype()方法限制接收的事件类型是初始事件的子类型，如下所示：

```
pattern.subtype(SubEvent.class)
// 组合条件
.where(new SimpleCondition<SubEvent>() {
      @Override
      public boolean filter(SubEvent value) {
      return ... // 一些判断条件
   }
});
```

（3）组合条件。

可以通过依次调用 where()方法来组合条件，最终的结果是需要满足每个单一条件（每个条件的逻辑 AND）。如果想使用"或"来组合条件，则可以使用 or()方法，如下所示：

```
Pattern
// 组合条件
.where(new SimpleCondition<Event>() {
      @Override
      public boolean filter(Event value) {
      return ... // 一些判断条件
   }
})
// 组合条件
.or(new SimpleCondition<Event>() {
      @Override
     public boolean filter(Event value) {
     return ... // 一些判断条件
   }
});
```

（4）停止条件。

如果使用循环模式（oneOrMore()方法和 oneOrMore().optional()方法），则可以指定一个停止条件。

如果给定的模式为(a+ until b)（一个或更多的"a"直到"b"），到来的事件序列是"a1""c"
"a2""b""a3"，则输出结果是{a1 a2} {a1} {a2} {a3}。

但是，{a1 a2 a3}和{a2 a3}由于停止条件没有被输出。

综上所述，单个模式的条件 API 和量词 API 如表 9-2 所示。

表 9-2

类　　型	模　式　操　作	描　　述

条件 API	where(condition)	为当前模式定义一个条件。为了匹配这个模式，一个事件必须满足某些条件。多个连续的 where()语句组成判断条件：
		
		``java
		pattern.where(new IterativeCondition<Event>() {
		    @Override
		    public boolean filter(Event value, Context ctx) throws
		Exception {
		        return ... // 一些判断条件
		    }
		});
		``

	or(condition)	增加一个新的判断，和当前的判断取"或"。一个事件只要满足至少一个判断条件就匹配到模式：
		
		``java
		pattern.where(new IterativeCondition<Event>() {
		    @Override
		    public boolean filter(Event value, Context ctx) throws
		Exception {
		        return ... // 一些判断条件
		    }
		}).or(new IterativeCondition<Event>() {
		    @Override
		    public boolean filter(Event value, Context ctx) throws
		Exception {
		        return ... // 替代条件
		    }
		});
		``

	until(condition)	为循环模式指定一个停止条件，也就是说，在满足了给定的条件的事件出现后，就不会再有事件被接收进入模式了。这只适用于和 oneOrMore()方法同时使用。在基于事件的条件中，它可用于清理对应模式的状态：
		
		``java
		pattern.oneOrMore().until(new IterativeCondition<Event>() {
		    @Override
		    public boolean filter(Event value, Context ctx) throws
		Exception {
		        return ... // 替代条件
		    }
		});
		``

类　　型	模 式 操 作	描　　述
量词 API	subtype(subClass)	为当前模式定义一个子类型条件。一个事件只有是这个子类型时才能匹配到模式： `pattern.subtype(SubEvent.class);`
	oneOrMore()	指定模式期望匹配到的事件至少出现一次，默认使用松散的内部连续性，推荐使用 until() 方法或 within() 方法来清理状态： `pattern.oneOrMore();`
	timesOrMore(#times)	指定模式期望匹配到的事件至少出现#times 次，默认使用松散的内部连续性： `pattern.timesOrMore(2);`
	times(#ofTimes)	指定模式期望匹配到的事件正好出现的次数，默认使用松散的内部连续性： `pattern.times(2);`
	times(#fromTimes, #toTimes)	指定模式期望匹配到的事件出现次数在#fromTimes 和#toTimes 之间，默认使用松散的内部连续性： `pattern.times(2, 4);`
	optional()	指定这个模式是可选的，即它可能根本不出现，它对所有之前提到的量词都适用： `pattern.oneOrMore().optional();`
	greedy()	指定这个模式是贪心的，即它会重复尽可能多的次数。它只对量词适用，现在还不支持模式组： `pattern.oneOrMore().greedy();`

9.3.2　组合模式

将多个单个模式连接起来可以组成一个完整的模式序列。模式序列由一个初始模式作为开头，如下所示：

```
Pattern<Event, ?> start = Pattern.<Event>begin("start");
```

可以在模式序列中增加更多的模式，并指定它们之间所需的连续条件。复杂事件处理库支持的事件之间有如下形式的连续策略。

- 严格连续：期望所有匹配的事件严格地一个接一个出现，中间没有任何不匹配的事件。
- 松散连续：忽略匹配的事件之间的不匹配的事件。
- 不确定的松散连续：更进一步的松散连续，允许忽略一些匹配事件的附加匹配。

可以使用下面的方法来指定模式之间的连续策略。

- next()方法：指定"严格连续"。
- followedBy()方法：指定"松散连续"。
- followedByAny()方法：指定"不确定的松散连续"。
- notNext()方法：如果不想后面直接连着一个特定事件，则使用该方法。
- notFollowedBy()方法：如果不想一个特定事件发生在两个事件之间的任何地方，则使用该方法。

模式序列不能以 notFollowedBy()方法结尾。在一个 not*()方法前不能是可选的模式。

组合模式的使用方法如下所示：

```
// 严格连续
Pattern<Event, ?> strict = pattern.next("middle").where(...);
// 松散连续
Pattern<Event, ?> relaxed = pattern.followedBy("middle").where(...);
// 不确定的松散连续
Pattern<Event, ?> nonDetermin = pattern.followedByAny("middle").where(...);
// 严格连续的 NOT 模式
Pattern<Event, ?> strictNot = pattern.notNext("not").where(...);
// 松散连续的 NOT 模式
Pattern<Event, ?> relaxedNot = pattern.notFollowedBy("not").where(...);
```

"松散连续"意味着，在接下来的事件中只有第 1 个可匹配的事件会被匹配上。而在"不确定的松散连接"情况下，具有同样起始的多个匹配会被输出。例如，模式"a b"，给定事件序列"a""c""b1""b2"，会产生如下结果。

- "a"和"b"之间"严格连续"：没有匹配。
- "a"和"b"之间"松散连续"：{a b1}，"松散连续"会跳过不匹配的事件直到匹配上的事件。
- "a"和"b"之间"不确定的松散连接"：{a b1}, {a b2}，这是最常见的情况。

也可以为模式定义一个有效时间约束。例如，可以使用 pattern.within()方法指定一个模式应该在 10s 内发生，这种时间模式可以是处理时间和事件时间。定义一个有效时间约束的方法如下所示：

```
next.within(Time.seconds(10));
```

一个模式序列只能有一个时间限制。如果限制了多个时间在不同的单个模式上，则会使用最小的那个时间限制。

9.3.3 循环模式中的连续性

可以在循环模式中使用连续性。连续性会被运用在被接收进入模式的事件之间。

例如，一个模式序列"a b+ c"（"a"后面跟着一个或多个不确定连续的"b"，然后跟着一个"c"）的输入为"a""b1""d1""b2""d2""b3""c"，输出结果如下。

- 严格连续: {a b3 c}。"b1"后的"d1"导致"b1"被丢弃,同样"b2"因为"d2"被丢弃。
- 松散连续: {a b1 c}, {a b1 b2 c}, {a b1 b2 b3 c}, {a b2 c}, {a b2 b3 c}, {a b3 c}。"d"都被忽略了。
- 不确定的松散连续: {a b1 c}, {a b1 b2 c}, {a b1 b3 c}, {a b1 b2 b3 c}, {a b2 c}, {a b2 b3 c}, {a b3 c}。输出结果中有{a b1 b3 c}是因为"b"之间是"不确定的松散连续"产生的。

对于循环模式(如 oneOrMore()方法和 times()方法),默认是"松散连续"。如果想使用"严格连续",则需要使用 consecutive()方法明确指定;如果想使用"不确定的松散连续",则需要使用 allowCombinations()方法指定,如表 9-3 所示。

表 9-3

模 式 操 作	描　　述

consecutive()方法	与 oneOrMore()方法和 times()方法一起使用,在匹配的事件之间使用"严格连续",即任何不匹配的事件都会终止匹配(和 next()方法一样)。如果不使用它,则是"松散连续"(和 followedBy()方法一样)。例如:
	
	`Pattern.<Event>begin("start")`
	`// 组合条件`
	`.where(new SimpleCondition<Event>() {`
	`  @Override`
	`  public boolean filter(Event value) throws Exception {`
	`    return value.getName().equals("c");`
	`  }`
	`})`
	`.followedBy("middle")`
	`// 组合条件`
	`.where(new SimpleCondition<Event>() {`
	`  @Override`
	`  public boolean filter(Event value) throws Exception {`
	`    return value.getName().equals("a");`
	`  }`
	`}).oneOrMore().consecutive()`
	`.followedBy("end1")`
	`// 组合条件`
	`.where(new SimpleCondition<Event>() {`
	`  @Override`
	`  public boolean filter(Event value) throws Exception {`
	`    return value.getName().equals("b");`
	`  }`
	`});`
	
	如果输入的是 C D A1 A2 A3 D A4 B,则会产生下面的输出。
	- 如果使用"严格连续",则输出{C A1 B}, {C A1 A2 B}, {C A1 A2 A3 B}。
	- 如果不使用"严格连续",则输出{C A1 B}, {C A1 A2 B}, {C A1 A2 A3 B}, {C A1 A2 A3 A4 B}

续表

模 式 操 作	描　述

allowCombinations()
方法
	与 oneOrMore()方法和 times()方法一起使用，在匹配的事件之间使用"不确定的松散连续"（和 followedByAny()方法一样）。如果不使用，则是"松散连续"（和 followedBy()方法一样）。
	例如：
	
	``
	Pattern.<Event>begin("start")
	// 组合条件
	.where(new SimpleCondition<Event>() {
	  @Override
	  public boolean filter(Event value) throws Exception {
	    return value.getName().equals("c");
	  }
	})
	.followedBy("middle")
	// 组合条件
	.where(new SimpleCondition<Event>() {
	  @Override
	  public boolean filter(Event value) throws Exception {
	    return value.getName().equals("a");
	  }
	}).oneOrMore().allowCombinations()
	.followedBy("end1")
	// 组合条件
	.where(new SimpleCondition<Event>() {
	  @Override
	  public boolean filter(Event value) throws Exception {
	    return value.getName().equals("b");
	  }
	});
	``
	
	如果输入的是 C D A1 A2 A3 D A4 B，则会产生如下输出。
	● 如果使用"不确定的松散连续"，则输出{C A1 B}, {C A1 A2 B}, {C A1 A3 B}, {C A1 A4 B}, {C A1 A2 A3 B}, {C A1 A2 A4 B}, {C A1 A3 A4 B}, {C A1 A2 A3 A4 B}。
	● 如果不使用"不确定的松散连续"，则输出{C A1 B}, {C A1 A2 B}, {C A1 A2 A3 B}, {C A1 A2 A3 A4 B}

9.3.4　模式组

可以定义一个模式序列作为 begin、followedBy、followedByAny 和 next 的条件。这个模式序列在逻辑上会被当作匹配的条件，并且返回一个 GroupPattern。在 GroupPattern 上使用 oneOrMore()、times()、optional()、consecutive()、allowCombinations()等方法模式组的使用方法如下所示：

```
Pattern<Event, ?> start = Pattern.begin(
    Pattern.<Event>begin("start").where(...).followedBy("start_middle").where(...)
);

// 严格连续
Pattern<Event, ?> strict = pattern.next(
    Pattern.<Event>begin("next_start").where(...).followedBy("next_middle").where(...)
).times(3);

// 松散连续
Pattern<Event, ?> relaxed = pattern.followedBy(

Pattern.<Event>begin("followedby_start").where(...).followedBy("followedby_middle").where(...
    )
).oneOrMore();

// 不确定的松散连续
Pattern<Event, ?> nonDetermin = pattern.followedByAny(

Pattern.<Event>begin("followedbyany_start").where(...).followedBy("followedbyany_middle").whe
re(...)
).optional();
```

模式组的模式操作如表 9-4 所示。

表 9-4

模 式 操 作	描　　述
begin(#name)	定义一个开始的模式： `Pattern<Event, ?> start = Pattern.<Event>begin("start");`

begin(#pattern_sequence)	定义一个开始的模式：
	`Pattern<Event, ?> start = Pattern.<Event>begin(`
	
	`Pattern.<Event>begin("start").where(...).followedBy("middle").`
	`where(...)`
	`);`

next(#name)	增加一个新的模式。匹配的事件必须直接跟在前面匹配到的事件后面（严格连续）： `Pattern<Event, ?> next = pattern.next("middle");`

续表

模 式 操 作	描　述

next(#pattern_sequence)	增加一个新的模式。匹配的事件序列必须直接跟在前面匹配到的事件后面（严格连续）：
	
	`Pattern<Event, ?> next = pattern.next(`
	
	`Pattern.<Event>begin("start").where(...).followedBy("middle").`
	`where(...)`
	`);`

followedBy(#name)	增加一个新的模式。可以有其他事件出现在"匹配的事件"和"之前匹配到的事件"的中间（松散连续）： `Pattern<Event, ?> followedBy = pattern.followedBy("middle");`

followedBy(#pattern_sequence)	增加一个新的模式。可以有其他事件出现在"匹配的事件序列"和"之前匹配到的事件"的中间（松散连续）：
	
	`Pattern<Event, ?> followedBy = pattern.followedBy(`
	
	`Pattern.<Event>begin("start").where(...).followedBy("middle").`
	`where(...)`
	`);`

followedByAny(#name)	增加一个新的模式。可以有其他事件出现在"匹配的事件"和"之前匹配到的事件"的中间，每个可选的匹配事件都会作为可选的匹配结果输出（不确定的松散连续）：
	
	`Pattern<Event, ?> followedByAny =`
	`pattern.followedByAny("middle");`

followedByAny(#pattern_sequence)	增加一个新的模式。可以有其他事件出现在"匹配的事件序列"和"之前匹配到的事件"的中间，每个可选的匹配事件序列都会作为可选的匹配结果输出（不确定的松散连续）：
	
	`Pattern<Event, ?> followedByAny = pattern.followedByAny(`
	
	`Pattern.<Event>begin("start").where(...).followedBy("middle").`
	`where(...)`
	`);`

notNext()	增加一个新的否定模式。匹配的否定事件必须直接跟在"前面匹配到的事件"之后（严格连续）： `Pattern<Event, ?> notNext = pattern.notNext("not");`
notFollowedBy()	增加一个新的否定模式。即使有其他事件在"匹配的否定事件"和"之前匹配的事件"的之间发生，部分匹配的事件序列也会被丢弃（松散连续）： `Pattern<Event, ?> notFollowedBy = pattern.notFollowedBy("not");`
within(time)	定义匹配模式的事件序列出现的最大时间间隔。如果未完成的事件序列超过了这个事件，则会被丢弃： `pattern.within(Time.seconds(10));`

9.3.5 跳过策略

对于一个给定的模式，同一个事件可能会被匹配到多个条件上。为了控制一个事件被分配到多个条件上，需要指定跳过策略。Flink 提供了以下 5 种跳过策略。

- NO_SKIP 策略：每个成功的匹配都会被输出。
- SKIP_TO_NEXT 策略：丢弃以相同事件开始的所有部分匹配。
- SKIP_PAST_LAST_EVENT 策略：丢弃起始在这个匹配的开始点和结束点之间的所有部分匹配。
- SKIP_TO_FIRST 策略：丢弃在这个匹配的开始点和"第一个出现的名称为 PatternName 事件"点之间的所有部分匹配。
- SKIP_TO_LAST 策略：丢弃在这个匹配的开始点和"最后一个出现的名称为 PatternName 事件"点之间的所有部分匹配。

> 在使用 SKIP_TO_FIRST 策略和 SKIP_TO_LAST 策略时，需要指定一个合法的 PatternName。

例如，给定一个模式 b+c 和一个数据流 b1 b2 b3 c，不同跳过策略之间的不同结果如表 9-5 所示。

表 9-5

跳 过 策 略	结　　果	描　　述
NO_SKIP	b1 b2 b3 c b2 b3 c b3 c	在找到匹配 b1 b2 b3 c 之后，不会丢弃任何结果
SKIP_TO_NEXT	b1 b2 b3 c b2 b3 c b3 c	在找到匹配 b1 b2 b3 c 之后，不会丢弃任何结果，因为没有以 b1 开始的其他匹配
SKIP_PAST_LAST_EVENT	b1 b2 b3 c	在找到匹配 b1 b2 b3 c 之后，会丢弃其他所有的部分匹配
SKIP_TO_FIRST[b]	b1 b2 b3 c b2 b3 c b3 c	在找到匹配 b1 b2 b3 c 之后，会尝试丢弃所有在 b1 之前开始的部分匹配
SKIP_TO_LAST[b]	b1 b2 b3 c b3 c	在找到匹配 b1 b2 b3 c 后，会尝试丢弃所有在 b3 之前开始的部分匹配，有一个这样的 b2 b3 c 被丢弃

下面举例说明 NO_SKIP 策略和 SKIP_TO_FIRST 策略之间的差别。模式为(a | b | c) (b | c) c+.greedy d，输入为 a b c1 c2 c3 d，结果如表 9-6 所示。

表 9-6

跳 过 策 略	结　果	描　述
NO_SKIP	a b c1 c2 c3 d b c1 c2 c3 d c1 c2 c3 d	在找到匹配 a b c1 c2 c3 d 之后，不会丢弃任何结果
SKIP_TO_FIRST[c*]	a b c1 c2 c3 d c1 c2 c3 d	在找到匹配 a b c1 c2 c3 d 之后，会丢弃所有在 c1 之前开始的部分匹配，有一个这样的 b c1 c2 c3 d 被丢弃

为了使读者更好地理解 NO_SKIP 策略和 SKIP_TO_NEXT 策略之间的差别，下面举例说明。模式为 a b+，输入为 a b1 b2 b3，结果如表 9-7 所示。

表 9-7

跳 过 策 略	结　果	描　述
NO_SKIP	a b1 a b1 b2 a b1 b2 b3	在找到匹配 a b1 之后，不会丢弃任何结果
SKIP_TO_NEXT	a b1	在找到匹配 a b1 之后，会丢弃所有以 a 开始的部分匹配，这意味着不会再产生 a b1 b2 和 a b1 b2 b3

如果想指定要使用的跳过策略，则只需要调用表 9-8 中的方法创建跳过策略。

表 9-8

方　法	描　述
AfterMatchSkipStrategy.noSkip()	创建 NO_SKIP 策略
AfterMatchSkipStrategy.skipToNext()	创建 SKIP_TO_NEXT 策略
AfterMatchSkipStrategy.skipPastLastEvent()	创建 SKIP_PAST_LAST_EVENT 策略
AfterMatchSkipStrategy.skipToFirst(patternName)	创建引用模式名称为 patternName 的 SKIP_TO_FIRST 策略
AfterMatchSkipStrategy.skipToLast(patternName)	创建引用模式名称为 patternName 的 SKIP_TO_LAST 策略

可以通过调用下面的方法将跳过策略应用到模式上：

```
AfterMatchSkipStrategy skipStrategy = ...
Pattern.begin("patternName", skipStrategy);
```

在使用 SKIP_TO_FIRST 策略和 SKIP_TO_LAST 策略时，有两个选项可以用来处理没有事件可以映射到对应的变量名上的情况：一个选项是 NO_SKIP（默认项），另一个选项是抛出异常。设置抛出异常如下所示：

```
AfterMatchSkipStrategy.skipToFirst(patternName).throwExceptionOnMiss()
```

9.4 检测模式

在指定了要寻找的模式之后，可以通过把模式应用到输入流上来发现可能的匹配。在事件流上运行的模式，需要创建一个 PatternStream。如果给定了一个输入流 input、一个模式 pattern 和一个比较器 comparator（可选，用来对使用事件时间时有同样时间戳或同时到达的事件进行排序），则可以通过调用如下方法来创建 PatternStream：

```
DataStream<Event> input = ...
Pattern<Event, ?> pattern = ...
EventComparator<Event> comparator = ... // 可选
PatternStream<Event> patternStream = CEP.pattern(input, pattern, comparator);
```

> 根据使用场景，输入流可以是 keyed 或 non-keyed。在 non-keyed 流上使用模式，会使作业并发度被设置为 1。

在获得一个 PatternStream 之后，可以使用各种转换来发现事件序列，推荐使用 PatternProcessFunction。

在每找到一个匹配的事件序列时，PatternProcessFunction 的 processMatc()方法都会被调用。PatternProcessFunction 按照 Map<String, List<IN>>的格式接收一个匹配，映射的键是模式序列中的每个模式的名称，值是被接收的事件列表（IN 是输入事件的类型）。模式的输入事件按照时间戳进行排序。在使用 oneToMany()和 times()等循环模式时，会为每个模式返回一个接收的事件列表，每个模式会有不止一个事件被接收。检测模式的使用方法如下所示：

```
class MyPatternProcessFunction<IN, OUT> extends PatternProcessFunction<IN, OUT> {
    @Override
    public void processMatch(Map<String, List<IN>> match, Context ctx, Collector<OUT> out) throws
Exception;
        IN startEvent = match.get("start").get(0);
        IN endEvent = match.get("end").get(0);
        out.collect(OUT(startEvent, endEvent));
    }
}
```

PatternProcessFunction 可以访问 Context 对象和时间属性，如 currentProcessingTime 或当前匹配的 timestamp（最新分配到匹配上的事件的时间戳）。

1. 处理超时的部分匹配

在一个模式上通过 within 加上窗口长度后，部分匹配的事件序列可能会因为超过窗口长度而被丢弃。可以使用 TimedOutPartialMatchHandler 接口来处理超时的部分匹配，这个接口可以和其他的接口混合使用。

可以在自己的 PatternProcessFunction 中另外实现这个接口。TimedOutPartialMatchHandler 接口提供了另外的 processTimedOutMatch() 方法，该方法会对每个超时的匹配进行处理。超时匹配处理方法如下所示：

```
class MyPatternProcessFunction<IN, OUT> extends PatternProcessFunction<IN, OUT> implements
TimedOutPartialMatchHandler<IN> {
    @Override
    public void processMatch(Map<String, List<IN>> match, Context ctx, Collector<OUT> out) throws
Exception;
        ...
    }
    @Override
    public void processTimedOutMatch(Map<String, List<IN>> match, Context ctx) throws Exception;
        IN startEvent = match.get("start").get(0);
        ctx.output(outputTag, T(startEvent));
    }
}
```

processTimedOutMatch() 方法不能访问"主输出"，但可以通过 Context 对象把结果输出到"旁路输出"。

2. 便捷的 API

前面提到的 PatternProcessFunction 是从 Flink 1.8 版本开始引入的，推荐使用 PatternProcessFunction 来处理匹配到的结果。用户仍可以使用 select/flatSelect 这种旧格式的 API，它们会在内部被转换为 PatternProcessFunction。PatternProcessFunction 的使用方法如下所示：

```
PatternStream<Event> patternStream = CEP.pattern(input, pattern);
// 定义一个 OutputTag，用于标识旁路输出流
OutputTag<String> outputTag = new OutputTag<String>("side-output"){};
SingleOutputStreamOperator<ComplexEvent> flatResult = patternStream.flatSelect(
    outputTag,
    new PatternFlatTimeoutFunction<Event, TimeoutEvent>() {
        public void timeout(
                Map<String, List<Event>> pattern,
```

```
                            long timeoutTimestamp,
                            Collector<TimeoutEvent> out) throws Exception {
                out.collect(new TimeoutEvent());
            }
        },
        new PatternFlatSelectFunction<Event, ComplexEvent>() {
            public void flatSelect(Map<String, List<IN>> pattern, Collector<OUT> out) throws Exception
{
                out.collect(new ComplexEvent());
            }
        }
);
DataStream<TimeoutEvent> timeoutFlatResult = flatResult.getSideOutput(outputTag);
```

9.5 复杂事件处理库中的时间

9.5.1 按照"事件时间"处理迟到事件

在复杂事件处理中，事件的处理顺序很重要。在使用"事件时间"时，为了保证事件按照正确的顺序被处理，一个事件到达后会先被放到一个缓冲区中。在缓冲区中，事件按照时间戳从小到大排序。当水位线到达后，缓冲区中所有小于水位线的事件被处理，这意味着水位线与水位线之间的数据都按照时间戳被顺序处理。

为了保证超过水位线的事件按照"事件时间"来处理，复杂事件处理库假定水位线一定是正确的，并且把时间戳小于最新水位线的事件看作是晚到的，晚到的事件不会被处理。也可以指定一个旁路输出流来收集比最新水位线晚到的事件，如下所示：

```
PatternStream<Event> patternStream = CEP.pattern(input, pattern);
// 定义一个 OutputTag，用于标识旁路输出流
OutputTag<String> lateDataOutputTag = new OutputTag<String>("late-data"){};
SingleOutputStreamOperator<ComplexEvent> result = patternStream
// 将迟到的数据发送到用 OutputTag 标识的旁路输出流中
.sideOutputLateData(lateDataOutputTag)
    .select(
        new PatternSelectFunction<Event, ComplexEvent>() {...}
    );

DataStream<String> lateData = result.getSideOutput(lateDataOutputTag);
```

9.5.2　时间上下文

在 PatternProcessFunction()函数中，用户可以像在 IterativeCondition()中那样按照下面的方法实现 TimeContext 的上下文：

```
/**
 * 支持获取事件属性，如"当前处理事件"或"当前正处理的事件的时间"
 * 用在 PatternProcessFunction 和 org.apache.flink.cep.pattern.conditions.IterativeCondition 中
 */
@PublicEvolving
public interface TimeContext {
    /** 当前正处理的事件的时间戳。如果是 ProcessingTime，则该值会被设置为"事件进入 CEP 算子的时间" */
    long timestamp();
    /** 返回当前的"处理时间" */
    long currentProcessingTime();
}
```

这个上下文让用户可以获取"处理时间"属性。调用 currentProcessingTime()方法会返回当前的"处理时间"。建议尽量使用 currentProcessingTime() 方法，而不是 System.currentTimeMillis()方法等。

在使用"事件时间"时，timestamp()方法返回的值等于分配的时间戳。在使用"处理时间"时，这个值等于事件进入 CEP 算子的时间点（在 PatternProcessFunction()函数中产生的是"处理时间"）。所以，多次调用"事件时间"得到的值是一致的。

第 10 章
使用 Table API 实现流/批统一处理

本章首先介绍 Table API 和 SQL 的概念、程序的结构、计划器，然后介绍 Table API 和 SQL 的流的概念，最后介绍 Catalog，以及 Table API&SQL 如何与 DataStream 和 DataSet API 结合使用。

10.1　Table API 和 SQL

10.1.1　认识 Table API 和 SQL

Flink 提供了 Table API 和 SQL 这两个高级的关系型 API 来统一处理无界数据流和有界数据流。Table API 和 SQL 具有同样的元数据，它们的执行过程如图 10-1 所示。

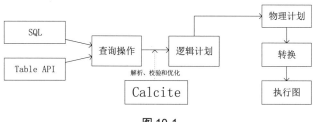

图 10-1

由图 10-1 可知，Table API 和 SQL 复用一套优化与执行引擎，一套引擎可以让开发者专注于单个技术栈，这样可以降低用户使用实时计算门槛。

Flink 提供了处理集无界数据流和有界数据流于一体的 ANSI-SQL 语法，并且实时和离线的表结构与层次可以设计成一样的，以便共用。

10.1.2　Table API 和 SQL 程序的结构

所有用于批处理与流处理的 Table API 和 SQL 程序都遵循相同的模式。Table API 和 SQL 程序的通用结构如下所示：

```
// 为流/批处理创建 TableEnvironment 环境
TableEnvironment tableEnv = ...;
// 创建表
tableEnv.connect(...).createTemporaryTable("table1");
// 注册 1 个输出表
tableEnv.connect(...).createTemporaryTable("outputTable");
// 创建 1 个 Table 对象，从 Table API 查询
Table tapiResult = tableEnv.from("table1").select(...);
// 从 SQL 查询，创建一个 Table 对象
Table sqlResult  = tableEnv.sqlQuery("SELECT ... FROM table1 ... ");
// 将 Table API 或 SQL 结果表发送到 TableSink
TableResult tableResult = tapiResult.executeInsert("outputTable");
tableResult...
// 执行任务操作。因为 Flink 是懒加载的，所以必须调用 execute()方法才会执行
tableEnv.execute();
```

10.1.3　认识 Table API 和 SQL 的环境

表环境（ TableEnvironment ）是 Table API 和 SQL 程序的入口，用来创建 Table API 和 SQL 程序的上下文执行环境，它的职责包括以下几点。

- 在内部的 Catalog 中注册 Table。
- 注册外部的 Catalog。
- 加载可插拔模块。
- 执行 SQL 查询。
- 注册自定义函数。
- 将 DataStream 或 DataSet 转换成 Table。
- 对 ExecutionEnvironment 或 StreamExecutionEnvironment 的引用。

Table API 和 SQL 总是与特定的表环境绑定。不能在同一条查询中使用不同表环境中的表，即不能对不同表环境中的表进行 Join 或 Union 操作。

表环境可以通过 create()方法，在 StreamExecutionEnvironment 或 ExecutionEnvironment 中创建。表配置（TableConfig）可用于配置表环境或定制查询优化和转换过程，它是可选项。

TableEnvironment 有以下 3 种表环境：TableEnvironment、StreamTableEnvironment、BatchTableEnvironment，它们的区别如表 10-1 所示。

表 10-1

项　　目	TableEnvironment	StreamTableEnvironment	BatchTableEnvironment
Stream 作业	支持	支持	不支持
Batch 作业	支持（BlinkPlanner）	不支持	支持（OldPlanner）
对接 DataStream API	不支持	支持	不支持
对接 DataSet API	不支持	不支持	支持
UDTF/UDAF	不支持	支持	支持

10.1.4　认识计划器——OldPlanner 和 BlinkPlanner

在使用 Table API 和 SQL 开发 Flink 应用程序时，需要根据执行环境来选择特定的计划器，因为不同的表环境支持的计划器类型不同。

1. 使用 OldPlanner 和 BlinkPlanner

如果两个计划器的 JAR 包都在类路径中，则应该明确地设置要在当前程序中使用的计划器。

（1）使用 OldPlanner。

如果执行流处理，则使用如下所示的配置：

```
// 定义所有初始化表环境的参数
EnvironmentSettings fsSettings =
EnvironmentSettings.newInstance()
    .useOldPlanner()
    .inStreamingMode() // 设置组件应在流模式下工作。默认启用
    .build();
    // 获取流处理的执行环境
StreamExecutionEnvironment fsEnv = StreamExecutionEnvironment.getExecutionEnvironment();
// 创建 Table API 和 SQL 程序的执行环境
StreamTableEnvironment fsTableEnv = StreamTableEnvironment.create(fsEnv, fsSettings);
// 或者 TableEnvironment fsTableEnv = TableEnvironment.create(fsSettings);
```

如果执行批量查询，则使用如下所示的配置：

```
// 获取执行环境
ExecutionEnvironment fbEnv = ExecutionEnvironment.getExecutionEnvironment();
// 创建 Table API 和 SQL 程序的执行环境
BatchTableEnvironment fbTableEnv = BatchTableEnvironment.create(fbEnv);
```

（2）使用 BlinkPlanner。

如果执行流查询，则使用如下所示的配置：

```
// 获取流处理的执行环境
StreamExecutionEnvironment bsEnv = StreamExecutionEnvironment.getExecutionEnvironment();
// 定义所有初始化表环境的参数
EnvironmentSettings bsSettings = EnvironmentSettings.newInstance()
        .useBlinkPlanner() // 将 BlinkPlanner 设置为必需的模块
        .inStreamingMode() // 设置组件应在流模式下工作。默认启用
        .build();
// 创建 Table API 和 SQL 程序的执行环境
StreamTableEnvironment bsTableEnv = StreamTableEnvironment.create(bsEnv, bsSettings);
// 或者 TableEnvironment bsTableEnv = TableEnvironment.create(bsSettings);
```

如果执行批量查询，则使用如下所示的配置：

```
// 定义所有初始化表环境的参数
EnvironmentSettings bbSettings =
EnvironmentSettings.newInstance()
        .useBlinkPlanner() // 将 BlinkPlanner 设置为必需的模块
        .inBatchMode()
        .build();
// 创建 Table API 和 SQL 程序的执行环境
TableEnvironment bbTableEnv = TableEnvironment.create(bbSettings);
```

如果"/lib"目录中只有一种计划器的 JAR 包，则可以使用 useAnyPlanner()方法创建 EnvironmentSettings。

2. 翻译与执行查询

两个计划器翻译和执行查询的方式是不同的。

（1）OldPlanner。

如果使用 OldPlanner，则 Table API 和 SQL 查询会被翻译成 DataStream 程序或 DataSet 程序。这取决于它们的输入数据源是流式的还是批式的。查询在内部表示为逻辑查询计划，并且被翻译成两个阶段：优化逻辑执行计划；翻译成 DataStream 程序或 DataSet 程序。

Table API 和 SQL 查询在以下情况下会被翻译。

- 当 TableEnvironment.executeSql()方法被调用时。该方法用来执行一条 SQL 语句，一旦该方法被调用，则 SQL 语句立即被翻译。
- 当 Table.executeInsert()方法被调用时。该方法用来将一个表的内容插入目标表中，一旦该方法被调用，则 Table API 程序立即被翻译。

- 当 Table.execute()方法被调用时。该方法用来将一个表的内容收集到本地，一旦该方法被调用，则 Table API 程序立即被翻译。
- 当 StatementSet.execute()方法被调用时。Table（通过 StatementSet.addInsert()方法输出给某个 Sink）和 INSERT 语句（通过调用 StatementSet.addInsertSql()方法）会先被缓存到 StatementSet 中，在 StatementSet.execute()方法被调用时，所有的 Sink 会被优化成一张有向无环图（DAG）。
- 当 Table 被转换成 DataStream 时。触发转发，在转换完成后，成为一个普通的 DataStream 程序，并且会在调用 execute()方法时执行。
- 当 Table 被转换成 DataSet 时。触发翻译，转换完成后，成为一个普通的 DataSet 程序，并且会在调用 execute()方法时执行。

（2）BlinkPlanner。

不论输入的数据源是流式的还是批式的，Table API 和 SQL 查询都会被转换成 **DataStream** 程序。Blink 将批处理作业视作流处理的一种特例。

严格来说，Table 和 DataSet 之间不支持相互转换，并且批处理作业也不会转换成 DataSet 程序，而是转换成 DataStream 程序，流处理作业也一样。查询在内部表示为逻辑查询计划，并且被翻译成两个阶段：优化逻辑执行计划；翻译成 DataStream 程序。

Table API 和 SQL 查询在以下情况下会被翻译。

- 当 TableEnvironment.executeSql()方法被调用时。该方法用来执行一条 SQL 语句，一旦该方法被调用，则 SQL 语句立即被翻译。
- 当 Table.executeInsert()方法被调用时。该方法用来将一个表的内容插入目标表中，一旦该方法被调用，则 Table API 程序立即被翻译。
- 当 Table.execute()方法被调用时。该方法用来将一个表的内容收集到本地，一旦该方法被调用，则 Table API 程序立即被翻译。
- 当 StatementSet.execute()方法被调用时。Table（通过 StatementSet.addInsert()方法输出给某个 Sink）和 INSERT 语句（通过调用 StatementSet.addInsertSql()方法）会先被缓存到 StatementSet 中，StatementSet.execute()方法被调用时，所有的 Sink 会被优化成一张有向无环图（DAG）。
- 当 Table 被转换成 DataStream 时。在转换完成后，成为一个普通的 DataStream 程序，并且会在调用 execute()方法时被执行。

从 Flink 1.11 版本开始，sqlUpdate()方法和 insertInto()方法被废弃，通过这两个方法构建的 Table API 程序必须使用 StreamTableEnvironment.execute()方法执行，而不能使用 StreamExecutionEnvironment.execute()方法来执行。

3. 查询优化

（1）OldPlanner。

Flink 利用 Apache 软件基金会的 Calcite 来优化和翻译查询。当前执行的优化包括投影、过滤器下推、子查询消除、其他类型的查询重写。

原版计划程序尚未优化 Join 的顺序，而是按照查询中定义的顺序执行它们（FROM 子句中的表顺序和/或 WHERE 子句中的 Join 谓词顺序）。

通过提供一个 CalciteConfig 对象，可以调整在不同阶段应用的优化规则集合。这个对象可以通过调用构造器 CalciteConfig.createBuilder() 方法来创建，并且通过调用 tableEnv.getConfig.setPlannerConfig(calciteConfig)方法提供给 TableEnvironment。

（2）BlinkPlanner。

Flink 通过使用并扩展 Calcite 来执行复杂的查询优化，包括一系列基于规则和成本的优化，具体如下。

- 基于 Calcite 的子查询。
- 投影剪裁。
- 分区剪裁。
- 过滤器下推。
- 子计划消除重复数据，以避免重复计算。
- 特殊子查询重写：将 IN 和 EXISTS 转换为 left semi-joins，将 NOT IN 和 NOT EXISTS 转换为 left anti-join。
- 可选 Join 重新排序：通过 table.optimizer.join-reorder-enabled 启用。

优化器不仅基于计划,还基于可以从数据源获得的丰富的统计信息,以及每个算子(如 IO、CPU、网络和内存 ）的细粒度成本来做出明智的决策。

可以使用 CalciteConfig 对象提供自定义优化，通过调用 TableEnvironment # getConfig # setPlannerConfig()方法将其提供给 TableEnvironment。

> 当前仅在子查询重写的结合条件下支持 IN/EXISTS/NOT IN/NOT EXISTS。

4. 比较 OldPlanner 和 BlinkPlanner

除此之外，OldPlanner 和 BlinkPlanner 还有其他的不同之处，如表 10-2 所示。

表 10-2

比 较 项 目	OldPlanner	BlinkPlanner
Sink 的优化	将每个 Sink 都优化成一个新的有向无环图,并且所有图相互独立	将多个 Sink 优化成一张有向无环图(DAG), TableEnvironment 和 StreamTableEnvironment 都支持该特性
Catalog 统计数据	不支持	支持
FilterableTableSource 的实现	将 PlannerExpression 下推至 FilterableTableSource	将 Expression 下推
基于字符串的键值配置选项	支持	不支持
BatchTableSource	支持	不支持,使用 StreamTableSource 来替代
兼容性	Flink 1.9 之前引入的 OldPlanner 主要支持类型信息,它只对数据类型提供有限的支持,可以声明能够转换为类型信息的数据类型,以便 OldPlanner 能够理解它们	新的 BlinkPlanner 支持 OldPlanner 的全部类型,尤其包括列出的 Java 表达式字符串和类型信息

10.1.5　查询和输出表

1. Table API 查询

Table API 是关于 Scala 和 Java 的集成语言式查询 API。与 SQL 不同,Table API 的查询不是由字符串指定的,而是在宿主语言中逐步构建的。

Table API 是基于 Table 类的,该类表示一个表(流处理或批处理),并提供使用关系操作的方法。这些方法返回一个新的 Table 对象,该对象表示对输入 Table 进行关系操作的结果。一些关系操作由多个方法调用组成,如 table.groupBy().select(),其中 groupBy()方法指定 Table 的分组,而 select()方法是在 Table 分组上的投影。

下面展示一个简单的 Table API 聚合查询:

```
// 创建 Table API 和 SQL 程序的执行环境
TableEnvironment tableEnv = ...;
// 扫描注册的 Orders 表
Table orders = tableEnv.from("Orders");
// 计算来自法国的所有客户的收入
Table revenue = orders
  .filter($("cCountry").isEqual("FRANCE"))
// 分组转换算子
  .groupBy($("cID"), $("cName"))
  .select($("cID"), $("cName"), $("revenue").sum().as("revSum"));
// 发出或转换表
// 执行查询
```

2. SQL 查询

Flink SQL 基于实现了 SQL 标准的 Apache 软件基金会的 Calcite。SQL 查询由常规字符串指定。

下面演示如何指定查询并将结果作为 Table 对象返回：

```
// 创建 Table API 和 SQL 程序的执行环境
TableEnvironment tableEnv = ...;
// 注册 Orders 表，计算来自法国的所有客户的收入
Table revenue = tableEnv.sqlQuery(
    "SELECT cID, cName, SUM(revenue) AS revSum " +
    "FROM Orders " +
    "WHERE cCountry = 'FRANCE' " +
    "GROUP BY cID, cName"
);
// 发出或转换表
// 执行查询
```

下面展示如何指定一个更新查询，并将查询的结果插入已注册的表中：

```
// 创建 Table API 和 SQL 程序的执行环境
TableEnvironment tableEnv = ...;
// 注册 Orders 表，注册 RevenueFrance 输出表，计算来自法国的所有客户的收入并发出到 RevenueFrance 表
tableEnv.executeSql(
    "INSERT INTO RevenueFrance " +
    "SELECT cID, cName, SUM(revenue) AS revSum " +
    "FROM Orders " +
    "WHERE cCountry = 'FRANCE' " +
    "GROUP BY cID, cName"
);
```

3. 混用 Table API 和 SQL 查询

由于 Table API 和 SQL 都返回 Table 对象，因此它们可以混用。可以在 SQL 查询返回的 Table 对象上定义 Table API 查询。

在表环境中注册的结果表可以在 SQL 查询的 FROM 子句中引用，通过这个方法就可以在 Table API 查询的结果上定义 SQL 查询。

4. 输出表

Table 通过写入 TableSink 输出。TableSink 是一个通用接口，支持以下几种文件格式。

- CSV、Apache Parquet、Apache Avro。
- 存储系统（如 JDBC、Apache HBase、Apache Cassandra、Elasticsearch）。
- 消息队列系统（如 Apache Kafka、RabbitMQ）。

批处理 Table 只能写入 BatchTableSink，而流处理 Table 需要指定写入 AppendStreamTableSink、RetractStreamTableSink 或 UpsertStreamTableSink。

Table.executeInsert()方法将 Table 发送至已注册的 TableSink，该方法通过名称在 Catalog 中查找 TableSink，并确认 Table Schema 和 TableSink Schema 一致。

下面演示输出 Table：

```
// 创建 Table API 和 SQL 程序的执行环境
TableEnvironment tableEnv = ...;
// 创建输出表
final Schema schema = new Schema()
    .field("a", DataTypes.INT())
    .field("b", DataTypes.STRING())
    .field("c", DataTypes.LONG());
tableEnv.connect(new FileSystem("/path/to/file"))
    .withFormat(new Csv().fieldDelimiter('|').deriveSchema())
    .withSchema(schema)
    .createTemporaryTable("CsvSinkTable");
// 使用 Table API 或 SQL 查询来计算结果表
Table result = ...
    // 将结果表发送到注册的 TableSink
    result.executeInsert("CsvSinkTable");
```

10.2 Table API 和 SQL 的 "流" 的概念

10.2.1 认识动态表

1. 在 DataStream 上的关系查询

Flink 的 Table API 和 SQL 是流/批统一的 API。这意味着，Table API 和 SQL 在无论是有界的批式输入还是无界的流式输入下，都具有相同的语义。为了便于理解，下面比较传统的关系代数/SQL 与流处理，它们的差异如表 10-3 所示。

表 10-3

项　　目	关系代数/ SQL	流　处　理
输入数据	关系(或表)是有界(多)元组集合	流是一个无限元组序列
执行	对批数据(如关系数据库中的表)执行的查询可以访问完整的输入数据	流式查询在启动时不能访问所有数据，必须 "等待" 数据流入
输出结果	批处理查询在产生固定大小的结果后终止	流式查询不断地根据接收到的记录更新其结果，并且始终不会结束

由表 10-3 可以看出，传统的关系代数/SQL 与流处理存在很大的差异，但是使用关系查询和 SQL 处理流并不是不可能的。高级关系数据库系统提供了物化视图（Materialized Views）的特性。物化视图被定义为一条 SQL 查询，并缓存查询的结果，因此在访问视图时不需要对查询进行计算。这很像常规的虚拟视图。缓存的一个常见难题是防止缓存为过期的结果提供服务。当其定义查询的基表被修改时，物化视图将过期。

即时视图维护（Eager View Maintenance）是一种一旦更新了物化视图的基表就立即更新视图的技术。

如果考虑以下问题，则即时视图维护和流上的 SQL 查询之间的联系就会变得显而易见。

- 数据库表是 INSERT、UPDATE 和 DELETE DML 语句的 Stream 的结果，通常称为 Changelog Stream。
- 物化视图被定义为一条 SQL 查询。为了更新视图，查询不断地处理视图的基本关系的 Changelog Stream。
- 物化视图是流式 SQL 查询的结果。

2. 动态表和连续查询

动态表（Dynamic Tables)是 Flink 支持流数据的 Table API 和 SQL **的核心概念**。与表示批处理数据的静态表不同，动态表是随时间变化的，可以像查询静态批处理表一样查询它们。查询动态表将生成一个连续查询。一个连续查询永远也不会终止，结果会生成一个动态表。查询不断更新其（动态）结果表，以反映其（动态）输入表上的更改。

从本质上来说，动态表上的连续查询与定义物化视图的查询类似。连续查询的结果在语义上总是等价于以批处理模式在输入表快照上执行的相同查询的结果。

数据流、动态表和连续查询之间的关系如图 10-2 所示。

图 10-2

由图 10-2 可以看出，动态查询的步骤如下。

（1）将流转换为动态表。

（2）在动态表上计算一个连续查询，生成一个新的动态表。

（3）生成的动态表被转换回流。

动态表是一个逻辑概念。在查询执行期间不一定（完全）物化动态表。

3. 在流上定义表

为了使用关系查询处理流，必须将其转换成表。流的每条记录都被解释为对结果表的 INSERT 操作。从本质上来说，是从一个 INSERT-only 的 Changelog 流构建表。

图 10-3 显示了单击事件流（左侧）如何转换为表（右侧）。当插入更多的单击事件流记录时，结果表将不断增长。

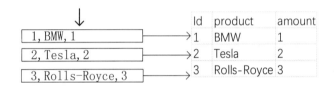

图 10-3

在流上定义的表在内部没有物化。

（1）连续查询。

与批处理查询不同，连续查询从不终止，并且根据其输入表上的更新来更新其结果表。在任何时候，连续查询的结果在语义上与以批处理模式在输入表快照上执行的相同查询的结果相同。

图 10-4 显示了连续查询。第一个查询是一个简单的 GROUP-BY COUNT 聚合查询，它基于 user 字段对 clicks 表进行分组，并统计访问的 URL 的数量。

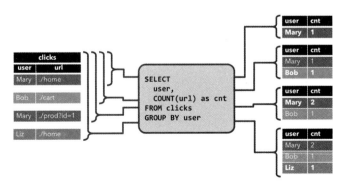

图 10-4

当查询开始时，clicks 表（左侧）是空的。当第 1 行数据被插入 clicks 表时，查询开始计算结果表。第 1 行数据[Mary,./home]插入后，结果表（右侧，上部）由一行[Mary, 1]组成。

当第 2 行数据[Bob, ./cart]插入 clicks 表时，查询会更新结果表并插入一行新数据[Bob, 1]。

第 3 行数据[Mary, ./prod?id=1]将产生已计算的结果行的更新，[Mary, 1]更新成[Mary, 2]。最后，当第 4 行数据插入 clicks 表时，查询将第 3 行的[Liz, 1]插入结果表中。

图 10-4 所示的查询和图 10-5 类似，但是除了用户属性，还将 clicks 分组至每小时滚动窗口中，然后计算"url"数量（基于时间的计算，如基于特定时间属性的窗口)。同样，该图显示了不同时间点的输入和输出，以可视化动态表的变化特性。

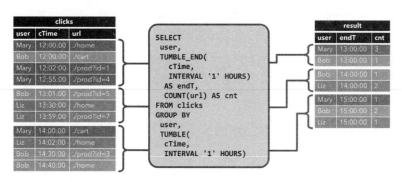

图 10-5

与前面一样，图 10-5 左边显示了输入表 clicks，查询每小时持续计算结果并更新结果表。clicks 表包含 4 行带有时间戳（cTime）的数据，时间戳在 12:00:00 和 12:59:59 之间。查询从这个输入计算出两个结果行（每个 user 一个），并将它们附加到结果表中。对于 13:00:00 和 13:59:59 之间的下一个窗口，clicks 表包含 3 行，这将导致另外两行被追加到结果表。随着时间的推移，更多的行被添加到 clicks 表中，结果表将被更新。

（2）更新和追加查询。

虽然这两个示例查询看起来非常相似（都计算分组计数聚合），但它们在一个重要方面存在不同之处。

- 第 1 个查询更新先前输出的结果，即定义结果表的 Changelog 流包含 INSERT 和 UPDATE 操作。
- 第 2 个查询只附加到结果表，即结果表的 Changelog 流只包含 INSERT 操作。

一个查询是产生一个只追加的表还是一个更新的表有一些含义：产生更新更改的查询通常必须维护更多的状态。

（3）查询限制。

许多（但不是全部）语义上有效的查询可以作为流上的连续查询进行评估。有些查询代价太高而无法计算，这可能是由于它们需要维护的状态的大小，也可能是由于计算更新代价太高。

- **状态大小**：连续查询在无界数据流上计算，通常应该运行数周或数月。因此，连续查询处理的数据总量可能非常大。

例如，第一个查询示例需要存储每个用户的 URL 计数，以便能够增加该计数并在输入表接收新行时发送新结果。如果只跟踪注册用户，则要维护的计数数量可能不会太高。但是，如果为注册的用户分配了一个唯一的用户名，则要维护的计数数量将随着时间增长，并且可能最终导致查询失败。

- **计算更新**：有些查询需要重新计算和更新大量已输出的结果行，即使只添加或更新一条输入记录。显然，这样的查询不适合作为连续查询执行。

下面的查询就是一个例子，它根据最后一次单击的时间为每个用户计算一个排名。一旦 clicks 表接收到一个新行，用户的 lastAction 就会更新，并且必须计算一个新的排名。然而，由于两行不能具有相同的排名，因此所有较低排名的行也需要更新。

```
SELECT user, RANK() OVER (ORDER BY lastLogin)
FROM (
  SELECT user, MAX(cTime) AS lastAction FROM clicks GROUP BY user
);
```

可以控制连续查询执行的参数，以便在维持状态的大小和获得结果的准确性之间做出取舍。

4. 表到流的转换

动态表可以像普通数据库表一样通过 INSERT、UPDATE 和 DELETE 来不断修改。它可能是一个只有一行、不断更新的表，也可能是一个 Insert-only 的表，没有 UPDATE 和 DELETE 修改，或者介于两者之间的其他表。

在将动态表转换为流或将其写入外部系统时，需要对这些更改进行编码。Flink 的 Table API 和 SQL 支持 3 种方式来编码一个动态表的变化。

（1）Append-only 流。

仅通过 INSERT 操作修改的动态表可以通过输出插入的行转换为流。

（2）Retract 流。

Retract 流包含两种类型的 message：add message 和 retract message。在 Retract 流中，将相关操作编码为以下 3 种形式。

- 将 INSERT 操作编码为 add message。
- 将 DELETE 操作编码为 retract message。

- 将 UPDATE 操作编码为更新（先前）行的 retract message + 更新（新）行的 add message，将动态表转换为 Retract 流。

图 10-6 显示了将动态表转换为 Retract 流的过程。

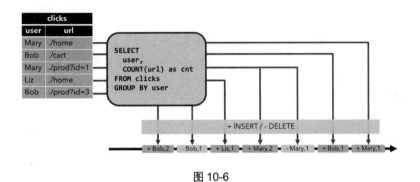

图 10-6

（3）Upsert 流。

Upsert 流包含两种类型的 message：upsert message 和 delete message。转换为 Upsert 流的动态表需要（可能是组合的）唯一键。在 Upsert 流中，将相关操作编码为以下形式。

- 将 INSERT 和 UPDATE 操作编码为 upsert message。
- 将 DELETE 操作编码为 delete message。

将具有唯一键的动态表转换为流。消费流的算子需要知道唯一键的属性，以便正确地应用 message。Upsert 流与 Retract 流的主要区别在于 UPDATE 操作是用单个 message 编码的，因此效率更高。图 10-7 显示了将动态表转换为 Upsert 流的过程。

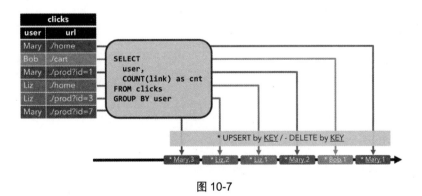

图 10-7

在将动态表转换为 DataStream 时，只支持 append 流和 retract 流。

10.2.2　在 Table API 和 SQL 中定义时间属性

1．时间属性介绍

如果执行基于时间的窗口操作，则需要 Table API 中的表提供逻辑时间属性来表示时间，以及支持时间相关的操作。

每种类型的表都可以有时间属性，可以在创建表时指定，也可以在 DataStream 中指定，还可以在定义 TableSource 时指定。一旦将时间属性定义好，它就可以像普通列一样使用，也可以在与时间相关的操作中使用。

只要时间属性没有被修改，而是简单地从一个表传递到另一个表，它就仍然是一个有效的时间属性。时间属性可以像普通的时间戳的列一样被使用和计算。一旦时间属性被用在计算中，它就会被物化，进而变成一个普通的时间戳。普通的时间戳是无法与 Flink 的时间及水位线等一起使用的，所以普通的时间戳无法用在与时间相关的操作中。

Table API 程序需要在 StreamExecutionEnvironment 中指定时间属性和方法，如下所示：

```
// 获取流处理的执行环境
final StreamExecutionEnvironment env = StreamExecutionEnvironment.getExecutionEnvironment();
// 设置时间特性
env.setStreamTimeCharacteristic(TimeCharacteristic.ProcessingTime); // 默认
// 或者 env.setStreamTimeCharacteristic(TimeCharacteristic.IngestionTime);
// 或者 env.setStreamTimeCharacteristic(TimeCharacteristic.EventTime);
```

2．处理时间

"处理时间"是基于计算机的本地时间来处理数据的。它是最简单的一种时间概念，但是不能提供确定性。"处理时间"既不需要从数据中获取时间，也不需要生成水位线。可以使用以下 3 个方法定义"处理时间"。

（1）在创建表的 DDL 中定义。

"处理时间"属性可以在创建表的 DDL 中用计算列的方式定义。使用 PROCTIME()方法就可以定义"处理时间"，如下所示：

```
CREATE TABLE user_actions (
  user_name STRING,
  data STRING,
  user_action_time AS PROCTIME() -- 声明一个额外的列作为"处理时间"属性
) WITH (
  ...
);
SELECT TUMBLE_START(user_action_time, INTERVAL '10' MINUTE), COUNT(DISTINCT user_name)
FROM user_actions
```

```
GROUP BY TUMBLE(user_action_time, INTERVAL '10' MINUTE);
```

（2）在 DataStream 到 Table 转换时定义。

"处理时间"属性可以在 Schema 定义时用.proctime()方法来定义。时间属性不能定义在一个已有字段上，所以它只能定义在 Schema 的最后。其使用方法如下所示：

```
DataStream<Tuple2<String, String>> stream = ...;
// 声明一个额外的字段作为时间属性字段
Table table = tEnv.fromDataStream(stream, $("user_name"), $("data"),
$("user_action_time").proctime());
WindowedTable windowedTable = table
            // 窗口转换算子
            .window(Tumble
            .over(lit(10).minutes())
            .on($("user_action_time"))
            .as("userActionWindow"));
```

（3）使用 TableSource 定义。

"处理时间"属性可以在实现了 DefinedProctimeAttribute 的 TableSource 中定义。逻辑的时间属性会放在 TableSource 已有物理字段的最后。其使用方法如下所示：

```
// 定义一个"处理时间"属性的 TableSource
public class UserActionSource implements StreamTableSource<Row>, DefinedProctimeAttribute {
    @Override
    public TypeInformation<Row> getReturnType() {
        String[] names = new String[] {"user_name" , "data"};
        TypeInformation[] types = new TypeInformation[] {Types.STRING(), Types.STRING()};
        return Types.ROW(names, types);
    }
    @Override
    public DataStream<Row> getDataStream(StreamExecutionEnvironment execEnv) {
        // 创建流
        DataStream<Row> stream = ...;
        return stream;
    }
    @Override
    public String getProctimeAttribute() {
        // 这个名字的列会被追加到最后，作为第 3 列
        return "user_action_time";
    }
}
// 注册 TableSource
tEnv.registerTableSource("user_actions", new UserActionSource());
WindowedTable windowedTable = tEnv
```

```
  .from("user_actions")
  // 窗口转换算子
  .window(Tumble
  .over(lit(10).minutes())
  .on($("user_action_time"))
  .as("userActionWindow"));
```

3. 事件时间

"事件时间"允许程序按照数据中包含的时间来处理，这样就可以在有乱序或晚到的数据的情况下产生一致的处理结果。它可以保证从外部存储读取数据后产生可以复现的结果。

除此之外，"事件时间"可以让程序在流式作业和批式作业中使用同样的语法。在流式程序中的"事件时间"属性在批式程序中就是一个正常的时间字段。

为了能够处理乱序的事件，并且区分正常到达和晚到的事件，Flink 需要从事件中获取"事件时间"并且产生水位线。

"事件时间"属性也有类似于"处理时间"的 3 种定义方式：在 DDL 中定义、在 DataStream 到 Table 转换时定义、使用 TableSource 定义。

（1）在 DDL 中定义。

"事件时间"属性可以用 WATERMARK 语句在 CREATE TABLE DDL 中进行定义。WATERMARK 语句在一个已有字段上定义一个水位线生成表达式，同时将这个已有字段标记为时间属性字段。其使用方法如下所示：

```
CREATE TABLE user_actions (
  user_name STRING,
  data STRING,
  user_action_time TIMESTAMP(3),
  -- 声明 user_action_time 是"事件时间"属性，并且用延迟 5s 的策略来生成水位线
  WATERMARK FOR user_action_time AS user_action_time - INTERVAL '5' SECOND
) WITH (
  ...
);

SELECT TUMBLE_START(user_action_time, INTERVAL '10' MINUTE), COUNT(DISTINCT user_name)
FROM user_actions
GROUP BY TUMBLE(user_action_time, INTERVAL '10' MINUTE);
```

（2）在 DataStream 到 Table 转换时定义。

"事件时间"属性可以使用.rowtime()方法在定义 DataStream Schema 时来定义。时间戳和水位线在这之前一定是在 DataStream 上已经定义好了。

在从 DataStream 到 Table 转换时定义"事件时间"属性有两种方式。

- 在 Schema 的结尾追加一个新的字段。
- 替换一个已经存在的字段。

不管在哪种情况下,"事件时间"字段都表示 DataStream 中定义的事件的时间戳。其使用方法如下所示:

```
// 选项 1
DataStream<Tuple2<String, String>> stream = inputStream
// 为数据流中的元素分配时间戳,并生成水位线以表示事件时间进度

.assignTimestampsAndWatermarks(...);
// 声明一个额外的逻辑字段作为"事件时间"属性

Table table = tEnv.fromDataStream(stream, $("user_name"), $("data"),
$("user_action_time").rowtime()");
// 选项 2
// 从第 1 个字段获取"事件时间",并且产生水位线

DataStream<Tuple3<Long, String, String>> stream = inputStream
.assignTimestampsAndWatermarks(...);
// 第 1 个字段已经用作"事件时间"抽取,不用再用一个新字段来表示"事件时间"

Table table = tEnv.fromDataStream(stream, $("user_action_time").rowtime(), $("user_name"),
$("data"));
// 用法
WindowedTable windowedTable = table
        // 窗口转换算子
        .window(Tumble
        .over(lit(10).minutes())
        .on($("user_action_time"))
        .as("userActionWindow"));
```

（3）使用 TableSource 定义。

"事件时间"属性可以在实现了 DefinedRowTimeAttributes 的 TableSource 中定义。getRowtimeAttributeDescriptors()方法返回 RowtimeAttributeDescriptor 的列表,包含了描述"事件时间"属性的字段名字、如何计算"事件时间",以及水位线生成策略等信息。

同时,需要确保 getDataStream 返回的 DataStream 已经定义好了时间属性。只有在定义了 StreamRecordTimestamp 时间戳分配器后,才认为 DataStream 是有时间戳信息的。只有定义了 PreserveWatermarks 水位线生成策略的 DataStream 的水位线才会被保留;反之,则只有时间字段的值是生效的。其使用方法如下所示:

```
// 定义一个有"事件时间"属性的 Tablesource
public class UserActionSource implements StreamTableSource<Row>, DefinedRowtimeAttributes {
    @Override
    public TypeInformation<Row> getReturnType() {
```

```
        String[] names = new String[] {"user_name", "data", "user_action_time"};
        TypeInformation[] types =
        new TypeInformation[] {Types.STRING(), Types.STRING(), Types.LONG()};
        return Types.ROW(names, types);
    }
    @Override
    public DataStream<Row> getDataStream(StreamExecutionEnvironment execEnv) {
        // 构造 DataStream
        DataStream<Row> stream = inputStream
                // 基于"user_action_time"定义水位线
                .assignTimestampsAndWatermarks(...);
        return stream;
    }


    @Override
    public List<RowtimeAttributeDescriptor> getRowtimeAttributeDescriptors() {
        // 标记 "user_action_time" 字段是 "事件时间" 字段
        // 为 "user_action_time" 构造一个时间属性描述符
        RowtimeAttributeDescriptor rowtimeAttrDescr = new RowtimeAttributeDescriptor(
                "user_action_time",
                new ExistingField("user_action_time"),
                new AscendingTimestamps());
        List<RowtimeAttributeDescriptor> listRowtimeAttrDescr =
Collections.singletonList(rowtimeAttrDescr);
        return listRowtimeAttrDescr;
    }
}

// 注册 Tablesource
tEnv.registerTableSource("user_actions", new UserActionSource());
WindowedTable windowedTable = tEnv
    .from("user_actions")
    // 窗口转换算子
    .window(Tumble.over(lit(10).minutes()).on($("user_action_time")).as("userActionWindow"));
```

10.2.3 流上的连接

1. 常规连接

常规连接（Join）是最通用的类型，在该连接中，任何新记录或对连接输入两侧的任何更改都是可见的，并且会影响整个连接结果。例如，如果左侧有一个新记录，则它将与右侧的所有以前和将来的记录合并在一起。其使用方法如下所示：

```
SELECT * FROM Orders
INNER JOIN Product
```

```
ON Orders.productId = Product.id
```

这些语义允许进行任何类型的更新（插入、更新、删除）输入表，这些语义需要将连接输入的两端始终保持在 Flink 的状态。因此，如果一个或两个输入表持续增长，则资源使用也将无限期增长。

2. 间隔连接

间隔连接由连接谓词定义，该连接谓词检查输入记录的时间属性是否在某些时间限制（即时间窗口）内。其使用方法如下所示：

```
SELECT *
FROM
  Orders o,
  Shipments s
WHERE o.id = s.orderId AND
    o.ordertime BETWEEN s.shiptime - INTERVAL '4' HOUR AND s.shiptime
```

与常规 Join 操作相比，间隔连接仅支持具有时间属性的附加表。由于时间属性是准单调增加的，因此 Flink 可以从其状态中删除旧值，而不会影响结果的正确性。

3. 与临时表函数连接

临时表函数的连接将附加表（左侧输入/探针侧）与临时表（右侧输入/构建侧）连接，即随时间变化并跟踪其变化的表。

10.2.4　认识时态表

时态表（Temporal Table）代表基于表的（参数化）视图概念，该表记录变更历史，该视图返回表在某个特定时间点的内容。

变更表既可以是跟踪变化的历史记录表（如数据库变更日志），也可以是有具体更改的表（如数据库表）。

- 对于跟踪变化的历史记录表，Flink 将追踪这些变化，并且允许查询这张表在某个特定时间点的内容。在 Flink 中，这类表由时态表函数（Temporal Table Function）表示。
- 对于有具体更改的表，Flink 允许查询这张表在处理时的内容，在 Flink 中，此类表由时态表（Temporal Table）表示。

1. 时态表函数

为了访问时态表中的数据，必须传递一个时间属性，该属性确定将要返回的表的版本。Flink 使用表函数的 SQL 语法提供一种表达它的方法。

定义后，时态表函数将使用单个时间参数 timeAttribute 并返回一个行集合，该集合包含相对于给定时间属性的所有现有主键的行的最新版本。

目前 Flink 不支持使用常量时间属性参数直接查询时态表函数。目前，时态表函数只能在 Join 操作中使用。上面的示例用于为 Rates(timeAttribute)的返回内容提供直观信息。

2. 时态表

仅 BlinkPlanner 支持时态表功能。

为了访问时态表中的数据，当前必须使用 LookupableTableSource 定义一个 TableSource。Flink 使用 SQL:2011 中提出的 FOR SYSTEM_TIME AS OF 的 SQL 语法查询时态表。

10.3 Catalog

10.3.1 认识 Catalog

1. 什么是 Catalog

Catalog 提供了元数据信息，如数据库、表、分区、视图，以及数据库或其他外部系统中存储的函数和信息。

数据处理最关键的方面之一是管理元数据。元数据可以是临时的，如临时表或通过 TableEnvironment 注册的 UDF；元数据也可以是持久化的，如 Hive Metastore 中的元数据。Catalog 提供了一个统一的 API，用于管理元数据，并使其可以从 Table API 和 SQL 查询语句中来访问。

TableEnvironment 维护的是一个由标识符（Identifier）创建的表 Catalog 的映射。标识符由以下 3 个部分组成。

- Catalog 名称。
- 数据库名称。
- 对象名称。

如果 Catalog 或数据库没有指明，则使用当前默认值。

2. Catalog 的类型

（1）GenericInMemoryCatalog。

GenericInMemoryCatalog 是基于内存实现的 Catalog，所有元数据只在 Session 的生命周期内可用。

（2）JdbcCatalog。

JdbcCatalog 使用户可以将 Flink 通过 JDBC 协议连接到关系数据库。PostgresCatalog 是当前实现的唯一一种 JdbcCatalog。

（3）HiveCatalog。

HiveCatalog 有两个用途：作为原生 Flink 元数据的持久化存储；作为读／写现有 Hive 元数据的接口。

> Hive Metastore 以小写形式存储所有元数据对象名称。而 GenericInMemoryCatalog 区分大小写。

（4）用户自定义 Catalog。

可以通过实现 Catalog 接口来自定义 Catalog。想要在 SQL CLI 中使用自定义 Catalog，用户除了需要实现自定义的 Catalog，还需要为这个 Catalog 实现对应的 CatalogFactory 接口。

CatalogFactory 接口定义了一组属性，用于 SQL CLI 启动时配置 Catalog。这组属性将传递给发现服务，在该服务中会尝试将属性关联到 CatalogFactory 接口并初始化相应的 Catalog 实例。

3. 临时表和永久表

Table 既可以是临时表（Temporary Table），或者叫虚拟表（视图 View）；也可以是永久表（Permanent Table），或者叫常规的表（Table）。视图 View 可以从已经存在的 Table 中创建，一般是 Table API 或 SQL 的查询结果。表描述的是外部数据，如文件、数据库表或消息队列。

临时表与单个 Flink 会话（Session）的生命周期相关。永久表在多个 Flink 会话和集群中可见。

永久表需要 Catalog（如 Hive Metastore），以维护表的元数据。一旦永久表被创建，它将对任何连接到 Catalog 的 Flink 会话可见且持续存在，直至被明确删除。

另外，临时表通常保存在内存中，并且仅在创建它们的 Flink 会话持续期间存在。这些表对于其他会话是不可见的。它们不与任何 Catalog 或数据库绑定，但可以在一个命名空间（Namespace）中创建。即使它们对应的数据库被删除，临时表也不会被删除。

可以使用与已存在的永久表相同的标识符注册临时表。临时表会屏蔽永久表，并且只要临时表存在，永久表就无法访问。所有使用该标识符的查询都将作用于临时表。这就是临时表的屏蔽（Shadowing）性。

这可能对实验有用。它允许先对一个临时表进行完全相同的查询，如只有一个子集的数据，或者数据是不确定的。一旦验证了查询的正确性，就可以对实际的生产表进行查询。

4. 创建表

（1）虚拟表。

在 SQL 的术语中，Table API 的对象对应视图（虚拟表）。它封装了一个逻辑查询计划。可以通过以下方法在 Catalog 中创建虚拟表：

```
// 表是简单投影查询的结果
Table projTable = tableEnv.from("X").select(...);
// 将 projTable 注册为虚拟表 "projectedTable"
tableEnv.createTemporaryView("projectedTable", projTable);
```

从传统数据库系统的角度来看，Table 对象与视图非常像。也就是说，定义了 Table 的查询是没有被优化的，而且会被内嵌到另一个引用了这个注册了的 Table 的查询中。如果多个查询都引用了同一个注册了的 Table，则它会被内嵌在每个查询中并被执行多次，即注册了的 Table 的结果不会被共享（BlinkPlanner 的 TableEnvironment 会优化成只执行一次）。

（2）Connector Tables。

创建表的另一种方式是通过 Connector 声明。Connector 描述了存储表数据的外部系统。存储系统（如 Kafka 或常规的文件系统）都可以通过这种方式来声明。其使用方法如下所示：

```
tableEnvironment
  .connect(...)
  .withFormat(...)
  .withSchema(...)
  .inAppendMode()
  .createTemporaryTable("MyTable")
```

5. 扩展表标识符

表总是通过三元标识符注册，包括 Catalog 名、数据库名和表名。

用户可以指定一个 Catalog 和数据库作为"当前 Catalog"和"当前数据库"。如果前两部分的标识符没有指定，则使用当前 Catalog 和当前数据库。用户也可以通过 Table API 或 SQL 切换当前的 Catalog 和当前的数据库。

标识符遵循 SQL 标准，因此使用时需要用反引号（`）进行转义。其使用方法如下所示：

```
// 创建 Table API 和 SQL 程序的执行环境
TableEnvironment tEnv = ...;
tEnv.useCatalog("custom_catalog");
tEnv.useDatabase("custom_database");
```

```
// 将数据集转换为表
Table table = ...;
```
// 在名为 "custom_catalog" 的 Catalog 和名为 "custom_database" 的数据库中注册一个名为 "exampleView" 的视图
```
tableEnv.createTemporaryView("exampleView", table);
```
// 在名为 "custom_catalog" 的 Catalog 和名为 "other_database" 的数据库中注册一个名为 "exampleView" 的视图
```
tableEnv.createTemporaryView("other_database.exampleView", table);
```
// 在名为 "custom_catalog" 的 Catalog 和名为 "custom_database" 的数据库中注册一个名为 "example.View" 的视图
```
tableEnv.createTemporaryView("`example.View`", table);
```
// 在名为 "other_catalog" 的 Catalog 和名为 "other_database" 的数据库中注册一个名为 "exampleView" 的视图
```
tableEnv.createTemporaryView("other_catalog.other_database.exampleView", table);
```

6. 创建 Flink 表并将其注册到 Catalog

可以使用如下两种方式创建 Flink 表并将其注册到 Catalog。

- 使用 SQL DDL：使用 DDL 通过 Table API 或 SQL Client 在 Catalog 中创建表。
- 使用 Java：使用编程的方式使用 Java 或 Scala 来创建 Catalog 表。

10.3.2　实例 36：使用 Java 和 SQL 的 DDL 方式创建 Catalog、Catalog 数据库与 Catalog 表

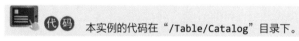 本实例的代码在 "/Table/Catalog" 目录下。

本实例演示的是使用 Java 和 SQL 的 DDL 方式创建 Catalog、Catalog 数据库与 Catalog 表。

1. 使用 Java 方式

使用 Java 方式创建 Catalog、Catalog 数据库与 Catalog 表，如下所示：

```java
public class CatalogDemo {
    // main()方法——Java 应用程序的入口
    public static void main(String[] args) throws Exception {
        // 获取执行环境
        ExecutionEnvironment env = ExecutionEnvironment.getExecutionEnvironment();
        // 创建 Table API 和 SQL 程序的执行环境
        TableEnvironment tableEnv =
        TableEnvironment.create(EnvironmentSettings.newInstance().build());
        // 创建一个内存 Catalog
        Catalog catalog = new GenericInMemoryCatalog(GenericInMemoryCatalog.DEFAULT_DB);
        // 注册 Catalog
        tableEnv.registerCatalog("myCatalog", catalog);
        HashMap<String, String> hashMap = new HashMap<String, String>();
```

```
            hashMap.put(CATALOG_TYPE, CATALOG_TYPE_VALUE_GENERIC_IN_MEMORY);
            hashMap.put(CATALOG_PROPERTY_VERSION, "1");
        // 创建一个 Catalog 数据库
        catalog.createDatabase("myDb", new CatalogDatabaseImpl(hashMap,"comment"),false);
        // 创建一个 Catalog 表
        TableSchema schema = TableSchema.builder()
                .field("name", DataTypes.STRING())
                .field("age", DataTypes.INT())
                .build();
        catalog.createTable(
                new ObjectPath("myDb","mytable"),
                new CatalogTableImpl(schema,hashMap, CATALOG_PROPERTY_VERSION),false);
        catalog.createTable(
                new ObjectPath("myDb","mytable2"),
                new CatalogTableImpl(schema,hashMap, CATALOG_PROPERTY_VERSION),false);
        List<String> tables = catalog.listTables("myDb"); // 表应包含 "mytable"
        System.out.println("表信息: "+tables.toString());
    }
}
```

运行上述应用程序之后，会在控制台中输出以下信息：

表信息：[mytable, mytable2]

2. 使用 DDL 方式

使用 DDL 方式创建 Catalog、Catalog 数据库与 Catalog 表，如下所示：

```
public class CatalogDemoForDDL {
    // main()方法——Java 应用程序的入口
    public static void main(String[] args) throws Exception {
        // 获取执行环境
        ExecutionEnvironment env = ExecutionEnvironment.getExecutionEnvironment();
        // 创建 Table API 和 SQL 程序的执行环境
        TableEnvironment tableEnv =
TableEnvironment.create(EnvironmentSettings.newInstance().build());
        HashMap<String, String> hashMap = new HashMap<String, String>();
        hashMap.put(CATALOG_TYPE, CATALOG_TYPE_VALUE_GENERIC_IN_MEMORY);
        hashMap.put(CATALOG_PROPERTY_VERSION, "1");
        // 创建一个内存 Catalog
        Catalog catalog = new GenericInMemoryCatalog(GenericInMemoryCatalog.DEFAULT_DB);
        // 注册 Catalog
        tableEnv.registerCatalog("mycatalog", catalog);
        // 创建一个 Catalog 数据库
        tableEnv.executeSql("CREATE DATABASE mydb ");
        // 创建一个 Catalog 表
```

```
        tableEnv.executeSql("CREATE TABLE mytable (name STRING, age INT) ");
        tableEnv.executeSql("CREATE TABLE mytable2 (name STRING, age INT) ");
        List<String> tables = Arrays.asList(tableEnv.listTables().clone());
        System.out.println("表信息: " + tables.toString());
    }
}
```

运行上述应用程序之后，会在控制台中输出以下信息：

```
表信息: [mytable, mytable2]
```

10.3.3　使用 Catalog API

使用 Catalog API 的方式如下。

> 这里只列出了编程方式的 Catalog API，用户可以使用 SQL DDL 实现许多相同的功能。

1. 数据库操作

```
// 创建数据库
catalog.createDatabase("mydb", new CatalogDatabaseImpl(...), false);
// 删除数据库
catalog.dropDatabase("mydb", false);
// 修改数据库
catalog.alterDatabase("mydb", new CatalogDatabaseImpl(...), false);
// 获取数据库
catalog.getDatabase("mydb");
// 检查数据库是否存在
catalog.databaseExists("mydb");
// 显示 Catalog 中的数据库
catalog.listDatabases("mycatalog");
```

2. 表操作

```
// 创建表
catalog.createTable(new ObjectPath("mydb", "mytable"), new CatalogTableImpl(...), false);
// 删除表
catalog.dropTable(new ObjectPath("mydb", "mytable"), false);
// 修改表
catalog.alterTable(new ObjectPath("mydb", "mytable"), new CatalogTableImpl(...), false);
// 重命名表
catalog.renameTable(new ObjectPath("mydb", "mytable"), "my_new_table");
// 获取表
catalog.getTable("mytable");
```

```
// 检查表是否存在
catalog.tableExists("mytable");
// 显示数据库中的表
catalog.listTables("mydb");
```

3. 视图操作

```
// 创建视图
catalog.createTable(new ObjectPath("mydb", "myview"), new CatalogViewImpl(...), false);
// 删除视图
catalog.dropTable(new ObjectPath("mydb", "myview"), false);
// 修改视图
catalog.alterTable(new ObjectPath("mydb", "mytable"), new CatalogViewImpl(...), false);
// 重命名视图
catalog.renameTable(new ObjectPath("mydb", "myview"), "my_new_view", false);
// 获取视图
catalog.getTable("myview");
// 检查视图是否存在
catalog.tableExists("mytable");
// 显示数据库中的视图
catalog.listViews("mydb");
```

4. 分区操作

```
// 创建分区
catalog.createPartition(
    new ObjectPath("mydb", "mytable"),
    new CatalogPartitionSpec(...),
    new CatalogPartitionImpl(...),
    false);
// 删除分区
catalog.dropPartition(new ObjectPath("mydb", "mytable"), new CatalogPartitionSpec(...), false);
// 修改分区
catalog.alterPartition(
    new ObjectPath("mydb", "mytable"),
    new CatalogPartitionSpec(...),
    new CatalogPartitionImpl(...),
    false);
// 获取分区
catalog.getPartition(new ObjectPath("mydb", "mytable"), new CatalogPartitionSpec(...));
// 检查分区是否存在
catalog.partitionExists(new ObjectPath("mydb", "mytable"), new CatalogPartitionSpec(...));
// 显示表的分区
catalog.listPartitions(new ObjectPath("mydb", "mytable"));
// 在给定分区规范下列出表的分区
catalog.listPartitions(new ObjectPath("mydb", "mytable"), new CatalogPartitionSpec(...));
// 通过表达式过滤器列出表的分区
```

```
catalog.listPartitions(new ObjectPath("mydb", "mytable"), Arrays.asList(epr1, ...));
```

5. 函数操作

```
// 创建函数
catalog.createFunction(new ObjectPath("mydb", "myfunc"), new CatalogFunctionImpl(...), false);
// 删除函数
catalog.dropFunction(new ObjectPath("mydb", "myfunc"), false);
// 修改函数
catalog.alterFunction(new ObjectPath("mydb", "myfunc"), new CatalogFunctionImpl(...), false);
// 获取函数
catalog.getFunction("myfunc");
// 检查函数是否存在
catalog.functionExists("myfunc");
// 列出数据库中的函数
catalog.listFunctions("mydb");
```

10.3.4　使用 Table API 和 SQL Client 操作 Catalog

1. 注册 Catalog

可以访问默认创建的内存 Catalog：default_catalog，这个 Catalog 默认拥有一个默认数据库，即 default_database。也可以在现有的 Flink 会话中注册其他的 Catalog，如下所示：

```
tableEnv.registerCatalog(new CustomCatalog("myCatalog"));
```

2. 修改当前的 Catalog 和数据库

Flink 始终在当前的 Catalog 和数据库中寻找表、视图与 UDF。如果要修改当前的 Catalog 和数据库，则可以使用如下所示的代码：

```
tableEnv.useCatalog("myCatalog");
tableEnv.useDatabase("myDb");
```

可以通过提供全限定名 catalog.database.object　来访问不在当前 Catalog 中的元数据信息：

```
tableEnv.from("not_the_current_catalog.not_the_current_db.my_table");
```

3. 列出可用的 Catalog

```
tableEnv.listCatalogs();
```

4. 列出可用的数据库

```
tableEnv.listDatabases();
```

5. 列出可用的表

```
tableEnv.listTables();
```

251

10.4 Table API、SQL 与 DataStream 和 DataSet API 的结合

10.4.1 从 Table API、SQL 到 DataStream、DataSet 的架构

Flink 可以很容易地把 Table API、SQL 集成并嵌入 DataStream 程序和 DataSet 程序中，也可以将 Table API 或 SQL 查询应用于 DataStream 程序或 DataSet 程序的结果中。

Flink 执行层是流/批统一的设计，在 API 和算子设计方面 Flink 尽量达到流/批的共享，在 Table API 和 SQL 层，无论是流任务还是批任务，最终都转换为统一的底层实现。这个层面最核心的变化是批最终也会生成 StreamGraph，执行层运行 Stream Task，如图 10-8 所示。

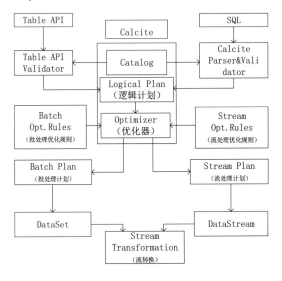

图 10-8

由图 10-8 可以看出，Flink 使用 Apache 软件基金会的 Calcite 来解析、优化和执行 SQL。

> 在流处理方面，两个计划器（OldPlanner 和 BlinkPlanner）都可以与 DataStream API 结合，但只有 OldPlanner 可以与 DataSet API 结合。

10.4.2 使用 DataStream 和 DataSet API 创建视图与表

1. Scala 隐式转换

Scala Table API 含有对 DataSet、DataStream 和 Table 类的隐式转换。通过为 Scala

DataStream API 导入 org.apache.flink.table.api.bridge.scala._ 包及 org.apache.flink.api.scala._ 包可以启用这些转换。

> 因为 Flink 的部分功能是使用 Scala 编写的，所以在 Java 开发中，可能需要调用 Scala 隐式转换。

2. 通过 DataSet 或 DataStream 创建视图

在 TableEnvironment 中可以将 DataStream 或 DataSet 注册成视图。结果视图的 Schema 取决于注册的 DataStream 或 DataSet 的数据类型。

通过 DataStream 或 DataSet 创建的视图只能注册成临时视图。

通过 DataSet 或 DataStream 创建视图的方法如下所示：

```
// 获取 TableEnvironment 环境，与在 BatchTableEnvironment 中注册数据集是等效的
StreamTableEnvironment tableEnv = ...;
DataStream<Tuple2<Long, String>> stream = ...
// 将数据流注册为具有字段 f0 和 f1 的视图 myTable
tableEnv.createTemporaryView("myTable", stream);
// 使用字段 myLong 和 myString 将数据流注册为视图 myTable2
tableEnv.createTemporaryView("myTable2", stream, $("myLong"), $("myString"));
```

3. 将 DataStream 或 DataSet 转换成表

与在 TableEnvironment 中注册 DataStream 或 DataSet 不同，DataStream 和 DataSet 可以直接转换成表，转换方法如下所示：

```
// 获取 StreamTableEnvironment 环境，与在 BatchTableEnvironment 中注册数据集是等效的
StreamTableEnvironment tableEnv = ...;
DataStream<Tuple2<Long, String>> stream = ...
// 将 DataStream 转换为带有默认字段 f0 和 f1 的表
Table table1 = tableEnv.fromDataStream(stream);
// 将 DataStream 转换为具有字段 myLong 和 myString 的表
Table table2 = tableEnv.fromDataStream(stream, $("myLong"), $("myString"));
```

10.4.3　将表转换成 DataStream 或 DataSet

表可以被转换成 DataStream 或 DataSet。通过这种方式，定制的 DataSet 程序或 DataStream 程序就可以在 Table API 或 SQL 的查询结果上运行。

将表转换为 DataStream 或 DataSet 时，需要指定生成的 DataStream 或 DataSet 的数据类型，即表的每行数据要转换成的数据类型。通常最方便的选择是转换成行。以下列表概述了不同选项的功能。

- Row: 字段按位置映射，字段数量任意，支持 Null 值，无类型安全（type-safe）检查。
- POJO：字段按名称映射（POJO 必须按表中字段名称命名），字段数量任意，支持 Null 值，无类型安全检查。
- Case Class：字段按位置映射，不支持 Null 值，有类型安全检查。
- Tuple：字段按位置映射，字段数量少于 22（Scala）或 25（Java），不支持 Null 值，无类型安全检查。
- Atomic Type：表必须有一个字段，不支持 Null 值，有类型安全检查。

1. 将表转换成 DataStream

流式查询的结果表会动态更新，也就是说，当新记录到达查询的输入流时查询结果会改变。因此，像这样将动态查询结果转换成 DataStream 需要对表的更新方式进行编码。

将表转换为 DataStream 有以下两种模式。

- Append 模式：当动态表仅通过 INSERT 更改进行修改时，才可以使用此模式，即它仅是追加操作，并且之前输出的结果永远不会更新。
- Retract 模式：任何情形都可以使用此模式，它使用布尔值对 INSERT 和 DELETE 操作的数据进行标记。

将表转换成 DataStream 的使用方法如下所示：

```java
// 创建 Table API 和 SQL 程序的执行环境
StreamTableEnvironment tableEnv = ...;
// 具有两个字段(String name, Integer age)的表

Table table = ...
// 通过指定类将表转换为行的 DataStream（Append 模式）

DataStream<Row> dsRow = tableEnv.toAppendStream(table, Row.class);
// 通过 TypeInformation 将表转换为 Tuple2 <String, Integer>的 DataStream（Append 模式）

TupleTypeInfo<Tuple2<String, Integer>> tupleType = new TupleTypeInfo<>(
        Types.STRING(),
        Types.INT());
DataStream<Tuple2<String, Integer>> dsTuple =
// 将给定的表转换为指定类型的 DataStream

tableEnv.toAppendStream(table, tupleType);
// 将表转换为行的 DataStream（Retract 模式）

DataStream<Tuple2<Boolean, Row>> retractStream =
        tableEnv.toRetractStream(table, Row.class);
```

文档动态表给出了有关动态表及其属性的详细讨论。

一旦 Table 被转化为 DataStream，则必须使用 StreamExecutionEnvironment 的 execute() 方法执行该 DataStream 作业。

2. 将表转换成 DataSet

将表转换成 DataSet 的过程如下：

```
// 创建 Table API 和 SQL 程序的执行环境
BatchTableEnvironment tableEnv = BatchTableEnvironment.create(env);
// 具有两个字段的表(String name, Integer age)
Table table = ...
// 通过指定一个类将表转换为行的数据集
DataSet<Row> dsRow = tableEnv.toDataSet(table, Row.class); // 将给定的 Table 转换为指定类型的
DataSet
// 通过 TypeInformation 将表转换为 Tuple2 <String，Integer>的数据集
TupleTypeInfo<Tuple2<String, Integer>> tupleType = new TupleTypeInfo<>(
    Types.STRING(),
    Types.INT());
DataSet<Tuple2<String, Integer>> dsTuple =
    tableEnv.toDataSet(table, tupleType); // 将给定的表转换为指定类型的 DataSet
```

在表被转换为 DataSet 之后，必须使用 ExecutionEnvironment 的 execute()方法执行该 DataSet 作业。

10.4.4 从数据类型到 Table Schema 的映射

Flink 的 DataStream 和 DataSet API 支持多种数据类型。例如，Tuple 类型、POJO 类型、Row 类型等允许嵌套且有多个可在表的表达式中访问的字段的复合数据类型。其他类型被视为原子类型。

数据类型到 Table Schema 的映射有两种方式：基于位置的映射和基于名称的映射。

1. 基于位置的映射

基于位置的映射可以在保持字段顺序的同时为字段提供更有意义的名称。这种映射方式可以用于具有特定的字段顺序的复合数据类型及原子类型，如 Tuple 类型、Row 类型，以及 Case Class 这些复合数据类型都有这样的字段顺序。然而，POJO 类型的字段则必须通过名称映射。可以将字段投影出来，但不能使用 AS 重命名。

定义基于位置的映射时，输入的数据类型中一定不能存在指定的名称，否则 API 会假定应该基于字段名称进行映射。如果未指定任何字段名称，则使用默认的字段名称和复合数据类型的字段顺序，或者使用 f0 表示原子类型。

基于位置的映射的使用方法如下所示：

```
// 获取 StreamTableEnvironment 环境，等效于使用 BatchTableEnvironment
StreamTableEnvironment tableEnv = ...;
DataStream<Tuple2<Long, Integer>> stream = ...
// 将 DataStream 转换为具有默认字段名称 f0 和 f1 的表

Table table = tableEnv.fromDataStream(stream);
// 将数据流转换为仅具有字段 myLong 的表

Table table = tableEnv.fromDataStream(stream, $("myLong"));
// 将数据流转换为具有字段名称 myLong 和 myInt 的表

Table table = tableEnv.fromDataStream(stream, $("myLong"), $("myInt"));
```

2. 基于名称的映射

基于名称的映射适用于任何数据类型，包括 POJO 类型，这是定义 Table Schema 映射最灵活的方式。映射中的所有字段均按名称引用，并且可以使用 AS 重命名。字段可以被重新排序和映射。

如果没有指定任何字段名称，则使用默认的字段名称和复合数据类型的字段顺序，或者使用 f0 表示原子类型。

基于名称的映射的使用方法如下所示：

```
// 获取 StreamTableEnvironment 环境，等效于使用 BatchTableEnvironment
StreamTableEnvironment tableEnv = ...;
DataStream<Tuple2<Long, Integer>> stream = ...
// 将 DataStream 转换为具有默认字段名称 f0 和 f1 的表

Table table = tableEnv.fromDataStream(stream);
// 将数据流转换为仅具有字段 f1 的表

Table table = tableEnv.fromDataStream(stream, $("f1"));
// 使用交换字段将 DataStream 转换为表

Table table = tableEnv.fromDataStream(stream, $("f1"), $("f0"));
// 使用交换的字段与字段名称 myInt 和 myLong 将 DataStream 转换为表

Table table = tableEnv.fromDataStream(stream, $("f1").as("myInt"), $("f0").as("myLong"));
```

（1）原子类型。

Flink 将基础数据类型（Integer、Double、String）或通用数据类型（不可再拆分的数据类型）视为原子类型。原子类型的 DataStream 或 DataSet 会被转换成只有一条属性的表。属性的数据类型可以由原子类型推断出，还可以重新命名属性。

原子类型的 DataStream 或 DataSet 转换为表的方法如下所示：

```
// 获取 StreamTableEnvironment 环境, 等效于使用 BatchTableEnvironment
StreamTableEnvironment tableEnv = ...;
DataStream<Long> stream = ...
// 使用默认字段名称 f0 将 DataStream 转换为表
Table table = tableEnv.fromDataStream(stream);
// 将数据流转换为字段名称为 myLong 的表
Table table = tableEnv.fromDataStream(stream, $("myLong"));
```

（2）Tuple 类型（Scala 和 Java）和 Case Class 类型（仅 Scala）。

Flink 支持 Scala 的内置 Tuple 类型，并为 Java 提供自己的 Tuple 类型，两种 Tuple 类型的 DataStream 和 DataSet 都能被转换成表。可以通过提供所有字段名称来重命名字段（基于位置映射）。如果没有指明任何字段名称，则会使用默认的字段名称。如果引用了原始字段名称（对于 Flink Tuple 为 f0、f1 ……，对于 Scala Tuple 为_1、_2 …… ），则 API 会假定映射是基于名称的而不是基于位置的。基于名称的映射可以使用 AS 对字段和投影进行重新排序。

Tuple 类型和 Case Class 类型的 DataStream 转换为表的方法如下所示：

```
// 获取 StreamTableEnvironment 环境, 等效于使用 BatchTableEnvironment
StreamTableEnvironment tableEnv = ...;
DataStream<Tuple2<Long, String>> stream = ...
// 将 DataStream 转换为具有默认字段名称 f0 和 f1 的表
Table table = tableEnv.fromDataStream(stream);
// 使用重命名的字段名称 myLong 和 myString（基于位置）将 DataStream 转换为表
Table table = tableEnv.fromDataStream(stream, $("myLong"), $("myString"));
// 使用重新排序的字段 f1 和 f0（基于名称）将 DataStream 转换为表
Table table = tableEnv.fromDataStream(stream, $("f1"), $("f0"));
// 将 DataStream 转换为带有投影字段 f1 的表（基于名称）
Table table = tableEnv.fromDataStream(stream, $("f1"));
// 使用重新排序和别名字段 myString 和 myLong（基于名称）将 DataStream 转换为表
Table table = tableEnv.fromDataStream(stream, $("f1").as("myString"), $("f0").as("myLong"));
```

（3）POJO 类型（Java 和 Scala）。

Flink 支持 POJO 类型作为复合类型。

在不指定字段名称的情况下，如果将 POJO 类型的 DataStream 或 DataSet 转换成表时，则使用原始 POJO 类型字段的名称。名称映射需要原始名称，并且不能按位置进行。字段可以使用别名（带有 AS 关键字）来重命名，重新排序和投影。

POJO 类型的 DataStream 或 DataSet 转换成表的方法如下所示：

```
// 获取 StreamTableEnvironment 环境, 等效于使用 BatchTableEnvironment
StreamTableEnvironment tableEnv = ...;
// Person 是 POJO 类型, 带有字段 name 和 age
DataStream<Person> stream = ...
```

```
// 将 DataStream 转换为具有默认字段名称 age 和 name 的表（字段按名称排序）
Table table = tableEnv.fromDataStream(stream);
// 使用重命名字段 myAge 和 myName（基于名称）将 DataStream 转换为表
Table table = tableEnv.fromDataStream(stream, $("age").as("myAge"), $("name").as("myName"));
// 将 DataStream 转换为具有投影字段 name 的表（基于名称）
Table table = tableEnv.fromDataStream(stream, $("name"));
// 使用投影计和重命名的字段 myName（基于名称）将 DataStream 转换为表
Table table = tableEnv.fromDataStream(stream, $("name").as("myName"));
```

（4）Row 类型。

Row 类型支持任意数量的字段，以及具有 Null 值的字段。字段名称既可以通过 RowTypeInfo 指定，也可以在将 Row 的 DataStream 或 DataSet 转换为表时指定。Row 类型的字段映射支持基于名称和基于位置两种方式。字段可以通过提供所有字段的名称的方式重命名（基于位置映射）或分别选择进行投影/排序/重命名（基于名称映射）。

Row 类型的 DataStream 转换为表的方法如下所示：

```
// 获取 StreamTableEnvironment 环境，等效于使用 BatchTableEnvironment
StreamTableEnvironment tableEnv = ...;
// Row 的 DataStream，在 RowTypeInfo 中指定了两个字段 name 和 age
DataStream<Row> stream = ...
// 使用默认字段名称 name 和 age 将 DataStream 转换为表
Table table = tableEnv.fromDataStream(stream);
// 使用重命名的字段名称 myName 和 myAge（基于位置）将 DataStream 转换为表
Table table = tableEnv.fromDataStream(stream, $("myName"), $("myAge"));
// 使用重命名字段 myName 和 myAge（基于名称）将 DataStream 转换为表
Table table = tableEnv.fromDataStream(stream, $("name").as("myName"), $("age").as("myAge"));
// 将 DataStream 转换为具有投影字段 name 的表（基于名称）
Table table = tableEnv.fromDataStream(stream, $("name"));
// 使用投射和重命名的字段 myName（基于名称）将 DataStream 转换为表
Table table = tableEnv.fromDataStream(stream, $("name").as("myName"));
```

10.4.5　实例 37：使用 Table API 转换 DataSet，并应用 Group 算子、Aggregate 算子、Select 算子和 Filter 算子

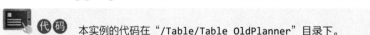 本实例的代码在 "/Table/Table OldPlanner" 目录下。

本实例演示的是将 DataSet 转换为表，以及如何使用 Table API 应用 Group 算子、Aggregate 算子、Select 算子和 Filter 算子，如下所示：

```
public class WordCountTable {
    // main()方法——Java 应用程序的入口
    public static void main(String[] args) throws Exception {
        // 获取执行环境
```

```
ExecutionEnvironment env = ExecutionEnvironment.getExecutionEnvironment();
// 创建 Table API 和 SQL 程序的执行环境

BatchTableEnvironment tEnv = BatchTableEnvironment.create(env);
// 加载或创建源数据

DataSet<WC> input = env.fromElements(
        new WC("Hello", 1),
        new WC("Flink", 1),
        new WC("Hello", 1));
// 将 DataSet 转换为表
Table table = tEnv.fromDataSet(input);
// 在注册的表上执行 SQL 查询，并把取回的结果作为一个新的表
Table filtered = table
        // 分组转换算子
        .groupBy($("word"))
            .select($("word"), $("frequency").sum().as("frequency"))
            .filter($("frequency").isEqual(2));
// 将给定的表转换为指定类型的 DataSet
DataSet<WC> result = tEnv.toDataSet(filtered, WC.class);
// 打印数据到控制台

result.print();
    }
}
```

运行上述应用程序之后，会在控制台中输出以下信息：

```
WC Hello 2
```

10.4.6　实例 38：使用 SQL 转换 DataSet，并注册表和执行 SQL 查询

 本实例的代码在"/Table/Table OldPlanner"目录下。

本实例演示的是将 DataSet 转换为 Table，注册一个表，以及在注册的表上执行 SQL 查询，如下所示：

```
public class WordCountSQL {
    // main()方法——Java 应用程序的入口
    public static void main(String[] args) throws Exception {
        // 获取执行环境

        ExecutionEnvironment env = ExecutionEnvironment.getExecutionEnvironment();
        // 创建 Table API 和 SQL 程序的执行环境

        BatchTableEnvironment tEnv = BatchTableEnvironment.create(env);
        // 加载或创建源数据

        DataSet<WC> input = env.fromElements(
                new WC("Hello", 1),
                new WC("Flink", 1),
```

```
            new WC("Hello", 1));
    // 注册 DataSet 为视图："WordCount"
    tEnv.createTemporaryView("WordCount", input, $("word"), $("frequency"));
    // 在注册的表上执行 SQL 查询，并把取回的结果作为一个新的表
    Table table = tEnv.sqlQuery(
    "SELECT word, SUM(frequency) as frequency FROM WordCount GROUP BY word");
    // 将给定的表转换为指定类型的 DataSet
    DataSet<WC> result = tEnv.toDataSet(table, WC.class);
    // 打印数据到控制台
    result.print();
    }
}
```

运行上述应用程序之后，会在控制台中输出以下信息：

```
WC Hello 2
WC Ciao 1
```

第 11 章

使用 SQL 实现流/批统一处理

本章首先介绍 SQL 客户端，然后介绍 SQL 语句，最后介绍变更数据获取。

11.1　SQL 客户端

Flink 的 Table API&SQL 可以处理用 SQL 语言编写的查询语句，但是这些查询需要嵌入用 Java 或 Scala 编写的表程序中。此外，这些程序在提交到集群之前需要用构建工具进行打包。这提高了用户使用的门槛。

SQL 客户端（SQL Client）提供了一种简单的方式，以编写、调试和提交表程序到 Flink 集群中（无须写一行 Java 或 Scala 代码）。SQL 客户端命令行界面（CLI）能够在命令行中检索和可视化在分布式应用中实时产生的结果。

1. 启动 SQL 客户端命令行界面

SQL 客户端被捆绑在 Flink 的常规发行版本中，因此仅需要一个正在运行的 Flink 集群就可以直接运行它。

SQL 客户端脚本位于 Flink 的 "bin" 目录中，目前仅支持 embedded 模式。将来用户可以通过启动嵌入式 standalone 进程，或者通过连接到远程 SQL 客户端网关来启动 SQL 客户端命令行界面。可以通过以下方式启动 CLI：

```
./bin/sql-client.sh embedded
```

在 SQL 客户端启动时，可以添加 CLI 选项。在默认情况下，SQL 客户端将从 "./conf/sql-client-defaults.yaml" 中读取配置。

2．执行 SQL 查询

在命令行界面启动后，可以用 HELP 命令列出所有可用的 SQL 语句。输入第一条 SQL 查询语句并按 Enter 键执行，可以验证设置及集群连接是否正确：

```sql
SELECT 'Hello World';
```

该查询不需要 Table source，并且只产生一行结果。CLI 将从集群中检索结果，并将其可视化。按"Q"键则退出结果视图。

CLI 提供了以下 3 种模式来维护可视化结果。

（1）表格模式。

表格模式（Table Mode）在内存中实体化结果，并将结果用规则的分页表格可视化展示出来。执行如下命令启用：

```
SET execution.result-mode=table;
```

（2）变更日志模式。

变更日志模式（Changelog Mode）不会实体化和可视化结果，而是由插入（＋）和撤销（－）组成的持续查询产生结果流：

```
SET execution.result-mode=changelog;
```

（3）Tableau 模式。

Tableau 模式（Tableau Mode）更接近传统的数据库，会将执行的结果以表格的形式直接输出到屏幕上。具体显示的内容取决于作业执行模式（execution.type）：

```
SET execution.result-mode=tableau;
```

在使用 Tableau 模式运行一个流式查询时，Flink 会将结果持续地打印在当前屏幕上。如果这个流式查询的输入是有限的数据集，则 Flink 在处理完所有的数据后会自动停止作业，并且屏幕上的打印也会相应停止。如果想提前结束这个查询，则可以直接按"Ctrl+C"组合键，这样会停止作业且停止屏幕上的打印。

3．分离的 SQL 查询

为了定义端到端的 SQL 管道，SQL 的 INSERT INTO 语句可以向 Flink 集群提交长时间运行的分离查询。查询产生的结果会被输出到除 SQL 客户端之外的扩展系统中，这样可以应对更高的并发和更多的数据。CLI 在提交后不对分离查询做任何控制。其使用方法如下所示：

```sql
INSERT INTO MyTableSink SELECT * FROM MyTableSource
```

11.2　SQL 语句

11.2.1　认识 SQL 语句

SQL 是数据分析中使用最广泛的语言。Flink 支持的 SQL 语言包括数据定义语言（Data Definition Language，DDL）、数据操纵语言（Data Manipulation Language，DML）及查询语言。

Flink 对 SQL 的支持是基于实现了 SQL 标准的 Apache 软件基金会的 Calcite 的。既可以使用 TableEnvironment 中的 executeSql()方法执行 SQL 语句，也可以在 SQL 客户端（CLI）中执行 SQL 语句。

1. 支持的语句

目前 Flink SQL 支持的语句如下所示。

- SELECT：查询。
- CREATE：创建（TABLE、DATABASE、VIEW、FUNCTION）。
- DROP：删除（TABLE、DATABASE、VIEW、FUNCTION）。
- ALTER：修改（TABLE、DATABASE、FUNCTION）。
- INSERT：插入。
- SQL HINTS：SQL 提示。
- DESCRIBE：描述。
- EXPLAIN：解释。
- USE：使用。
- SHOW：显示。

2. 数据类型

通用类型与（嵌套的）符合类型（如 POJO、Tuples、Row、Scala Case）都可以作为行的字段。符合类型的字段任意的嵌套可以被值访问函数访问。

通用类型可以被用户自定义函数传递或引用。SQL 查询不支持部分数据类型（Cast 表达式或字符常量值），如 String、Bytes、Raw、Time(p) Without Time Zone、Time(p) With Local Time Zone、Timestamp(p) Without Time Zone、Timestamp(p) With Local Time Zone、Array、Multiset、Row。

3. 保留关键字

一些字符串的组合已经被 Flink 预留为关键字，以备未来使用。如果使用以下保留关键字作为字段名，则需要在使用时使用反引号将该字段名包起来（如`ABSOLUTE`和`ADMIN`）。

保留关键字包括 A、ABS、ABSOLUTE、ACTION、ADA、ADD、ADMIN、AFTER、ALL、ALLOCATE、ALLOW、ALTER、ALWAYS、AND、ANY 等。

11.2.2　CREATE 语句

CREATE 语句用于在当前或指定的 Catalog 中创建表、视图和函数等。创建后的表、视图和函数可以在 SQL 查询中使用。

目前 Flink SQL 支持的 CREATE 语句有 CREATE TABLE、CREATE CATALOG、CREATE DATABASE、CREATE VIEW、CREATE FUNCTION。

1. 创建 TABLE（CREATE TABLE）

在根据指定的表名和参数创建一个表时，如果同名表在 Catalog 中已经存在，则无法创建。创建表的语法格式如下所示：

```
CREATE TABLE [catalog_name.][db_name.]table_name
  (
    { <column_definition> | <computed_column_definition> }[ , ...n]
    [ <watermark_definition> ]
    [ <table_constraint> ][ , ...n]
  )
  [COMMENT table_comment]
  [PARTITIONED BY (partition_column_name1, partition_column_name2, ...)]
  WITH (key1=val1, key2=val2, ...)
  [ LIKE source_table [( <like_options> )] ]

<column_definition>:
  column_name column_type [ <column_constraint> ] [COMMENT column_comment]

<column_constraint>:
  [CONSTRAINT constraint_name] PRIMARY KEY NOT ENFORCED

<table_constraint>:
  [CONSTRAINT constraint_name] PRIMARY KEY (column_name, ...) NOT ENFORCED

<computed_column_definition>:
  column_name AS computed_column_expression [COMMENT column_comment]

<watermark_definition>:
  WATERMARK FOR rowtime_column_name AS watermark_strategy_expression

<like_options>:
{
```

```
{ INCLUDING | EXCLUDING } { ALL | CONSTRAINTS | PARTITIONS }
| { INCLUDING | EXCLUDING | OVERWRITING } { GENERATED | OPTIONS | WATERMARKS }
}[, ...]
```

下面对上述代码进行解释。

（1）COMPUTED COLUMN。

计算列（COMPUTED COLUMN）是使用 column_name AS computed_column_expression 语法生成的虚拟列。它由使用同一个表中其他列的非查询表达式生成，并且不会在表中进行物理存储。例如，一个计算列可以使用 cost AS price * quantity 进行定义，这个表达式可以包含物理列、常量、函数或变量的任意组合，但不能在任何子查询中存在。

在 Flink 中，计算列一般用于为 CREATE TABLE 语句定义时间属性。"处理时间"属性可以简单地通过使用系统函数 PROCTIME() 的 proc AS PROCTIME() 语句进行定义。另外，由于"事件时间"列可能需要从现有的字段中获得，因此计算列可以用于获得"事件时间"列。例如，原始字段的类型不是 TIMESTAMP(3) 或嵌套在 JSON 字符串中。使用计算列需要注意以下两点。

- 定义在一个数据源表（Source Table）上的计算列会在从数据源读取数据后被计算，它们可以在 SELECT 语句中使用。
- 计算列不可以作为 INSERT 语句的目标。在 INSERT 语句中，SELECT 语句的 Schema 需要与目标表不带有计算列的 Schema 一致。

（2）WATERMARK。

水位线（WATERMARK）定义了表的"事件时间"属性，其形式为 WATERMARK FOR rowtime_column_name AS watermark_strategy_expression。

rowtime_column_name 把一个现有的列定义为一个为表标记"事件时间"的属性。该列的类型必须为 TIMESTAMP(3)，并且是 Schema 中的顶层列。该列也可以是一个计算列。

watermark_strategy_expression 定义了 Watermark 的生成策略。它允许使用包括计算列在内的任意非查询表达式来计算 Watermark；表达式的返回类型必须是 TIMESTAMP(3)，表示从 Epoch 以来经过的时间。返回的 Watermark 只有当其不为空，并且其值大于之前发出的本地 Watermark 时，才会被发出（以保证 Watermark 递增）。每条记录的 Watermark 生成表达式计算都会由框架完成。框架会定期发出所生成的最大的 Watermark。如果当前 Watermark 仍然与前一个 Watermark 相同或为空，或者返回的 Watermark 的值小于最后一个发出的 Watermark，则新的 Watermark 不会被发出。Watermark 根据 pipeline.auto-watermark-interval 中所配置的间隔发出。若 Watermark 的间隔是 0ms，则每条记录都会产生一个 Watermark，并且 Watermark 会在不为空并大于上一个发出的 Watermark 时发出。

在使用"事件时间"语义时，表必须包含"事件时间"属性和水位线策略。

Flink 提供了几种常用的水位线策略。

- 严格递增时间戳：WATERMARK FOR rowtime_column AS rowtime_column。发出到目前为止已观察到的最大时间戳的 Watermark，时间戳小于最大时间戳的行被认为没有迟到。
- 递增时间戳：WATERMARK FOR rowtime_column AS rowtime_column – INTERVAL '0.001' SECOND。发出到目前为止已观察到的最大时间戳减 1 的 Watermark，时间戳等于或小于最大时间戳的行被认为没有迟到。
- 有界乱序时间戳：WATERMARK FOR rowtime_column AS rowtime_column – INTERVAL 'string' timeUnit。发出到目前为止已观察到的最大时间戳减去指定延迟的 Watermark，如 WATERMARK FOR rowtime_column AS rowtime_column – INTERVAL '5' SECOND 是一个 5s 延迟的水位线策略。

水位线策略的使用方法如下所示：

```
CREATE TABLE Orders (
    user BIGINT,
    product STRING,
    order_time TIMESTAMP(3),
    WATERMARK FOR order_time AS order_time - INTERVAL '5' SECOND
) WITH ( . . . );
```

（3）PRIMARY KEY。

主键（PRIMARY KEY）用作 Flink 优化的一种提示信息。主键限制表明一张表或视图的某个（些）列是唯一的，并且不包含 Null 值。由于主键声明的列都是非 Nullable 的，因此主键可以被用作"表行"级别的唯一标识。

主键可以和列的定义一起声明，也可以独立声明为表的限制属性。不管是哪种方式，主键都不可以重复定义，否则 Flink 会报错。

SQL 标准主键限制有两种模式：ENFORCED 和 NOT ENFORCED。它申明了输入数据/输出数据是否会做合法性检查（是否唯一）。Flink 不存储数据，因此只支持 NOT ENFORCED 模式，即不做检查，用户需要自己保证唯一性。

Flink 假设声明了主键的列都是不包含 Null 值的，Connector 在处理数据时需要自己保证语义正确。

> 在 CREATE TABLE 语句中，在创建主键时会修改列的 Nullable 属性，主键声明的列默认都是非 Nullable 的。

（4）PARTITIONED BY。

PARTITIONED BY 根据指定的列对已经创建的表进行分区。若表使用 Filesystem Sink，则会为每个分区创建一个目录。

（5）WITH OPTIONS。

表属性用于创建 TableSource/TableSink，一般用于寻找和创建底层的连接器。

表达式 key1=val1 的键和值必须为字符串文本常量。

表名可以为以下 3 种格式。

- catalog_name.db_name.table_name：使用 catalog_name.db_name.table_name 的表会与名为 catalog_name 的 catalog 和名为 catalog_name 的数据库一起被注册到 metastore 中。
- db_name.table_name：使用 db_name.table_name 的表会被注册到当前执行的 Table Environment 的 catalog 中，并且数据库会被命名为 "db_name"。
- table_name：数据表会被注册到当前正在运行的 catalog 和数据库中。

> 　　使用 CREATE TABLE 语句注册的表都可用作 TableSource 和 TableSink。在被 DML 语句引用之前，无法决定其实际用于 Source 抑或是 Sink。

（6）LIKE。

LIKE 子句来源于两种 SQL 特性的变体/组合。LIKE 子句可以基于现有表的定义创建新表，并且可以扩展或排除原始表中的某些部分。与 SQL 标准相反，LIKE 子句必须在 CREATE 语句中定义，并且是基于 CREATE 语句的更上层定义，这是因为 LIKE 子句可以用于定义表的多个部分，而不仅仅是 Schema 部分。

可以使用 LIKE 子句重用（或改写）指定的连接器配置属性，或者可以向外部表添加 Watermark 定义，如可以向 Hive 中定义的表添加 Watermark 定义。

LIKE 子句的使用方法如下所示：

```
CREATE TABLE Orders (
    user BIGINT,
    product STRING,
    order_time TIMESTAMP(3)
) WITH (
    'connector' = 'kafka',
    'scan.startup.mode' = 'earliest-offset'
);
```

```
CREATE TABLE Orders_with_watermark (
    -- 添加 watermark 定义
    WATERMARK FOR order_time AS order_time - INTERVAL '5' SECOND
) WITH (
    -- 改写 startup-mode 属性
    'scan.startup.mode' = 'latest-offset'
)
LIKE Orders;
```

结果表 Orders_with_watermark 等效于使用以下语句创建的表：

```
CREATE TABLE Orders_with_watermark (
    user BIGINT,
    product STRING,
    order_time TIMESTAMP(3),
    WATERMARK FOR order_time AS order_time - INTERVAL '5' SECOND
) WITH (
    'connector' = 'kafka',
    'scan.startup.mode' = 'latest-offset'
);
```

表属性的合并逻辑可以用 like options 来控制，可以控制合并的表属性如下。

- CONSTRAINTS：主键和唯一键约束。
- GENERATED：计算列。
- OPTIONS：连接器信息、格式化方式等配置项。
- PARTITIONS：表分区信息。
- WATERMARKS：定义水位线。

有以下 3 种不同的表属性合并策略。

- INCLUDING：新表包含源表所有的表属性。如果和源表的表属性重复（如新表和源表存在相同 key 的属性），则会直接失败。
- EXCLUDING：新表不包含源表指定的任何表属性。
- OVERWRITING：新表包含源表的表属性。但如果出现重复项，则会用新表的表属性覆盖源表中的重复表属性。例如，如果两个表中都存在相同 key 的属性，则会使用当前语句中定义的 key 的属性值。

也可以使用 INCLUDING/EXCLUDING ALL 这种声明方式来指定使用什么样的合并策略。例如，如果使用 EXCLUDING ALL INCLUDING WATERMARKS，则代表只有源表的 WATERMARKS 属性才会被包含进新表。

具体示例如下：

```
-- 存储在文件系统中的源表
```

```
CREATE TABLE Orders_in_file (
    user BIGINT,
    product STRING,
    order_time_string STRING,
    order_time AS to_timestamp(order_time)
    )
PARTITIONED BY user
WITH (
    'connector' = 'filesystem'
    'path' = '...'
);

-- 对应存储在 Kafka 中的源表
CREATE TABLE Orders_in_kafka (
    -- 添加水位线定义
    WATERMARK FOR order_time AS order_time - INTERVAL '5' SECOND
) WITH (
    'connector': 'kafka'
    ...
)
LIKE Orders_in_file (
    -- 排除需要生成水位线的计算列之外的所有内容
    -- 去除不适用于 Kafka 的所有分区和文件系统的相关属性
    EXCLUDING ALL
    INCLUDING GENERATED
);
```

如果未提供 LIKE 配置项（like options），则默认使用 INCLUDING ALL OVERWRITING OPTIONS 合并策略。

> LIKE 子句无法选择物理列的合并策略，物理列进行合并类似于使用了 INCLUDING 策略。

2. 创建 CATALOG（CREATE CATALOG）

创建具有给定 CATALOG 属性的 CATALOG。若已经存在相同名称的 CATALOG，则会引发异常。

创建 CATALOG 的使用方法如下所示：

```
CREATE CATALOG catalog_name
  WITH (key1=val1, key2=val2, ...)-- 键和值都需要是字符串文本常量
```

3. 创建 DATABASE（CREATE DATABASE）

根据给定的属性创建数据库。若数据库中已经存在同名表，则会抛出异常。

创建 DATABASE 的方法如下所示：

```
CREATE DATABASE [IF NOT EXISTS] [catalog_name.]db_name
  [COMMENT database_comment]
  WITH (key1=val1, key2=val2, ...) --键和值都需要是字符串文本常量
```

4. 创建 VIEW（CREATE VIEW）

根据给定的 QUERY 语句创建一个视图。若数据库中已经存在同名视图，则会抛出异常。

创建 VIEW 的方法如下所示：

```
CREATE [TEMPORARY] VIEW [IF NOT EXISTS] [catalog_name.][db_name.]view_name
  [{columnName [, columnName ]* }] [COMMENT view_comment]
  AS query_expression
```

5. 创建 FUNCTION（CREATE FUNCTION）

创建一个有 Catalog 和数据库命名空间的 Catalog Function，需要指定一个 Identifier。若 Catalog 中已经有了同名的函数，则无法创建。

如果 Identifier 的 Language Tag 是 Java 或 Scala，则 Identifier 是 UDF 实现类的全限定名。

创建 FUNCTION 的方法如下所示：

```
CREATE [TEMPORARY|TEMPORARY SYSTEM] FUNCTION
  [IF NOT EXISTS] [[catalog_name.]db_name.]function_name
  AS identifier [LANGUAGE JAVA|SCALA|PYTHON]
```

11.2.3　实例 39：使用 CREATE 语句创建和查询表

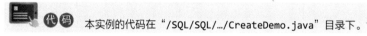 代码　本实例的代码在 "/SQL/SQL/.../CreateDemo.java" 目录下。

本实例演示的是使用 CREATE 语句创建和查询表，如下所示：

```java
public class CreateDemo {
    // main()方法——Java 应用程序的入口
    public static void main(String[] args) throws Exception {
        // 获取流处理的执行环境

        StreamExecutionEnvironment env = StreamExecutionEnvironment.getExecutionEnvironment();
        // 创建 Table API 和 SQL 程序的执行环境

        StreamTableEnvironment tEnv = StreamTableEnvironment.create(env);
        String contents = "" +
                "1,BMW,3,2019-12-12 00:00:01\n" +
```

```
                "2,Tesla,4,2019-12-12 00:00:02\n";
        String path = createTempFile(contents);
        // 使用 DDL 注册表
        String ddl = "CREATE TABLE orders (user_id INT,product STRING,amount INT) " +
                "WITH ('connector.type' = 'filesystem','connector.path' = '" + path +
"','format.type' = 'csv')";
        tEnv.executeSql(ddl);
        // 在表上执行 SQL 查询，并将返回的结果作为新的表
        String query = "SELECT * FROM orders where product LIKE '%B%'";
        Table result = tEnv.sqlQuery(query);
        tEnv
        // 将给定的表转换为指定类型的 DataStream
        .toAppendStream(result, Row.class)
        // 打印数据到控制台
        .print();
        // 在将表转换为 DataStream 之后，需要执行 env.execute()方法来提交 Job
        env.execute("Streaming Window SQL Job");
    }
    /** 使用 contents 创建一个临时文件并返回绝对路径 */
    private static String createTempFile(String contents) throws IOException {
        File tempFile = File.createTempFile("orders", ".csv");
        tempFile.deleteOnExit();
        FileUtils.writeFileUtf8(tempFile, contents);
        return tempFile.toURI().toString();
    }
}
```

运行上述应用程序之后，会在控制台中输出以下信息：

```
1> 1,BMW,3
```

11.2.4　查询语句和查询算子

SELECT 语句和 VALUE 语句需要使用 TableEnvironment 的 sqlQuery()方法加以指定，该方法会以表的形式返回 SELECT 语句（或 VALUE 语句）的查询结果。Table API 与 SQL 的查询可以进行无缝融合，整体优化并翻译为单一的程序。

为了在 SQL 查询中访问到表，需要先在 TableEnvironment 中注册表。表可以通过 TableSource、Table、CREATE TABLE 语句、DataStream 或 DataSet 注册。用户也可以通过向 TableEnvironment 中注册 Catalog 的方式指定数据源的位置。

为方便起见，Table.toString()会在其 TableEnvironment 中自动使用一个唯一的名字注册表并返回表名。因此，Table 对象可以直接内联到 SQL 语句中。

如果查询包括不支持的 SQL 特性，则会抛出 TableException 异常。

Flink 通过支持标准 ANSI SQL 的 Calcite 解析 SQL。

Flink SQL 对于标识符（表、属性、函数名）有类似于 Java 的词法约定，具体如下。

- 不管是否引用标识符，都保留标识符的大小写。
- 标识符需要区分大小写。
- 与 Java 不同的地方在于,通过反引号可以允许标识符带有非字母的字符(如"SELECT a AS `my field` FROM t")。

字符串文本常量需要被单引号包起来（如 SELECT'Hello World' ）。两个单引号表示转义（如 SELECT 'It''s me.' ）。字符串文本常量支持 Unicode 字符，如果需要明确使用 Unicode 编码，则可以使用以下语法。

- 使用反斜杠（\）作为转义字符（默认），如 SELECT U&'\263A'。
- 使用自定义的转义字符，如 SELECT U&'#263A' UESCAPE '#'。

查询算子有以下 9 类。

1. 选择、投射与过滤

（1）选择（Scan/Select/AS）。

Scan/Select/AS 支持批处理和流处理，示例代码如下：

```
SELECT * FROM Orders
SELECT a, c AS d FROM Orders
```

（2）过滤条件（Where/Filter）。

Where/Filter 支持批处理和流处理，示例代码如下：

```
SELECT * FROM Orders WHERE b = 'red'
SELECT * FROM Orders WHERE a % 2 = 0
```

（3）用户定义标量函数（Scalar UDF）。

Scalar UDF 支持批处理和流处理，自定义函数必须事先被注册到 TableEnvironment 中，示例代码如下：

```
SELECT PRETTY_PRINT(user) FROM Orders
```

2. 聚合

（1）GroupBy 聚合。

GroupBy 聚合支持批处理和流处理，示例代码如下：

```
SELECT a, SUM(b) as d
FROM Orders
GROUP BY a
```

GroupBy 在流处理表中会产生更新结果。

（2）GroupBy 窗口聚合。

GroupBy 窗口聚合支持批处理和流处理，用分组窗口对每个组进行计算，并得到一个结果行，示例代码如下：

```
SELECT user, SUM(amount)
FROM Orders
GROUP BY TUMBLE(rowtime, INTERVAL '1' DAY), user
```

（3）OVER 窗口聚合。

OVER 窗口聚合支持流处理，所有的聚合必须被定义在同一个窗口中（即相同的分区、排序和区间）。当前仅支持从 PRECEDING （无界或有界） 到 CURRENT ROW 范围内的窗口，FOLLOWING 所描述的区间并未被支持，ORDER BY 必须指定单个的时间属性，示例代码如下：

```
SELECT COUNT(amount) OVER (
  PARTITION BY user
  ORDER BY proctime
  ROWS BETWEEN 2 PRECEDING AND CURRENT ROW)
FROM Orders

SELECT COUNT(amount) OVER w, SUM(amount) OVER w
FROM Orders
WINDOW w AS (
  PARTITION BY user
  ORDER BY proctime
  ROWS BETWEEN 2 PRECEDING AND CURRENT ROW)
```

（4）去重聚合。

去重聚合支持批处理和流处理，示例代码如下：

```
SELECT DISTINCT users FROM Orders
```

对于流处理查询，根据不同字段的数量，计算查询结果所需的状态可能会无限增长。请提供具有有效保留间隔的查询配置，以防止出现过多的状态。

（5）分组集、汇总、多维数据集。

分组集、汇总、多维数据集支持批处理和流处理，示例代码如下：

```
SELECT SUM(amount)
FROM Orders
GROUP BY GROUPING SETS ((user), (product))
```

流式 Grouping sets、Rollup 及 Cube 只在 BlinkPlanner 中被支持。

（6）Having 筛选。

Having 支持批处理和流处理，示例代码如下：

```
SELECT SUM(amount)
FROM Orders
GROUP BY users
HAVING SUM(amount) > 50
```

（7）用户自定义聚合函数。

用户自定义聚合函数（UDAGG）支持批处理和流处理，示例代码如下：

```
SELECT MyAggregate(amount)
FROM Orders
GROUP BY users
```

UDAGG 必须被注册到 TableEnvironment 中。

3. 连接

（1）内部等值连接。

内部等值连接（Inner Equi-Join）支持批处理和流处理，示例代码如下：

```
SELECT *
FROM Orders INNER JOIN Product ON Orders.productId = Product.id
```

Flink 的 SQL 语句目前仅支持 Equi-Join（即 Join 的联合条件至少拥有一个相等谓词），不支持任何 Cross Join 和 Theta Join。

（2）外部等值连接。

外部等值连接（Outer Equi-Join）支持批处理和流处理，示例代码如下：

```
SELECT *
FROM Orders LEFT JOIN Product ON Orders.productId = Product.id

SELECT *
FROM Orders RIGHT JOIN Product ON Orders.productId = Product.id
```

```
SELECT *
FROM Orders FULL OUTER JOIN Product ON Orders.productId = Product.id
```

　　Flink 的 SQL 语句目前仅支持 Equi-Join（即 Join 的联合条件至少拥有一个相等谓词），不支持任何 Cross Join 和 Theta Join。

　　在内部和外部等值连接中，如果 Join 的顺序没有被优化，则 Join 会按照 FROM 中所定义的顺序依次执行。请确保 Join 所指定的表在顺序执行中不会产生不支持的 Cross Join（笛卡儿积），否则会查询失败。

　　流查询可能会因为不同行的输入数量导致计算结果的状态无限增长。请提供具有有效保留间隔的查询配置，以防止出现过多的状态。

　　4. 集合操作

　　集合操作包含以下几类算子。

　　（1）Union 算子。

　　Union 算子支持批处理，示例代码如下：

```
SELECT *
FROM (
    (SELECT user FROM Orders WHERE a % 2 = 0)
  UNION
    (SELECT user FROM Orders WHERE b = 0)
)
```

　　（2）UnionAll 算子。

　　UnionAll 算子支持批处理和流处理，示例代码如下：

```
SELECT *
FROM (
    (SELECT user FROM Orders WHERE a % 2 = 0)
  UNION ALL
    (SELECT user FROM Orders WHERE b = 0)
)
```

　　（3）Intersect 算子/Except 算子。

　　Intersect 算子/Except 算子支持批处理，示例代码如下：

```
SELECT *
FROM (
    (SELECT user FROM Orders WHERE a % 2 = 0)
  INTERSECT
    (SELECT user FROM Orders WHERE b = 0)
```

```
)
SELECT *
FROM (
    (SELECT user FROM Orders WHERE a % 2 = 0)
  EXCEPT
    (SELECT user FROM Orders WHERE b = 0)
)
```

（4）In 算子。

In 算子支持批处理和流处理，示例代码如下：

```
SELECT user, amount
FROM Orders
WHERE product IN (
    SELECT product FROM NewProducts
)
```

若表达式在给定的表中存在子查询表，则返回 true。子查询表必须由单个列构成，并且该列的数据类型需要与表达式保持一致。

在流查询中，In 操作会被重写为 Join 操作和 Group 操作。该查询所需要的状态可能会由于不同的输入行数而导致无限增长。请在查询配置中设置合理的保留间隔，以避免产生状态过大。

（5）Exists 算子。

Exists 算子支持批处理和流处理，示例代码如下：

```
SELECT user, amount
FROM Orders
WHERE product EXISTS (
    SELECT product FROM NewProducts
)
```

若子查询的结果多于一行，则返回 true。Exists 算子仅支持可以被通过 Join 和 Group 重写的操作。

在流查询中，Exists 操作会被重写为 Join 操作和 Group 操作。该查询所需要的状态可能会由于不同的输入行数而导致无限增长。请在查询配置中设置合理的保留间隔，以避免产生状态过大。

5. 排序和限制

排序和限制操作包含以下几类算子。

（1）Order By 算子。

Order By 算子支持批处理和流处理。批处理和流处理结果默认根据时间属性按照升序进行排序。Order By 算子支持使用其他排序属性。示例代码如下：

```
SELECT *
FROM Orders
ORDER BY orderTime
```

（2）Limit 算子。

Limit 算子支持批处理，它需要有一个 ORDER BY 子句，示例代码如下：

```
SELECT *
FROM Orders
ORDER BY orderTime
LIMIT 3
```

6. 最大值或最小值查询

目前仅 BlinkPlanner 支持最大值或最小值（Top-N）查询。

Top-N 查询是根据列排序找到 N 个最大或最小的值。最大值集和最小值集都被看作一种 Top-N 查询。若在批处理或流处理的表中需要显示出满足条件的 N 个最低层记录或最顶层记录，则 Top-N 查询会十分有用。得到的结果集将可以进行进一步的分析。

Flink 使用 OVER 窗口条件和过滤条件相结合，以进行 Top-N 查询。利用 OVER 窗口的 PARTITIONBY 子句，Flink 还支持逐组 Top-N 查询。例如，每个类别中实时销量最高的前 5 种产品。批处理表和流处理表都支持基于 SQL 的 Top-N 查询。TOP-N 查询的语法如下所示：

```
SELECT [column_list]
FROM (
  SELECT [column_list],
    ROW_NUMBER() OVER ([PARTITION BY col1[, col2...]]
      ORDER BY col1 [asc|desc][, col2 [asc|desc]...]) AS rownum
  FROM table_name)
WHERE rownum <= N [AND conditions]
```

参数说明如下。

- ROW_NUMBER()：根据当前分区内的各行的顺序从第 1 行开始，依次为每行分配一个唯一且连续的号码。
- PARTITION BY col1[, col2...]：指定分区列，每个分区都会有一个 Top-N 查询结果。
- ORDER BY col1 [asc|desc][, col2 [asc|desc]...]：指定排序列，不同列的排序方向可以不一样。
- WHERE rownum <= N：Flink 需要 rownum ≤ N 才能识别一个查询是否为 Top-N 查询。其中，N 代表最大或最小的 N 条记录会被保留。
- [AND conditions]：在 WHERE 语句中，可以随意添加其他的查询条件，但其他条件只允许通过 AND 与 rownum <= N 结合使用。

流处理模式需要注意 Top-N 查询的结果会带有更新。Flink SQL 会根据排序键对输入的流进行排序；若 Top-N 的记录发生了变化，则变化的部分会以撤销、更新记录的形式被发送到下游。推荐使用一个支持更新的存储作为 Top-N 查询的 Sink。另外，若 Top-N 查询的结果需要存储到外部存储中，则结果表需要拥有与 Top-N 查询相同的唯一键。

Top-N 查询的唯一键是分区列和 rownum 列的结合。另外，Top-N 查询也可以获得上游的唯一键。以下面的任务为例，product_id 是 ShopSales 的唯一键，Top-N 查询的唯一键是 [category, rownum]和[product_id]。

下面描述如何指定带有 Top-N 查询的 SQL 查询，如查询每个分类实时销量最大的 5 个产品：

```java
// 获取流处理的执行环境
StreamExecutionEnvironment env = StreamExecutionEnvironment.getExecutionEnvironment();
// 创建 Table API 和 SQL 程序的执行环境
StreamTableEnvironment tableEnv = TableEnvironment.getTableEnvironment(env);
// 接收来自外部数据源的 DataStream
DataStream<Tuple3<String, String, String, Long>> ds = env.addSource(...);
// 把 DataStream 注册为表，表名是 "ShopSales"
tableEnv.createTemporaryView("ShopSales", ds, "product_id, category, product_name, sales");
// 选择每个分类中销量前 5 名的产品
Table result1 = tableEnv.sqlQuery(
  "SELECT * " +
  "FROM (" +
  "   SELECT *," +
  "      ROW_NUMBER() OVER (PARTITION BY category ORDER BY sales DESC) as row_num" +
  "   FROM ShopSales)" +
  "WHERE row_num <= 5");
```

row_num 字段会作为唯一键的其中一个字段写入结果表中，这会导致大量的结果写入结果表。例如，当原始结果（名为 product-1001）从排序第 9 名变化为排序第 1 名时，排名第 1~9 名的所有结果都会以更新消息的形式被发送到结果表中。若结果表收到太多的数据，则会成为 SQL 任务的瓶颈。

优化方法如下：在 Top-N 查询的外部 SELECT 子句中省略 row_num 字段。由于前 N 条记录的数量通常不大，因此使用者可以自己对记录进行快速排序，这是合理的。在省略 row_num 字段之后，上述例子只有变化了的记录（product-1001）需要被发送到下游，从而可以节省大量的对结果表的 I/O 操作。

下面描述如何以这种方式优化上述 Top-N 查询：

```java
// 获取流处理的执行环境
StreamExecutionEnvironment env = StreamExecutionEnvironment.getExecutionEnvironment();
// 创建 Table API 和 SQL 程序的执行环境
StreamTableEnvironment tableEnv = TableEnvironment.getTableEnvironment(env);
// 从外部数据源读取 DataStream
DataStream<Tuple3<String, String, String, Long>> ds = env.addSource(...);
```

```
// 把 DataStream 注册为表，表名是 "ShopSales"
tableEnv.createTemporaryView("ShopSales", ds, $("product_id"), $("category"), $("product_name"),
$("sales"));
// 选择每个分类中销量前 5 名的产品
Table result1 = tableEnv.sqlQuery(
  "SELECT product_id, category, product_name, sales " + // 在输出中省略 row_num 字段
  "FROM (" +
  "   SELECT *," +
  "       ROW_NUMBER() OVER (PARTITION BY category ORDER BY sales DESC) as row_num" +
  "   FROM ShopSales)" +
  "WHERE row_num <= 5");
```

为了使上述查询输出可以输出到外部存储并且结果正确，外部存储需要拥有与 Top-N 查询一致的唯一键。在上述查询例子中，若 product_id 是查询的唯一键，则外部表必须有 product_id 作为其唯一键。

7. 去重

仅 BlinkPlanner 支持去重。

去重是指对在列的集合内重复的行进行删除，只保留第一行或最后一行数据。在某些情况下，上游的 ETL 作业不能实现"精确一次"的端到端，这将可能导致在故障恢复时，Sink 中有重复的记录。由于重复的记录会影响下游分析作业的正确性（如 SUM、COUNT），因此在进一步分析之前需要进行数据去重。

与 Top-N 查询相似，Flink 使用 ROW_NUMBER()去除重复的记录。从理论上来说，去重是一个特殊的 Top-N 查询，其中 N 是 1，记录则是以"处理时间"或"事件时间"进行排序的。

以下代码展示了去重语句的语法：

```
SELECT [column_list]
FROM (
  SELECT [column_list],
    ROW_NUMBER() OVER ([PARTITION BY col1[, col2...]]
      ORDER BY time_attr [asc|desc]) AS rownum
  FROM table_name)
WHERE rownum = 1
```

参数说明如下。

- ROW_NUMBER()：从第 1 行开始，依次为每行分配一个唯一且连续的号码。
- PARTITION BY col1[, col2...]：指定分区的列，如去重的键。
- ORDER BY time_attr [asc|desc]：指定排序的列。所制定的列必须为时间属性，目前仅支持 proctimeattribute。升序（ASC）排列是指只保留第 1 行，而降序排列（DESC）则是指保留最后一行。

- WHERE rownum = 1：Flink 需要 rownum=1，以确定该查询是否为去重查询。

下面描述如何指定 SQL 查询，以在一个流计算表中进行去重操作：

```
// 获取流处理的执行环境
StreamExecutionEnvironment env = StreamExecutionEnvironment.getExecutionEnvironment();
// 创建 Table API 和 SQL 程序的执行环境
StreamTableEnvironment tableEnv = TableEnvironment.getTableEnvironment(env);
// 从外部数据源读取 DataStream
DataStream<Tuple3<String, String, String, Integer>> ds = env.addSource(...);
// 注册一个名为 "Orders" 的 DataStream
tableEnv.createTemporaryView("Orders", ds, $("order_id"), $("user"), $("product"), $("number"),
$("proctime").proctime());
// 由于不应该出现两个订单有同一个 order_id，因此根据 order_id 去除重复的行，并保留第一行
Table result1 = tableEnv.sqlQuery(
  "SELECT order_id, user, product, number " +
  "FROM (" +
  "   SELECT *," +
  "       ROW_NUMBER() OVER (PARTITION BY order_id ORDER BY proctime ASC) as row_num" +
  "   FROM Orders)" +
  "WHERE row_num = 1");
```

8. 分组窗口

SQL 查询的分组窗口是通过 GROUP BY 语句定义的。类似于使用常规 GROUP BY 语句的查询，在窗口分组语句的 GROUP BY 语句中带有一个窗口函数为每个分组计算出一个结果。

批处理表和流处理表支持的分组窗口函数如下。

（1）TUMBLE(time_attr, interval)。

TUMBLE(time_attr, interval)用于定义一个滚动窗口。滚动窗口把行分配到有固定持续时间（interval）的不重叠的连续窗口。例如，5min 的滚动窗口以 5min 为间隔对"行"进行分组。滚动窗口可以定义在"事件时间"（批处理、流处理）或"处理时间"（流处理）上。

（2）HOP(time_attr, interval, interval)。

HOP(time_attr, interval, interval)用于定义一个跳跃的时间窗口（在 Table API 中被称为滑动窗口）。滑动窗口有一个固定的持续时间（第 2 个 interval 参数），以及一个滑动的间隔（第 1 个 interval 参数）。若滑动间隔小于窗口的持续时间，则滑动窗口会出现重叠，因此行会被分配到多个窗口中。例如，一个大小为 15min 的滑动窗口，其滑动间隔为 5min，会把每行数据分配到 3 个 15min 的窗口中。滑动窗口可以定义在"事件时间"（批处理、流处理）或"处理时间"（流处理）上。

（3）SESSION(time_attr, interval)。

SESSION(time_attr, interval)用于定义一个会话时间窗口。会话时间窗口没有一个固定的持续时间，但是它们的边界会根据 interval 所定义的不活跃时间来确定，即如果一个会话时间窗口在定义的间隔时间内没有事件出现，则该窗口会被关闭。

例如，时间窗口的间隔时间是 30min，当其"不活跃的时间"达到 30min 之后，若观测到新的记录，则会启动一个新的会话时间窗口（否则该行数据会被添加到当前的窗口中），并且若在 30 min 内没有观测到新的记录，那么这个窗口会被关闭。会话时间窗口可以使用"事件时间"（批处理、流处理）或"处理时间"（流处理）。

在流处理表的 SQL 查询中，分组窗口函数的 time_attr 参数必须引用一个合法的时间属性，并且该属性需要指定行的"处理时间"或"事件时间"。

对于批处理的 SQL 查询，分组窗口函数的 time_attr 参数必须是 TIMESTAMP 类型。

可以使用表 11-1 中列出的辅助函数选择分组窗口的开始和结束时间戳，以及时间属性。

表 11-1

辅 助 函 数	描　　述
TUMBLE_START(time_attr, interval) HOP_START(time_attr, interval, interval) SESSION_START(time_attr, interval)	返回相对应的滚动窗口、滑动窗口和会话窗口范围以内的下界时间戳
TUMBLE_END(time_attr, interval) HOP_END(time_attr, interval, interval) SESSION_END(time_attr, interval)	返回相对应的滚动窗口、滑动窗口和会话窗口范围以外的上界时间戳
TUMBLE_ROWTIME(time_attr, interval) HOP_ROWTIME(time_attr, interval, interval) SESSION_ROWTIME(time_attr, interval)	返回相对应的滚动窗口、滑动窗口和会话窗口范围以内的上界时间戳。返回的是一个可用于后续需要基于时间的操作的时间属性（rowtime attribute）
TUMBLE_PROCTIME(time_attr, interval) HOP_PROCTIME(time_attr, interval, interval) SESSION_PROCTIME(time_attr, interval)	返回一个可以用于后续需要基于时间的操作的"处理时间"参数

辅助函数必须使用与 GROUP BY 子句中的分组窗口函数完全相同的参数来调用。

下面展示如何在流处理表中使用分组窗口函数的 SQL 查询：

```
// 获取流处理的执行环境
StreamExecutionEnvironment env = StreamExecutionEnvironment.getExecutionEnvironment();
// 创建 Table API 和 SQL 程序的执行环境
```

```
StreamTableEnvironment tableEnv = StreamTableEnvironment.create(env);

// 从外部数据源读取 DataSource
DataStream<Tuple3<Long, String, Integer>> ds = env.addSource(...);
// 用 "Orders" 作为表名把 DataStream 注册为表
tableEnv.createTemporaryView("Orders", ds, $("user"), $("product"), $("amount"),
$("proctime").proctime(), $("rowtime").rowtime());

// 计算每日的 SUM(amount) (使用 "事件时间")
Table result1 = tableEnv.sqlQuery(
  "SELECT user, " +
  " TUMBLE_START(rowtime, INTERVAL '1' DAY) as wStart,  " +
  " SUM(amount) FROM Orders " +
  "GROUP BY TUMBLE(rowtime, INTERVAL '1' DAY), user");

// 计算每日的 SUM(amount) (使用 "处理时间")
Table result2 = tableEnv.sqlQuery(
  "SELECT user, SUM(amount) FROM Orders GROUP BY TUMBLE(proctime, INTERVAL '1' DAY), user");

// 使用 "事件时间" 计算过去 24h 中每小时的 SUM(amount)
Table result3 = tableEnv.sqlQuery(
  "SELECT product, SUM(amount) FROM Orders GROUP BY HOP(rowtime, INTERVAL '1' HOUR, INTERVAL '1'
DAY), product");

// 计算每个 "以 12h (事件时间) 作为不活动时间" 的会话的 SUM(amount)
Table result4 = tableEnv.sqlQuery(
  "SELECT user, " +
  " SESSION_START(rowtime, INTERVAL '12' HOUR) AS sStart, " +
  " SESSION_ROWTIME(rowtime, INTERVAL '12' HOUR) AS snd, " +
  " SUM(amount) " +
  "FROM Orders " +
  "GROUP BY SESSION(rowtime, INTERVAL '12' HOUR), user");
```

9. 模式匹配

MATCH_RECOGNIZE 支持流处理。根据 MATCH_RECOGNIZE 的标准在流处理表中搜索给定的模式，这样就可以在 SQL 查询中描述复杂的事件处理（CEP）逻辑：

```
SELECT T.aid, T.bid, T.cid
FROM MyTable
MATCH_RECOGNIZE (
  PARTITION BY userid
  ORDER BY proctime
  MEASURES
    A.id AS aid,
```

```
  B.id AS bid,
  C.id AS cid
PATTERN (A B C)
DEFINE
  A AS name = 'a',
  B AS name = 'b',
  C AS name = 'c'
) AS T
```

11.2.5 DROP 语句

DROP 语句用于从当前或指定的 Catalog 中删除一个已经注册的表、视图或函数。

Flink SQL 目前支持以下 DROP 语句：DROP TABLE、DROP DATABASE、DROP VIEW、DROP FUNCTION。

若 DROP 操作执行成功，则 executeSql() 方法返回"OK"，否则抛出异常。

下面展示如何在 TableEnvironment 和 SQL CLI 中执行 DROP 语句：

```
// 定义所有初始化表环境的参数
EnvironmentSettings settings = EnvironmentSettings.newInstance()...
// 创建 Table API、SQL 程序的执行环境
TableEnvironment tableEnv = TableEnvironment.create(settings);
// 注册一个名为 Orders 的表
tableEnv.executeSql("CREATE TABLE Orders (`user` BIGINT, product STRING, amount INT) WITH (...)");
// 字符串数组: ["Orders"]
String[] tables = tableEnv.listTables();
// 或者 tableEnv.executeSql("SHOW TABLES").print();
// 从 Catalog 中删除 Orders 表
tableEnv.executeSql("DROP TABLE Orders");
// 空字符串数组
String[] tables = tableEnv.listTables();
// 或者 tableEnv.executeSql("SHOW TABLES").print();
```

1. DROP TABLE

DROP TABLE 根据给定的表名删除某个表，若需要删除的表不存在则抛出异常。IF EXISTS 参数表示表不存在时不会进行任何操作：

```
DROP TABLE [IF EXISTS] [catalog_name.][db_name.]table_name
```

2. DROP DATABASE

DROP DATABASE 根据给定的表名删除数据库，若需要删除的数据库不存在则会抛出异常：

```
DROP DATABASE [IF EXISTS] [catalog_name.]db_name [ (RESTRICT | CASCADE) ]
```

参数说明如下。

- IF EXISTS：若数据库不存在，则不执行任何操作。
- RESTRICT：若删除一个非空数据库，则会触发异常（默认为开启）。
- CASCADE：若删除一个非空数据库，则把相关联的表与函数一并删除。

3. DROP VIEW

DROP VIEW 用于删除一个有 Catalog 和数据库命名空间的视图，若需要删除的视图不存在则会产生异常：

```
DROP [TEMPORARY] VIEW  [IF EXISTS] [catalog_name.][db_name.]view_name
```

参数说明如下。

- TEMPORARY：删除一个有 Catalog 和数据库命名空间的临时视图。
- IF EXISTS：若视图不存在，则不进行任何操作。

Flink 没有用 CASCADE/RESTRICT 关键字来维护视图的依赖关系，而是在用户使用视图时再提示错误信息，如视图的底层表已经被删除等场景。

4. DROP FUNCTION

DROP FUNCTION 用于删除一个有 Catalog 和数据库命名空间的 Catalog Function，若需要删除的函数不存在则会产生异常：

```
DROP [TEMPORARY|TEMPORARY SYSTEM] FUNCTION [IF EXISTS] [catalog_name.][db_name.]function_name;
```

参数说明如下。

- TEMPORARY：删除一个有 Catalog 和数据库命名空间的临时 Catalog Function。
- TEMPORARY SYSTEM：删除一个没有数据库命名空间的临时系统函数。
- IF EXISTS：若函数不存在，则不会进行任何操作。

11.2.6 ALTER 语句

ALTER 语句用于修改一个已经在 Catalog 中注册的表、视图或函数定义。Flink SQL 目前支持以下 ALTER 语句：ALTER TABLE、ALTER DATABASE、ALTER FUNCTION。

若 ALTER 操作执行成功，则 executeSql()方法返回 "OK"，否则抛出异常。

下面展示如何在 TableEnvironment 和 SQL CLI 中执行 ALTER 语句：

```
// 定义所有初始化表环境的参数
EnvironmentSettings settings = EnvironmentSettings.newInstance()...
// 创建 Table API 和 SQL 程序的执行环境
TableEnvironment tableEnv = TableEnvironment.create(settings);
// 注册一个名为 Orders 的表
```

```java
tableEnv.executeSql("CREATE TABLE Orders (`user` BIGINT, product STRING, amount INT) WITH (...)");
// 字符串数组: ["Orders"]
String[] tables = tableEnv.listTables();
// 或者 tableEnv.executeSql("SHOW TABLES").print();
// 把 "Orders" 的表名改为 "NewOrders"
tableEnv.executeSql("ALTER TABLE Orders RENAME TO NewOrders;");
// 字符串数组: ["NewOrders"]
String[] tables = tableEnv.listTables();
// 或者 tableEnv.executeSql("SHOW TABLES").print();
```

1. ALTER TABLE

- 重命名表：把原有的表名更改为新的表名。

具体示例如下：

```
ALTER TABLE [catalog_name.][db_name.]table_name RENAME TO new_table_name
```

- 设置（或修改）表属性：为指定的表设置（或修改）一个或多个属性。若个别属性已经存在于表中，则使用新的值覆盖旧的值。

具体示例如下：

```
ALTER TABLE [catalog_name.][db_name.]table_name SET (key1=val1, key2=val2, ...)
```

2. ALTER DATABASE

ALTER DATABASE 用于在数据库中设置一个或多个属性。若个别属性已经在数据库中设定了，则会使用新值覆盖旧值。

具体示例如下：

```
ALTER DATABASE [catalog_name.]db_name SET (key1=val1, key2=val2, ...)
```

3. ALTER FUNCTION

ALTER FUNCTION 用于修改一个有 Catalog 和数据库命名空间的 Catalog Function，需要指定一个新的 Identifier，可指定 Language Tag。若函数不存在，则删除会抛出异常。

如果 Language Tag 是 JAVA 或 Scala 语言，则 Identifier 是 UDF 实现类的全限定名：

```
ALTER [TEMPORARY|TEMPORARY SYSTEM] FUNCTION
  [IF EXISTS] [catalog_name.][db_name.]function_name
  AS identifier [LANGUAGE JAVA|SCALA|PYTHON]
```

其参数说明如下。

- TEMPORARY：修改一个有 Catalog 和数据库命名空间的临时 Catalog Function，并覆盖原有的 Catalog Function。

- TEMPORARY SYSTEM：修改一个没有数据库命名空间的临时系统 Catalog Function，并覆盖系统内置的函数。
- IF EXISTS：若函数不存在，则不进行任何操作。
- LANGUAGE JAVA|SCALA|PYTHON：用于指定 Flink 执行引擎如何执行这个函数。目前，ALTER 语句支持 Java、Scala 和 Python 语言，默认为 Java。

11.2.7　INSERT 语句

INSERT 语句用来向表中添加行。

使用 executeSql()方法执行 INSERT 语句时会立即提交一个 Flink 作业，并且返回一个 TableResult 对象，通过该对象可以获取 JobClient 提交的作业。

多条 INSERT 语句的说明如下。

（1）使用 TableEnvironment 中的 createStatementSet()方法可以创建一个 StatementSet 对象。

（2）使用 StatementSet 中的 addInsertSql()方法可以添加多条 INSERT 语句。

（3）通过 StatementSet 中的 execute()方法来执行。

下面展示如何在 TableEnvironment 和 SQL CLI 中执行一条 INSERT 语句，以及通过 StatementSet 执行多条 INSERT 语句：

```java
// 定义所有初始化表环境的参数
EnvironmentSettings settings = EnvironmentSettings.newInstance()...
// 创建 Table API 和 SQL 程序的执行环境
TableEnvironment tEnv = TableEnvironment.create(settings);
// 注册一个名为 "Orders" 的源表和一个名为 "RubberOrders" 结果表
tEnv.executeSql("CREATE TABLE Orders (`user` BIGINT, product VARCHAR, amount INT) WITH (...)");
tEnv.executeSql("CREATE TABLE RubberOrders(product VARCHAR, amount INT) WITH (...)");
// 运行一条 INSERT 语句，将源表的数据输出到结果表中
TableResult tableResult1 = tEnv.executeSql(
  "INSERT INTO RubberOrders SELECT product, amount FROM Orders WHERE product LIKE '%Rubber%'");
// 通过 TableResult 获取作业状态
System.out.println(tableResult1.getJobClient().get().getJobStatus());
// ----------------------------------------------------------------------------
// 注册一个名为 "GlassOrders" 的结果表用于运行多条 INSERT 语句
tEnv.executeSql("CREATE TABLE GlassOrders(product VARCHAR, amount INT) WITH (...)");

// 运行多条 INSERT 语句，将源表的数据输出到多个结果表中
StatementSet stmtSet = tEnv.createStatementSet();
// addInsertSql()方法每次只接收单条 INSERT 语句
stmtSet.addInsertSql(
```

```
  "INSERT INTO RubberOrders SELECT product, amount FROM Orders WHERE product LIKE '%Rubber%'");
stmtSet.addInsertSql(
  "INSERT INTO GlassOrders SELECT product, amount FROM Orders WHERE product LIKE '%Glass%'");
// 执行刚刚添加的所有 INSERT 语句
TableResult tableResult2 = stmtSet.execute();
// 通过 TableResult 获取作业状态
System.out.println(tableResult1.getJobClient().get().getJobStatus());
```

1. 将 SELECT 查询数据插入表中

使用 INSERT 语句可以将查询的结果插入表中。

（1）语法如下：

```
INSERT { INTO | OVERWRITE } [catalog_name.][db_name.]table_name [PARTITION part_spec]
select_statement
part_spec:
  (part_col_name1=val1 [, part_col_name2=val2, ...])
```

其参数说明如下。

- OVERWRITE：覆盖表中或分区中的任何已存在的数据，否则新数据会追加到表中或分区中。
- PARTITION：包含需要插入的静态分区列与值。

（2）具体示例如下：

```
-- 创建一个分区表
CREATE TABLE country_page_view (user STRING, cnt INT, date STRING, country STRING)
PARTITIONED BY (date, country)
WITH (...)

-- 追加行到该静态分区中 (date='2019-8-30', country='China')
INSERT INTO country_page_view PARTITION (date='2019-8-30', country='China')
  SELECT user, cnt FROM page_view_source;

-- 追加行到分区（date, country）中。其中，date 是静态分区 "2019-8-30"；country 是动态分区，其值由每行
动态决定
INSERT INTO country_page_view PARTITION (date='2019-8-30')
  SELECT user, cnt, country FROM page_view_source;

-- 覆盖行到静态分区（date='2019-8-30', country='China'）
INSERT OVERWRITE country_page_view PARTITION (date='2019-8-30', country='China')
  SELECT user, cnt FROM page_view_source;

-- 覆盖行到分区（date, country）0 中。其中，date 是静态分区 "2019-8-30"；country 是动态分区，其值由每
行动态决定
INSERT OVERWRITE country_page_view PARTITION (date='2019-8-30')
```

```
SELECT user, cnt, country FROM page_view_source;
```

2. 将值插入表中

使用 INSERT 语句也可以直接将值插入表中。

（1）语法如下：

```
INSERT { INTO | OVERWRITE } [catalog_name.][db_name.]table_name VALUES values_row [,
values_row ...]
values_row:
  : (val1 [, val2, ...])
```

其中，参数 OVERWRITE 表示 INSERT OVERWRITE 会覆盖表中的任何已存在的数据。否则，新数据会追加到表中。

（2）具体示例如下：

```
CREATE TABLE students (name STRING, age INT, gpa DECIMAL(3, 2)) WITH (...);
INSERT INTO students
  VALUES ('fred flintstone', 35, 1.28), ('barney rubble', 32, 2.32);
```

11.2.8　SQL hints

1. SQL hints 的作用

SQL hints 可以与 SQL 语句一起使用，以更改执行计划。通常，SQL hints 可以用于以下几种情况。

- 强制执行计划程序：用户可以通过 SQL hints 更好地控制执行。
- 追加元数据（或统计信息）：使用 SQL hints 配置某些动态统计信息（如"扫描的表索引"）非常方便。
- 算子资源限制：在很多情况下会为执行算子提供默认的资源配置，如最小并行度、托管内存（消耗资源的 UDF）、特殊资源要求（GPU 或 SSD 磁盘）等。可以灵活地使用每个查询的 SQL hints 来配置资源（而不是 Job）。

2. 动态表选项

动态表选项允许动态指定或覆盖表选项。这种方式与通过 SQL DDL 或 connect API 定义的静态表选项不同——可以在每个查询的每个表范围内灵活地指定动态表选项。

因此，这种方式非常适用于交互式终端中的临时查询。例如，在 SQL-CLI 中，只需要添加动态选项 csv.ignore-parse-errors'='true'，就可以指定忽略 CSV 源的解析错误。

禁止使用默认的动态表选项，因为它可能会更改查询的语义。需要将配置选项 table.dynamic-table-options.enabled 设置为 true（默认为 false）。

3. 语法

为了不破坏 SQL 的兼容性，Flink 使用 Oracle 样式的 SQL 提示语法，如下所示：

```
table_path /*+ 选项 (key=val [, key=val]*) */
key:
    stringLiteral
val:
    stringLiteral
```

SQL 语法的使用方法如下所示：

```
CREATE TABLE kafka_table1 (id BIGINT, name STRING, age INT) WITH (...);
CREATE TABLE kafka_table2 (id BIGINT, name STRING, age INT) WITH (...);
-- 覆盖查询源中的表选项
select id, name from kafka_table1 /*+ 选项('scan.startup.mode'='earliest-offset') */;
-- 覆盖连接中的表选项
select * from
    kafka_table1 /*+ 选项('scan.startup.mode'='earliest-offset') */ t1
    join
    kafka_table2 /*+ 选项('scan.startup.mode'='earliest-offset') */ t2
    on t1.id = t2.id;
-- 覆盖插入目标表的表选项
insert into kafka_table1 /*+ 选项('sink.partitioner'='round-robin') */ select * from kafka_table2;
```

11.2.9　描述语句、解释语句、USE 语句和 SHOW 语句

1. 描述语句

描述（DESCRIBE）语句用来描述一张表或视图的 Schema。若 DESCRIBE 操作执行成功，则 executeSql()方法返回该表的 Schema，否则会抛出异常。其语法如下：

```
DESCRIBE [catalog_name.][db_name.]table_name
```

2. 解释语句

解释（EXPLAIN）语句用来解释一条查询语句或插入语句的逻辑计划和优化后的计划。

若 EXPLAIN 操作执行成功，则 executeSql()方法返回解释的结果，否则会抛出异常。

解释语句的使用方法如下所示：

```
EXPLAIN PLAN FOR <query_statement_or_insert_statement>
```

3. USE 语句

USE 语句用来设置当前的 Catalog 或数据库。若 USE 操作执行成功，则 executeSql()方法返回 "OK"，否则会抛出异常。USE 语句有以下两种用法。

（1）USE CATLOAG。

USE CATLOAG 用来设置当前的 Catalog。所有未显式指定 Catalog 的后续命令将使用此 Catalog。如果指定的 Catalog 不存在，则抛出异常。默认当前 Catalog 是 default_catalog。

USE CATLOAG 的使用方法如下所示：

```
USE CATALOG catalog_name
```

（2）USE。

USE 用来设置当前的数据库。所有未显式指定数据库的后续命令将使用此数据库。如果指定的数据库不存在，则抛出异常。默认当前数据库是 default_database。

USE 的使用方法如下所示：

```
USE [catalog_name.]database_name
```

4. SHOW 语句

SHOW 语句主要有以下几个功能：列出所有的 Catalog；列出当前 Catalog 中所有的数据库；列出当前 Catalog 和当前数据库的所有表或视图；列出所有的函数，包括临时系统函数、系统函数、临时 Catalog 函数、当前 Catalog 和数据库中的 Catalog 函数。

若 SHOW 操作执行成功，则 executeSql()方法返回所有对象，否则会抛出异常。

目前 Flink SQL 支持以下 SHOW 语句。

- SHOW CATALOGS：列出所有的 Catalog。
- SHOW DATABASES：列出当前 Catalog 中所有的数据库。
- SHOW TABLES：列出当前 Catalog 和当前数据库中所有的表。
- SHOW VIEWS：列出当前 Catalog 和当前数据库中所有的视图。
- SHOW FUNCTIONS：列出所有的函数，包括临时系统函数、系统函数、临时 Catalog 函数、当前 Catalog 和数据库中的 Catalog 函数。

11.2.10 实例 40：使用描述语句描述表的 Schema

 代码 本实例的代码在 "/SQL/SQL/.../DescribeDemo.java" 目录下。

本实例演示的是使用描述语句来描述表的 Schema，如下所示：

```java
public class DescribeDemo {
    // main()方法——Java 应用程序的入口
    public static void main(String[] args) {
        // 定义所有初始化表环境的参数
        EnvironmentSettings settings = EnvironmentSettings.newInstance()
                .useBlinkPlanner() // 将 BlinkPlanner 设置为必需的模块
                .build();
                // 创建 Table API 和 SQL 程序的执行环境
        TableEnvironment tableEnv = TableEnvironment.create(settings);
                // 注册表"Orders"
                tableEnv.executeSql(
                "CREATE TABLE Orders (" +
                        " `user` BIGINT NOT NUL1," +
                        " product VARCHAR(32)," +
                        " amount INT," +
                        " ts TIMESTAMP(3)," +
                        " ptime AS PROCTIME()," +
                        " PRIMARY KEY(`user`) NOT ENFORCED," +
                        " WATERMARK FOR ts AS ts - INTERVAL '1' SECONDS" +
                        ") ");
        // 打印 Schema
        tableEnv.executeSql("DESCRIBE Orders").print();
    }
}
```

运行上述应用程序之后，会在控制台中输出如图 11-1 所示的信息。

```
+---------+-------------------------------+-------+----------+-----------------+-------------------------------+
|  name   |                          type | null  |      key | computed column |                     watermark |
+---------+-------------------------------+-------+----------+-----------------+-------------------------------+
|  user   |                        BIGINT | false | PRI(user)|                 |                               |
| product |                   VARCHAR(32) | true  |          |                 |                               |
| amount  |                           INT | true  |          |                 |                               |
|   ts    |            TIMESTAMP(3) *ROWTIME* | true  |          |                 | `ts` - INTERVAL '1' SECOND    |
| ptime   | TIMESTAMP(3) NOT NULL *PROCTIME* | false |          |      PROCTIME() |                               |
+---------+-------------------------------+-------+----------+-----------------+-------------------------------+
5 rows in set
```

图 11-1

11.2.11　实例 41：使用解释语句解释 SQL 语句的计划

 代码 本实例的代码在"/SQL/SQL/…/ExplainDemo.java"目录下。

本实例演示的是使用解释语句来解释 SQL 语句的逻辑计划和优化后的计划，如下所示：

```java
public class ExplainDemo {
    // main()方法——Java 应用程序的入口
    public static void main(String[] args) throws IOException {
        // 获取流处理的执行环境
        StreamExecutionEnvironment env = StreamExecutionEnvironment.getExecutionEnvironment();
        // 创建 Table API 和 SQL 程序的执行环境
        StreamTableEnvironment tEnv = StreamTableEnvironment.create(env);
        String contents = "" +
                "1,BMW,3,2019-12-12 00:00:01\n" +
                "2,Tesla,4,2019-12-12 00:00:02\n";
        String path = createTempFile(contents);
        // 注册表 MyTable
        tEnv.executeSql("CREATE TABLE MyTable (id bigint, word VARCHAR(256)) WITH
('connector.type' = 'filesystem','connector.path' = 'path','format.type' = 'csv')");
        // 通过 explainSql()方法解释 SQL 语句
        String explanation = tEnv.explainSql(
                "SELECT id, word FROM MyTable WHERE word LIKE 'B%' " );
        System.out.println(explanation);
        // 在 executeSql()方法中执行解释 SQL 语句
        TableResult tableResult = tEnv.executeSql("EXPLAIN PLAN FOR " + "SELECT id, word FROM
MyTable WHERE word LIKE 'a%' ");
        // 打印数据到控制台
        tableResult.print();
    }
    /**
     * 使用 contents 创建一个临时文件并返回绝对路径
     */
    private static String createTempFile(String contents) throws IOException {
        File tempFile = File.createTempFile("MyTable", ".csv");
        tempFile.deleteOnExit();
        FileUtils.writeFileUtf8(tempFile, contents);
        return tempFile.toURI().toString();
    }
}
```

11.3　变更数据获取

11.3.1　了解变更数据获取

变更数据获取已经成为一种流行的模式，可以从数据库中捕获已提交的更改，并将这些更改传播到下游使用者。例如，保持多个数据存储同步，并避免常见的双重写入。

Flink 1.11 已经实现变更数据获取（CDC）。Flink 能够轻松地将变更日志提取并解释为 Table API/SQL。

为了将 Table API/SQL 的范围扩展到 CDC 之类的用例，在 Flink 1.11 中引入了具有 Changelog 模式的新表源和接收器接口，并支持 Debezium 格式和 Canal 格式。动态表源不再局限于仅追加操作，还可以吸收这些外部变更日志（INSERT 事件），将它们解释为变更操作（INSERT 事件、UPDATE 事件、DELETE 事件），并以变更类型向下游发出。用户必须在其 CREATE TABLE 语句中指定格式才能使用 SQL DDL 来使用变更日志。

在 CREATE TABLE 语句中，指定格式的方法如下所示：

```
CREATE TABLE my_table (
  ...
) WITH (
  'connector'='...',                          -- 如 Kafka
  'format'='debezium-json',                   -- 或者 format = canal-json
  'debezium-json.schema-include'='true'-- 默认值:false（可以将 Debezium 配置为包括或排除消息模式）
  'debezium-json.ignore-parse-errors'='true'          --默认值: false
);
```

Flink 1.11 仅支持使用 Kafka 作为现成的变更日志源，并且需要使用 JSON 编码的变更日志。

用户可以在以下场景下使用变更数据获取。

- 使用 Flink SQL 进行数据同步，可以将数据同步到其他的地方，如 MySQL、Elasticsearch 等。
- 在源数据库上实时地物化一个聚合视图。
- 因为只是增量同步，所以可以实时而低延迟地同步数据。
- 使用 EventTime 连接一个临时表，以便可以获取准确的结果。

11.3.2　实例 42：获取 MySQL 变更数据

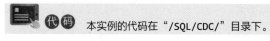 本实例的代码在"/SQL/CDC/"目录下。

本实例演示的是获取 MySQL 变更数据，具体步骤如下。

1. 准备 MySQL 环境

可以使用 Flink 的变更数据获取功能来获取 MySQL 数据，但需要先准备 MySQL 环境。配置 MySQL 环境需要满足以下条件。

- 使用 MySQL 6 以上的版本，以便支持 Binlog。
- 配置好 MySQL 默认时区和 Binlog_format 格式。
- 创建好数据库和数据表。

（1）配置 MySQL。

先配置 MySQL 默认时区和 Binlog_format 格式的方法，即在 MySQL 的配置文件中加入以下配置项：

```
default-time-zone = '+8:00'
binlog_format=ROW
```

在配置好之后，需要重启 MySQL，以便让配置项生效。可以在重新连接 MySQL 之后，使用命令 "show variables like '%time_zone%'" 检查配置项是否生效。

（2）创建数据表。

本实例通过创建一个订单表来演示 CDC 功能。创建数据表的 SQL 语句如下：

```
DROP TABLE IF EXISTS `orders`;
CREATE TABLE `orders` (
  `id` bigint NOT NULL AUTO_INCREMENT,
  `total_amount` decimal(10,2) DEFAULT NULL,
  `trade_no` varchar(100) DEFAULT NULL,
  `order_status` varchar(20) CHARACTER SET utf8 COLLATE utf8_general_ci DEFAULT NULL,
  `user_id` bigint DEFAULT NULL,
  `payment_way` varchar(20) CHARACTER SET utf8 COLLATE utf8_general_ci DEFAULT NULL,
  `delivery_address` varchar(500) CHARACTER SET utf8 COLLATE utf8_general_ci DEFAULT NULL,
  `order_comment` varchar(200) CHARACTER SET utf8 COLLATE utf8_general_ci DEFAULT NULL,
  `create_time` datetime DEFAULT NULL,
  `operate_time` datetime DEFAULT NULL,
  `expire_time` datetime DEFAULT NULL,
  PRIMARY KEY (`id`)
) ENGINE=InnoDB AUTO_INCREMENT=481 DEFAULT CHARSET=utf8 COMMENT='订单表';


-- ---------------------------
-- Records of orders
-- ---------------------------
INSERT INTO `orders` VALUES ('1', '188.00', null, '1', '1', 'weixin', '北京王家胡同', '要顺丰',
'2020-10-04 12:06:42', '2020-10-05 12:06:46', null);
```

```
INSERT INTO `orders` VALUES ('2', '2000.00', null, '1', '2', 'alipay', '上海 13 弄', '不限快递',
'2020-10-04 12:07:49', '2020-10-04 12:07:53', null);
```

2. 开发 Flink 的 CDC 应用程序

（1）添加依赖。

要使用 MySQL CDC connector，除需要添加 Flink SQL 相关依赖外，还需要添加以下 MySQL 的 CDC 依赖：

```
<!-- Flink 的 MySQL 连接器依赖 -->
<dependency>
        <groupId>com.alibaba.ververica</groupId>
        <artifactId>flink-connector-mysql-cdc</artifactId>
        <version>1.0.0</version>
</dependency>
```

如果使用 Flink SQL Client，则需要添加 JAR 包 "flink-sql-connector-mysql-cdc-1.0.0.jar"，然后将该 JAR 包放在 Flink 安装目录的 lib 文件夹下。

（2）编写应用程序。

编写应用程序，实现 Flink 的 CDC 功能，如下所示：

```
public class CDCDemo {
    // main()方法——Java 应用程序的入口
    public static void main(String[] args) throws Exception {
        // 获取流处理的执行环境
        StreamExecutionEnvironment env = StreamExecutionEnvironment.getExecutionEnvironment();
        // 创建 Table API 和 SQL 程序的执行环境
        StreamTableEnvironment tEnv = StreamTableEnvironment.create(env);
        String query ="CREATE TABLE orders(" +
                "id BIGINT," +
                "user_id BIGINT," +
                "create_time TIMESTAMP(0)," +
                "payment_way STRING," +
                "delivery_address STRING," +
                "order_status STRING," +
                "total_amount DECIMAL(10, 5)) WITH (" +
                "'connector' = 'mysql-cdc'," +
                "'hostname' = '127.0.0.1'," +
                "'port' = '3306'," +
                "'username' = 'long'," +
                "'password' = 'long'," +
                "'database-name' = 'flink'," +
                "'table-name' = 'orders')";
        tEnv.executeSql(query);
```

```
        String query2 = "SELECT * FROM orders";
        Table result2=tEnv.sqlQuery(query2);
        tEnv.toRetractStream(result2, Row.class).print(); // 打印数据到控制台
        env.execute("CDC Job");
    }
}
```

（3）测试 Flink 的 CDC 功能。

在启动应用程序之后，会控制台中输出以下信息：

```
Connected to 127.0.0.1:3306 at Zhonghua-Long-bin.000008/156 (sid:6268, cid:10)
3> (true,2,2,2020-10-04T12:07:49,alipay,上海 13 弄,1,2000.00000)
2> (true,1,1,2020-10-04T12:06:42,weixin,北京王家胡同,1,188.00000)
```

如果在数据表中新加了一条数据，则控制台会自动更新新添加的信息：

```
4> (true,3,3,2020-10-04T12:58:24,Alipay,武汉滨江苑,1,288.00000)
```

11.4 认识流式聚合

SQL 是数据分析中使用最广泛的语言。Table API、SQL 使用户能够以更少的时间和精力定义高效的流分析应用程序。此外，Table API、SQL 是高效优化过的，它们集成了许多查询优化和算子优化。但并不是所有的优化都是默认开启的，因此，对于某些工作负载来说，可以通过打开某些选项来提高性能。

> 本节提到的优化选项仅支持 BlinkPlanner。流聚合优化仅支持无界聚合。

在默认情况下，无界聚合算子逐条处理输入的记录，即：①从状态中读取累加器；②累加/撤回记录至累加器；③将累加器写回状态。

这种处理模式可能会增加状态后端的开销（尤其是对于 RocksDB 的状态后端）。此外，在生产中非常常见的数据倾斜会使这个问题恶化，并且容易导致作业发生反压。

1. MiniBatch 聚合

MiniBatch 聚合的核心思想是，将一组输入的数据缓存在聚合算子内部的缓冲区中。在输入的数据被触发处理时，每个 key 只需要一个操作即可访问状态，这样可以大大减小状态开销并获得更好的吞吐量。但这可能会增加一些延迟，因为它会缓冲一些记录，而不是立即处理它们。这是吞吐量和延迟之间的权衡。

在默认情况下 MiniBatch 优化是禁用的。启用 MiniBatch 优化的选项如下所示：

```
// 实例化表环境
TableEnvironment tEnv = ...
// 访问配置
Configuration configuration = tEnv.getConfig().getConfiguration();
// 设置低阶的 key-value 选项
configuration.setString("table.exec.mini-batch.enabled", "true");        // 开启 MiniBatch
configuration.setString("table.exec.mini-batch.allow-latency", "5 s"); // 使用 5s 缓冲输入记录
configuration.setString("table.exec.mini-batch.size", "5000"); // 每个聚合算子任务可以缓冲的最大
记录数
```

2．本地全局聚合

本地全局聚合（Local-Global）是为了解决数据倾斜问题而提出的，它将一组聚合分为两个阶段（首先在上游进行本地聚合，然后在下游进行全局聚合），与 MapReduce 中的 "Combine + Reduce" 模式类似。例如，以下 SQL 数据流中的记录可能会倾斜：

```
SELECT color, sum(id)
FROM T
GROUP BY color
```

因此，某些聚合算子的实例必须比其他实例处理更多的记录，这会产生热点问题。本地全局聚合可以将一定数量具有相同 key 的输入数据累加到单个累加器中。

本地全局聚合仅接收 Reduce 之后的累加器，而不是大量的原始输入数据，这样可以大大减少网络开销和状态访问的成本。本地全局聚合依赖 MiniBatch 聚合的优化，所以需要开启 MiniBatch 聚合的支持。

启用本地全局聚合，如下所示：

```
// 实例化表环境
TableEnvironment tEnv = ...
// 访问配置
Configuration configuration = tEnv.getConfig().getConfiguration();
// 设置低阶的 key-value 选项
configuration.setString("table.exec.mini-batch.enabled", "true"); // 本地全局聚合需要开启
MiniBatch 配置项
configuration.setString("table.exec.mini-batch.allow-latency", "5 s");
configuration.setString("table.exec.mini-batch.size", "5000");
configuration.setString("table.optimizer.agg-phase-strategy", "TWO_PHASE"); // 开启"两阶段提交"
```

3．去重聚合

（1）拆分去重聚合。

本地全局聚合优化可以有效消除常规聚合的数据倾斜，如 SUM、COUNT、MAX、MIN、AVG。

但在处理去重（Distinct）聚合时，其性能并不能令人满意。例如，要分析今天有多少唯一用户登录，则可能有以下查询：

```
SELECT day, COUNT(DISTINCT user_id)
FROM T
GROUP BY day
```

如果 Distinct key 的值呈稀疏分布状态，则 COUNT DISTINCT 不适合用来减少数据，即使启用了本地全局聚合优化也没有太大的帮助。因为累加器仍然包含几乎所有的原始记录，并且本地全局聚合将成为瓶颈（大多数繁重的累加器由一个任务处理）。

这个优化的思想是将不同的聚合（如 COUNT(DISTINCT col)）分为两个级别。

- 第 1 次聚合由 Group Key 和额外的 Bucket Key 进行 Shuffle。Bucket Key 是使用 HASH_CODE(distinct_key) % BUCKET_NUM 计算的。BUCKET_NUM 默认为 1024，可以通过 table.optimizer.distinct-agg.split.bucket-num 选项进行配置。
- 第 2 次聚合由原始 Group Key 进行 Shuffle，并使用 SUM 算子聚合来自不同 Buckets 的 COUNT DISTINCT 值。由于相同的 Distinct Key 仅在同一个 Bucket 中计算，因此转换是等效的。Bucket Key 充当附加 Group Key 的角色，以分担 Group Key 中热点的负担。Bucket Key 使作业具有可伸缩性，以解决不同聚合中的数据倾斜/热点。

在拆分去重聚合之后，以上查询将被自动改写为以下查询：

```
SELECT day, SUM(cnt)
FROM (
    SELECT day, COUNT(DISTINCT user_id) as cnt
    FROM T
    GROUP BY day, MOD(HASH_CODE(user_id), 1024)
)
GROUP BY day
```

如下示例显示了如何启用"拆分去重聚合"优化：

```
// 实例化表环境
TableEnvironment tEnv = ...
tEnv.getConfig()              // 访问高阶配置项
    .getConfiguration()   // 设置低阶的 key-value 选项
    .setString("table.optimizer.distinct-agg.split.enabled", "true");  // 启用"拆分去重聚合"优化
```

（2）在"去重聚合"上使用 FILTER 修饰符。

在某些情况下，用户可能需要从不同维度计算 UV（独立访客）的数量，如来自 Android 的 UV、iPhone 的 UV、Web 的 UV 和总 UV。很多人会选择使用 CASE WHEN 语法来实现，如下所示：

```
SELECT
```

```
day,
 COUNT(DISTINCT user_id) AS total_uv,
 COUNT(DISTINCT CASE WHEN flag IN ('android', 'iphone') THEN user_id ELSE NULL END) AS app_uv,
 COUNT(DISTINCT CASE WHEN flag IN ('wap', 'other') THEN user_id ELSE NULL END) AS web_uv
FROM T
GROUP BY day
```

但在这种情况下，建议使用 FILTER 语法而不是 CASE WHEN 语法。因为 FILTER 语法更符合 SQL 标准，并且能获得更多的性能提升。FILTER 不仅可以用于聚合函数的修饰符，还可以用于限制聚合中使用的值。

FILTER 修饰符的使用方法如下所示：

```
SELECT
 day,
 COUNT(DISTINCT user_id) AS total_uv,
 COUNT(DISTINCT user_id) FILTER (WHERE flag IN ('android', 'iphone')) AS app_uv,
 COUNT(DISTINCT user_id) FILTER (WHERE flag IN ('wap', 'other')) AS web_uv
FROM T
GROUP BY day
```

Flink 的 SQL 优化器可以识别相同 Distinct Key 上的不同过滤器参数。例如，在上面的示例中，3 个 COUNT DISTINCT 都在 user_id 列上。Flink 可以只使用 1 个共享状态实例，而不是 3 个状态实例，以减少状态访问和状态大小。在某些工作负载下，这样可以获得显著的性能提升。

11.5 实例 43：使用 DDL 创建表，并进行流式窗口聚合

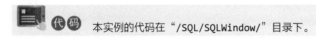 **（代码）** 本实例的代码在 "/SQL/SQLWindow/" 目录下。

本实例演示的是使用 DDL 注册表，在 DDL 中声明 "事件时间" 属性，以及在已注册的表上运行流式窗口聚合。

1. 准备数据

为了测试延迟处理和水位线，我们创建了如下所示的订单数据：

```
订单号|产品名称|销量|时间
-|-|-|--------
1,A,3,2020-11-11 00:00:01
2,B,4,2020-11-11 00:00:02
4,C,3,2020-11-11 00:00:04
6,D,3,2020-11-11 00:00:06
34,A,2,2020-11-11 00:00:34
```

```
26,A,2,2020-11-11 00:00:26
8,B,1,2020-11-11 00:00:08
```

从上面的数据可以得出如下几点。

- 我们特意创建了订单号为 34 和 26 的数据，它们的订单发生时间为 2020-11-11 00:00:34 和 2020-11-11 00:00:26，这个时间会让它们进入不同的窗口。
- 我们特意让订单号为 8 的数据迟到，以测试窗口的迟到处理情况。

2．实现代码

在准备好数据之后，就可以通过 DDL 注册表格，并声明"事件时间"属性，以及在已注册的表上运行流式窗口聚合，如下所示：

```java
// main()方法——Java 应用程序的入口
public static void main(String[] args) throws Exception {
        // 获取流处理的执行环境
        StreamExecutionEnvironment env = StreamExecutionEnvironment.getExecutionEnvironment();
        // 创建 Table API 和 SQL 程序的执行环境
        StreamTableEnvironment tEnv = StreamTableEnvironment.create(env);
        // 将源数据写入临时文件
        String contents =
        "1,A,3,2020-11-11 00:00:01\n" +
        "2,B,4,2020-11-11 00:00:02\n" +
        "4,C,3,2020-11-11 00:00:04\n" +
        "6,D,3,2020-11-11 00:00:06\n" +
        "34,A,2,2020-11-11 00:00:34\n" +
        "26,A,2,2020-11-11 00:00:26\n" +
        "8,B,1,2020-11-11 00:00:08";
        // 获取绝对路径
        String path = createTempFile(contents);
        // 使用 DDL 注册带有水位线的表。由于事件混乱，因此需要设置水位线来等待较晚的事件
        String ddl = "CREATE TABLE Orders (\n" +
        "  order_id INT,\n" +
        "  product STRING,\n" +
        "  amount INT,\n" +
        "  ts TIMESTAMP(3),\n" +
        "  WATERMARK FOR ts AS ts - INTERVAL '3' SECOND\n" +
        ") WITH (\n" +
        "  'connector.type' = 'filesystem',\n" +
        "  'connector.path' = '" + path + "',\n" +
        "  'format.type' = 'csv'\n" +
        ")";
        tEnv.executeSql(ddl).print(); // 打印数据到控制台
        // 打印 Schema
        tEnv.executeSql("DESCRIBE Orders").print();
```

```
   // 在表上运行 SQL 查询，并将检索结果作为新表
   String query = "SELECT\n" +
     " CAST(TUMBLE_START(ts, INTERVAL '5' SECOND) AS STRING) window_start,\n" +
     " COUNT(*) order_num,\n" +
     " SUM(amount) amount_num,\n" +
     " COUNT(DISTINCT product) products_num\n" +
     "FROM Orders\n" +
     "GROUP BY TUMBLE(ts, INTERVAL '5' SECOND)";
   Table result = tEnv.sqlQuery(query);
   result.printSchema();
   tEnv
     // 将给定的表转换为指定类型的 DataStream
     .toAppendStream(result, Row.class)
     .print(); // 打印数据到控制台
     // 在将表程序转换为 DataStream 程序之后，必须使用 env.execute() 提交作业
     env.execute("SQL Job");
}
/* 使用 contents 创建一个临时文件，并返回绝对路径 */
private static String createTempFile(String contents) throws IOException {
   File tempFile = File.createTempFile("Orders", ".csv");
   tempFile.deleteOnExit();
   FileUtils.writeFileUtf8(tempFile, contents);
   return tempFile.toURI().toString();
}
```

3. 测试

运行上述应用程序之后，会在控制台中输出以下信息：

```
root
 |-- window_start: STRING
 |-- order_num: BIGINT NOT NULL
 |-- amount_num: INT
 |-- products_num: BIGINT NOT NULL

11> 2020-11-11 00:00:30.000,1,2,1
8> 2020-11-11 00:00:00.000,3,10,3
9> 2020-11-11 00:00:05.000,2,4,2
10>2020-11-11 00:00:25.000,1,2,1
```

由输出结果可知，该窗口应用产生了 4 个聚合窗口，如表 11-2 所示。

表 11-2

窗口的起始时间	窗口内的订单数	窗口内的产品销量	窗口类的产品种类
00:00:00.000	3（订单 id=1,2,4 的 3 个订单）	10（3+4+3）	3（产品 A,B,C）
00:00:05.000	2（订单 id=6,8 的 2 个订单）	4（3+1）	2（产品 D,B）
00:00:25.000	1（订单 id=26 的 1 个订单）	2	1（产品 A）
00:00:30.000	1（订单 id=34 的 1 个订单）	2	1（产品 A）

第 12 章

集成外部系统

本章首先介绍 Flink 的连接器;然后介绍异步访问外部数据,以及外部系统如何拉取 Flink 数据;最后介绍 Kafka,以及 Flink 如何集成 Kafka。

12.1 认识 Flink 的连接器

12.1.1 内置的连接器

Flink 内置了一些比较基本的 Source 和 Sink。预定义数据源支持从文件、目录、Socket,以及 Collection 和 Iterator 中读取数据。预定义数据接收器支持把数据写入文件、标准输出(Stdout)、标准错误输出（ Stderr ）和 Socket。

1. 内置连接器

连接器可以和许多第三方系统进行交互,目前支持以下几种系统。

- Apache Kafka:支持 Source/Sink。
- Apache Cassandra:支持 Sink。
- Amazon Kinesis Streams:支持 Source/Sink。
- Elasticsearch:支持 Sink。
- Hadoop FileSystem:支持 Sink。
- RabbitMQ:支持 Source/Sink。
- Apache NiFi:支持 Source/Sink。
- Twitter Streaming API:支持 Source。
- Google PubSub:支持 Source/Sink。
- JDBC:支持 Sink。

这些连接器是 Flink 工程的一部分，包含在发布的源码中，但是不包含在二进制发行版中，所以在使用时需要添加相应的依赖。

在 Flink 中还可以使用一些通过 Apache Bahir 发布的额外的连接器，包括以下几种。

- Apache ActiveMQ：支持 Source/Sink。
- Apache Flume：支持 Sink。
- Redis：支持 Sink。
- Akka：支持 Sink。
- Netty：支持 Source。

2. 连接 Fink 的其他方法

除了使用连接器和外部系统交互，还可以通过以下方法进行交互。

- 异步 I/O。
- 可查询状态。

12.1.2　Table&SQL 的连接器

Flink 的 Table API 和 SQL 程序可以连接到其他外部系统，以读取和写入批处理表与流式表。TableSource 提供对存储在外部系统（如数据库、键值存储、消息队列或文件系统）中的数据进行的访问。TableSink 将表发送到外部存储系统中。Source 和 Sink 的不同类型支持不同的数据格式，如 CSV、Avro、Parquet 或 ORC。

Flink 支持使用 SQL CREATE TABLE 语句注册表。可以定义表名称、表模式，以及用于连接到外部系统的表选项。

以下代码显示了如何连接到 Kafka 以读取记录：

```sql
CREATE TABLE MyUserTable (
  -- 申明表模式

  `user` BIGINT,
  message STRING,
  ts TIMESTAMP,
  proctime AS PROCTIME(),                      -- 使用计算列定义 Proctime 属性
  WATERMARK FOR ts AS ts - INTERVAL '5' SECOND  -- 使用 WATERMARK 语句定义 Rowtime 属性
) WITH (
  -- 声明要连接的外部系统

  'connector' = 'kafka',
  -- 声明 Kafka 的主题
```

```
  'topic' = 'topic_name',
  'scan.startup.mode' = 'earliest-offset',
  -- 配置 bootstrap.servers 的地址和端口
  'properties.bootstrap.servers' = 'localhost:9092',
  -- 声明此系统的格式
  'format' = 'json'
)
```

由上面的代码可知，所需的连接属性将转换为基于字符串的"键-值"对。表工厂根据"键-值"对创建已配置的表源、表接收器和相应的格式。在搜索完全匹配的一个表工厂时，通过 Java 的服务提供商接口（SPI）可以找到所有的表工厂。如果找不到给定属性的工厂或多个工厂匹配，则会引发异常，并提供有关考虑的工厂和支持的属性的其他信息。

Flink 提供了一套与表连接器一起使用的表格式（Table Format）。表格式是一种存储格式，定义了如何把二进制数据映射到表的列上。Flink 支持的格式如表 12-1 所示。

表 12-1

格　　式	支持的连接器
CSV	Apache Kafka，Filesystem
JSON	Apache Kafka，Filesystem，Elasticsearch
Apache Avro	Apache Kafka，Filesystem
Debezium CDC	Apache Kafka
Canal CDC	Apache Kafka
Apache Parquet	Filesystem
Apache ORC	Filesystem

1. 模式映射

SQL CREATE TABLE 语句的 Body 子句用于定义列的名称、类型、约束和水位线。Flink 不保存数据，因此仅声明如何将外部系统的类型映射成 Flink 的表示形式。映射可能未按名称映射，这取决于格式和连接器的实现。例如，MySQL 数据库表按"字段名"映射（不区分大小写），而 CSV 文件系统按"字段顺序"映射（"字段名"可以是任意的）。

以下示例显示了一个没有时间属性的简单模式，并且输入/输出到表"列"的一对一字段映射：

```
CREATE TABLE MyTable (
  Field1 INT,
  Field2 STRING,
  Field3 BOOLEAN
) WITH (...)
```

305

2. 主键

主键约束表明表的一个"列"或一组"列"是唯一的，并且它们不包含空值。主键唯一地标识表中的一"行"。

SQL 标准指定约束可以为 ENFORCED 模式或 NOT ENFORCED 模式，它们控制是否对传入/传出数据执行约束检查。Flink 不拥有数据，所以其支持的是 NOT ENFORCED 模式，由用户来确保主键约束。

使用 SQL 语句定义主键的方法如下所示：

```sql
CREATE TABLE MyTable (
  MyField1 INT,
  MyField2 STRING,
  MyField3 BOOLEAN,
  PRIMARY KEY (MyField1, MyField2) NOT ENFORCED  -- 在列上定义主键
) WITH (
  ...
)
```

3. 时间属性

（1）"处理时间"属性。

为了在模式（Schema）中声明 Proctime 属性，可以使用计算列语法 PROCTIME()方法来声明。计算列是未存储在物理数据中的虚拟列。申明"处理时间"属性的方法如下所示：

```sql
CREATE TABLE MyTable (
  MyField1 INT,
  MyField2 STRING,
  MyField3 BOOLEAN
  MyField4 AS PROCTIME() -- 申明"处理时间"属性
) WITH (
  ...
)
```

（2）"事件时间"属性。

为了控制表的"事件时间"行为，Flink 提供了预定义的时间戳提取器和水位线策略。Flink 支持以下时间戳提取器：

```sql
-- 使用架构中现有的 TIMESTAMP(3)字段作为 Rowtime 属性
CREATE TABLE MyTable (
  ts_field TIMESTAMP(3),
  WATERMARK FOR ts_field AS ...
) WITH (
```

```
...
)
-- 使用系统函数或 UDF 或表达式提取所需的 TIMESTAMP(3)作为 Rowtime 字段
CREATE TABLE MyTable (
  log_ts STRING,
  ts_field AS TO_TIMESTAMP(log_ts),
  WATERMARK FOR ts_field AS ...
) WITH (...)
```

确保始终声明时间戳和水位线。触发基于时间的操作需要水位线。支持使用以下水位线策略。

（1）发出"到目前为止已观察到的最大时间戳"的水位线，如下所示：

```
CREATE TABLE MyTable (
  ts_field TIMESTAMP(3),
  WATERMARK FOR ts_field AS ts_field
) WITH (...)
```

（2）发出"到目前为止已观察到的最大时间戳减去 1"的水位线，如下所示：

```
CREATE TABLE MyTable (
  ts_field TIMESTAMP(3),
  WATERMARK FOR ts_field AS ts_field - INTERVAL '0.001' SECOND
) WITH (...)
```

（3）发出"到目前为止已观察到的最大时间戳减去指定的延迟（如 2s）"的水位线，如下所示：

```
CREATE TABLE MyTable (
  ts_field TIMESTAMP(3),
  WATERMARK FOR ts_field AS ts_field - INTERVAL '2' SECOND
) WITH (...)
```

12.2 异步访问外部数据

使用连接器并不是唯一可以使数据进入/流出 Flink 的方式，还可以从外部数据库或 Web 服务查询数据得到初始数据流，然后通过 Map 或 FlatMap 对初始数据流进行丰富和增强。Flink 提供的异步 I/O API 可以使这个过程更加简单、高效和稳定。

在与外部系统交互时，需要考虑与外部系统的通信延迟对整个流处理应用程序的影响。访问外部数据有同步交互和异步交互两种方式，如图 12-1 所示。

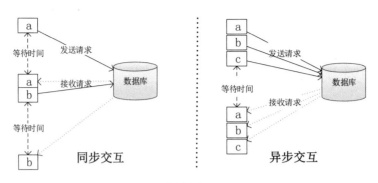

图 12-1

- 同步交互：简单地访问外部数据库中数据的方式。例如，使用 MapFunction 向数据库发送一个请求，然后一直等待，直到收到响应。在许多情况下，等待会占据函数运行的大部分时间。
- 异步交互：一个并行函数实例可以并发地处理多个请求和接收多个响应。在异步访问情况下，函数在等待的时间可以发送其他请求和接收其他响应，从而使等待的时间可以被多个请求分摊。在大多数情况下，异步交互可以大幅度提高流处理的吞吐量。

仅仅提高 MapFunction 的并行度（Parallelism）在有些情况下也可以提升吞吐量，但这样做通常会导致非常高的资源消耗：更多的并行 MapFunction 的实例会导致更多的 Task、线程、Flink 内部网络连接、与数据库的网络连接、缓冲，以及更多的程序内部协调的开销。

Flink 的异步 I/O API 允许用户在流处理中使用异步请求客户端。API 在处理与数据流的集成时还能同时处理好顺序、事件时间和容错等。

实现数据流转换操作与数据库的异步 I/O 交互需要具备以下条件。

- 具备异步数据库客户端。
- 具有实现分发请求的 AsyncFunction。
- 具有获取数据库交互的结果，并发送给 ResultFuture 的回调函数。
- 将异步 I/O 操作应用于 DataStream，作为 DataStream 的一次转换操作。

1. 超时处理

在异步 I/O 请求超时时，默认会抛出异常并重启作业。可以通过重写 AsyncFunction#timeout 方法来自定义。

2. 结果的顺序

AsyncFunction 发出的并发请求经常以不确定的顺序完成（完成的顺序取决于请求得到响应的顺序）。Flink 提供了两种模式用于控制"结果记录以何种顺序发出"。

- 无序模式：异步请求一旦结束就立刻发出结果记录。流中记录的顺序在经过异步 I/O 算子后发生了改变。在使用"处理时间"作为基本时间特征时，这个模式具有最低的延迟和最小的开销。此模式使用 AsyncDataStream.unorderedWait()方法。

- 有序模式：这种模式保持了流原有的顺序，发出结果记录的顺序与触发异步请求的顺序（记录输入算子的顺序）相同。为了实现这一点，算子会一直记录缓冲的结果，直到这条记录前面的所有记录都发出（或超时）。由于记录要在检查点的状态中保存更长的时间，因此与无序模式相比，有序模式通常会带来一些额外的延迟和检查点开销。此模式使用 AsyncDataStream.orderedWai()方法。

3. 事件时间

当流处理应用使用"事件时间"时，异步 I/O 算子会正确处理水位线。对于两种顺序模式，意味着以下内容。

- 无序模式：水位线既不超前于记录也不落后于记录，即水位线建立了顺序的边界。只有连续两个水位线之间的记录是无序发出的。在一个水位线后面生成的记录只会在这个水位线发出以后才发出。在一个水位线之前的所有输入的结果记录全部发出后，才会发出这个水位线。这意味着，在存在水位线的情况下，无序模式会引入一些与有序模式相同的延迟和管理开销。开销大小取决于水位线的频率。
- 有序模式：连续两个水位线之间的记录顺序也被保留了。这种开销与使用"处理时间"的开销相比，没有显著的差别。

"摄入时间"是一种特殊的"事件时间"，它基于数据源的"处理时间"自动生成水位线。

4. 容错保证

异步 I/O 算子提供了"精确一次"容错保证。它将在途的异步请求的记录保存在检查点中，在故障恢复时重新触发请求。

5. 实现提示

在使用 Executor 和回调的 Futures 时，建议使用 DirectExecutor，因为通常回调的工作量很小，DirectExecutor 避免了额外的线程切换开销。回调通常只是把结果发送给 ResultFuture，即把它添加进输出缓冲。从这里开始，包括"发送记录"和"与检查点交互"在内的繁重逻辑都将在专有的线程池中进行处理。

DirectExecutor 可以通过以下两个类获得：

```
org.apache.flink.runtime.concurrent.Executors.directExecutor()
com.google.common.util.concurrent.MoreExecutors.directExecutor()
```

下面的例子使用 Java 8 的 Future 接口（与 Flink 的 Future 相同）实现了异步请求和回调：

```
/**
 * 实现 AsyncFunction，用于发送请求和设置回调
 */
```

```
class AsyncDatabaseRequest extends RichAsyncFunction<String, Tuple2<String, String>> {
    /** 能够利用回调函数并发送请求的数据库客户端 */
    private transient DatabaseClient client;
    @Override
    public void open(Configuration parameters) throws Exception {
        client = new DatabaseClient(host, post, credentials);
    }
    @Override
    public void close() throws Exception {
        client.close();
    }
    @Override
    public void asyncInvoke(String key, final ResultFuture<Tuple2<String, String>> resultFuture)
throws Exception {
        // 发送异步请求，接收 Future 结果
        final Future<String> result = client.query(key);
        // 在设置客户端完成请求后要执行的回调函数
        // 回调函数只是简单地把结果发给 future

        CompletableFuture.supplyAsync(new Supplier<String>() {

            @Override
            public String get() {
                try {
                    return result.get();
                } catch (InterruptedException | ExecutionException e) {
                    // 显示地处理异常
                    return null;
                }
            }
        }).thenAccept( (String dbResult) -> {
            resultFuture.complete(Collections.singleton(new Tuple2<>(key, dbResult)));
        });
    }
}
// 创建初始 DataStream
DataStream<String> stream = ...;
// 应用异步 I/O 转换操作
DataStream<Tuple2<String, String>> resultStream =
    AsyncDataStream.unorderedWait(stream, new AsyncDatabaseRequest(), 1000,
TimeUnit.MILLISECONDS, 100);
```

在第一次调用 ResultFuture.complete 之后就获取了 ResultFuture 的结果。后续的 Complete 调用都将被忽略。

下面两个参数可以控制异步操作。

- Timeout：定义了"在异步请求发出多久后未得到响应即被认定为失败"，它可以防止一直等待得不到响应的请求。
- Capacity：定义了"可以同时进行的异步请求数"。即使异步 I/O 通常带来更高的吞吐量，但执行异步 I/O 操作的算子仍然可能成为流处理的瓶颈。限制并发请求的数量，可以确保算子不会持续累积待处理的请求进而造成积压，而是在容量耗尽时触发反压（因为数据管道中某个节点的处理速率跟不上上游发送数据的速率，所以需要对上游进行限速）。

12.3　外部系统拉取 Flink 数据

当 Flink 应用程序需要向外部存储推送大量数据时，会出现 I/O 瓶颈问题。在这种场景下，如果对数据的读操作远少于写操作，则"让外部应用从 Flink 拉取所需的数据"会是一种更好的方式。可查询状态接口（Queryable State）可以实现拉取 Flink 数据功能，该接口允许被 Flink 托管的状态可以被按需查询。

可查询状态接口主要包括以下 3 个部分。

- QueryableStateClient：运行在 Flink 集群外部，负责提交用户的查询请求。
- QueryableStateClientProxy：运行在每个任务管理器上（即 Flink 集群内部），负责接收客户端的查询请求，从所负责的任务管理器获取请求的状态，并返回给客户端。
- QueryableStateServer：运行在任务管理器上，负责服务本地存储的状态。

> 目前，可查询状态接口 API 还在不断演进。在后续的 Flink 版本中可能会出现 API 变化。更多信息请参阅官方文档。

12.4　认识 Flink 的 Kafka 连接器

Flink 默认提供了 Kafka 连接器，利用该连接器可以向 Kafka 的主题中读取或写入数据。Flink 的 Kafka 消费者（Consumer）集成了检查点机制，可提供"精确一次"的处理语义。Flink 并不完全依赖跟踪 Kafka 消费者的偏移量，而是在内部跟踪和检查偏移量。

12.4.1　认识 Kafka

1. Kafka 是什么

Kafka 是由 Linkedin 公司基于 Zookeeper 开发的，是一款开放源码的分布式事件流平台，支持多分区和多副本。成千上万的公司使用 Kafka 实现了高性能的数据管道、流分析、数据集成和关键任务应用程序。

将 Kafka 中的 Partition 机制和 Flink 的并行度机制结合，可以实现数据恢复。在任务失败时，可以通过设置的 Kafka 的 Offset 来恢复应用。

Kafka 主要有以下几个特性。

- 高吞吐、低延迟：Kafka 收发消息非常快，每秒可以处理几十万条消息，它的最低延迟只有几毫秒。
- 高并发：支持数千个客户端同时读／写。
- 容错性强：如果某个节点宕机，则 Kafka 集群能够正常工作，并且允许集群中的节点失败。
- 高伸缩性：每个主题包含多个分区，主题中的分区可以分布在不同的主机（Broker）中。
- 持久性、可靠性好：Kafka 底层的数据是基于 Zookeeper 存储的，Kafka 能够允许数据的持久化存储、消息被持久化到磁盘，并且支持数据备份和防止数据丢失。

2. Kafka 的基础概念

（1）消息：Kafka 中的数据单元。它相当于数据库表中的记录。

（2）批次：一组消息。为了提高效率，消息会被分批次写入 Kafka 中。

（3）主题：一个逻辑上的概念，用于从逻辑上来归类与存储消息。可以将主题理解为消息的一个种类，一个主题代表一类消息。主题与消息密切相关，Kafka 中的每条消息都归属于某个主题，某个主题下可以有任意数量的消息。主题还有分区和副本的概念。

（4）生产者：向主题发布消息的客户端应用程序。它的主要工作就是生产出消息，然后将消息发送给消息队列。生产者可以向消息队列发送各种类型的消息，如字符串、二进制消息。多个生产者可以向一个主题发送消息。

（5）消费者：用于消费生产者产生的消息。它从消息队列获取消息。多个消费者可以消费一个主题中的消息。

（6）消费者群组：由一个或多个消费者组成的群体。一个生产者对应多个消费者。

（7）偏移量：用来记录消费者在发生重平衡（Rebalance）时的位置，以便用来恢复数据。它是一种元数据，是一个不断递增的整数值。

（8）重平衡：在消费者群组内某个消费者实例宕机后，其他消费者实例自动重新分配订阅主题分区的过程。重平衡是 Kafka 消费者端实现高可用的重要手段。

（9）Broker：一个独立的 Kafka 服务器被称为 Broker。它接收来自生产者的消息，为消息设置偏移量，并将消息保存到磁盘中。

（10）Broker 集群：由一个或多个 Broker 组成。每个 Broker 集群都有一个 Broker 充当集群控制器的角色（自动从集群的活跃成员中选举出来）。

（11）分区：主题可以被分为若干分区（Partition），同一个主题中的分区可以不在一个机器上。分区有助于实现 Kafka 的伸缩性。单一主题中的分区有序，但是无法保证主题中所有的分区都有序。

（12）副本：Kafka 中消息的备份。Kafka 定义了两类副本：领导者副本（Leader Replica）和追随者副本（Follower Replica），前者对外提供服务，后者只是被动跟随。副本的数量是可以配置的。

（13）Kafka 的消息队列：一般分为点对点模式和发布订阅模式。

- 点对点模式是指，一个生产者生产的消息由一个消费者进行消费，如图 12-2 所示。
- 发布订阅模式是指，一个生产者或多个生产者生产的消息能够被多个消费者同时消费，如图 12-3 所示。

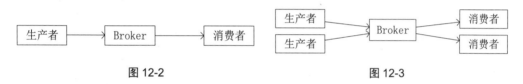

图 12-2　　　　　　　　　　　　　图 12-3

3. 认识 Kafka 系统架构

Kafka 系统架构如图 12-4 所示。

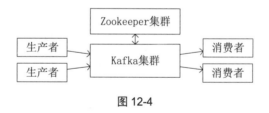

图 12-4

由图 12-4 可以看出，一个典型的 Kafka 集群中包含以下几个角色。

- 若干生产者（如浏览器产生的数据集、服务器日志等）。生产者使用 Push 模式将消息发布到 Broker
- 若干 Broker。一个或多个 Broker 组成一个集群。
- 若干消费者集群。消费者使用 Pull 模式从 Broker 订阅并消费消息。
- Zookeeper 集群。Kafka 通过 Zookeeper 管理集群配置，选举 Leader，以及在消费者集群发生变化时进行重平衡。

12.4.2 Kafka 连接器

要使用 Kafka 连接器，应根据用例和环境选择相应的包与类名。对于大多数用户来说，使用 FlinkKafkaConsumer010（它是 flink-connector-kafka 的一部分）是比较合适的。

Flink 版本与 Kafka 版本的对应关系如表 12-2 所示。

表 12-2

Maven 依赖	支持版本	消费者和生产者的类名称	Kafka 版本	注意事项
flink-connector-kafka-0.10_2.11	1.2.0+	FlinkKafkaConsumer010 FlinkKafkaProducer010	0.10.x	这个连接器支持带有时间戳的 Kafka 消息，用于生产和消费
flink-connector-kafka-0.11_2.11	1.4.0+	FlinkKafkaConsumer011 FlinkKafkaProducer011	0.11.x	Kafka 从 0.11.x 版本开始不支持 Scala 2.10。此连接器通过支持 Kafka 事务性的消息传递来为生产者提供 Exactly -Once 语义
flink-connector-kafka_2.11	1.7.0+	FlinkKafkaConsumer FlinkKafkaProducer	≥1.0.0	这个通用的 Kafka 连接器尽力与 Kafka Client 的最新版本保持同步。该连接器使用的 Kafka Client 版本可能会在 Flink 版本之间发生变化。从 Flink 1.9 版本开始，它使用 Kafka 2.2.0 Client。当前 Kafka 客户端向后兼容 0.10.0 或更高版本的 Kafka 服务器。但是对于 Kafka 0.11.x 和 Kafka 0.10.x 版本，建议分别使用专用的 flink-connector-kafka-0.11_2.11 连接器和 flink-connector-kafka- 0.10_2.11 连接器

在确定好使用的版本之后，添加对应的依赖，如下所示：

```
<!-- Flink 的 Kafka 连接器依赖 -->
<dependency>
     <groupId>org.apache.flink</groupId>
     <artifactId>flink-connector-kafka_2.11</artifactId>
     <version>1.11.0</version>
</dependency>
```

12.4.3 Kafka 消费者

Flink 的 Kafka 消费者被称为 FlinkKafkaConsumer010（或者适用于 Kafka 0.11.0.x 版本的 FlinkKafkaConsumer011，或者适用于 Kafka≥1.0.0 的版本的 FlinkKafkaConsumer）。它提供对一个或多个 Kafka 主题的访问。

构造函数接收以下参数。

- 主题名称或名称列表。
- 用于反序列化 Kafka 数据的 DeserializationSchema 或 KafkaDeserializationSchema。
- Kafka 消费者的属性——bootstrap.servers 和 group.id。

实现 Kafka 消费者的方法如下所示：

```
Properties properties = new Properties();
// 配置 bootstrap.servers 的地址和端口
properties.setProperty("bootstrap.servers", "localhost:9092");
properties.setProperty("group.id", "test");
DataStream<String> stream = env
  .addSource(new FlinkKafkaConsumer010<>("topic", new SimpleStringSchema(), properties));
```

或者：

```
Properties properties = new Properties();
// 配置 bootstrap.servers 的地址和端口
properties.setProperty("bootstrap.servers", "localhost:9092");
properties.setProperty("group.id", "test");
DataStream<String> stream = env
  .addSource(new FlinkKafkaConsumer011<>("topic", new SimpleStringSchema(), properties));
```

或者：

```
Properties properties = new Properties();
// 配置 bootstrap.servers 的地址和端口
properties.setProperty("bootstrap.servers", "localhost:9092");
FlinkKafkaConsumer<String> consumer = new FlinkKafkaConsumer<>("test", new SimpleStringSchema(),
properties);
```

1. 配置 Kafka 消费者开始消费的位置

Flink 的 Kafka 消费者允许通过配置来确定 Kafka 分区的起始位置，使用方法如下所示：

```
// 获取流处理的执行环境
StreamExecutionEnvironment env = StreamExecutionEnvironment.getExecutionEnvironment();
FlinkKafkaConsumer010<String> myConsumer = new FlinkKafkaConsumer010<>(...);
myConsumer.setStartFromEarliest();      // 从最早的记录开始
DataStream<String> stream = env.addSource(myConsumer);
```

Flink 的 Kafka 消费者所有的版本都具有上述明确的起始位置配置方法。

- setStartFromGroupOffsets()：该方法是默认方法，它读取上次保存的偏移量信息，从
  Kafka 的 Broker 的 Consumer 组（Consumer 属性中的 group.id 设置）提交的偏移量中
  读取分区。如果找不到分区的偏移量（如第一次启动），则会使用配置中的 auto.offset.reset
  的设置。

- setStartFromEarliest()：从最早的记录开始消费。在该模式下，Kafka 中的偏移量将被忽略。
- setStartFromLatest()：从最新的记录开始消费。在该模式下，Kafka 中的偏移量将被忽略。
- setStartFromTimestamp(long)：从指定的时间戳开始。对于每个分区，其时间戳大于或等于指定时间戳的记录将用作起始位置。如果一个分区的最新记录早于指定的时间戳，则只从最新记录读取该分区数据。在这种模式下，Kafka 中的已提交偏移量将被忽略。

也可以为每个分区指定消费者应该开始消费的具体 Offset，使用方法如下所示：

```
Map<KafkaTopicPartition, Long> specificStartOffsets = new HashMap<>();
specificStartOffsets.put(new KafkaTopicPartition("myTopic", 0), 11L);
specificStartOffsets.put(new KafkaTopicPartition("myTopic", 1), 22L);
specificStartOffsets.put(new KafkaTopicPartition("myTopic", 2), 33L);
myConsumer.setStartFromSpecificOffsets(specificStartOffsets);
```

在上面的代码中，使用的配置是指定从 myTopic 主题的 0、1 和 2 分区的指定偏移量开始消费。偏移量的值代表索引相对于之前的索引位置的移动。例如，索引从 1 开始，移动 3 次，此时偏移量就是 4。

如果消费者在提供的偏移量映射中没有指定偏移量的分区，则回退到该特定分区的默认组偏移行为（即 setStartFromGroupOffsets()方法）。

当作业从故障中自动恢复或使用保存点手动恢复时，这些起始位置的配置方法不会影响消费的起始位置。在恢复时，每个 Kafka 分区的起始位置由"存储在保存点或检查点中的偏移量"确定。

2. Kafka 消费者和容错

在启用 Flink 的检查点之后，Flink 的 Kafka 消费者将使用主题中的记录，并以一致的方式定期检查其所有 Kafka 偏移量和其他算子的状态。如果 Job 失败，则 Flink 会将流式程序恢复到最新检查点的状态，并且从存储在检查点中的偏移量开始重新消费 Kafka 中的消息。

因此，设置检查点的间隔定义了"程序在发生故障时最多需要返回多少个检查点"。

要使用容错的 Kafka 消费者，就需要在执行环境中启用检查点，如下所示：

```
// 获取流处理的执行环境
final StreamExecutionEnvironment env = StreamExecutionEnvironment.getExecutionEnvironment();
env.enableCheckpointing(5000); // 每隔 5000ms 执行一次检查点
```

只有在可用的插槽足够多时，Flink 才能重新启动。因此，如果由于丢失了任务管理器而失败，则之后必须一直有足够多的可用插槽。Flink on YARN 支持自动重启丢失的 YARN 容器。

如果未启用检查点，则 Kafka 消费者将定期向 Zookeeper 提交偏移量。

3. Kafka 消费者的分区和主题发现

（1）分区发现。

Flink 的 Kafka 消费者支持发现"动态创建的 Kafka 分区"，并使用"精确一次"语义消耗它们。在初始检索分区元数据之后（即当作业开始运行时）发现的所有分区将从最早偏移量开始消费。

在默认情况下禁用"分区发现"。如果要启用"分区发现"，则需要在提供的属性配置中为 flink.partition-discovery.interval-millis 设置大于 0 的值，表示发现分区的间隔是以毫秒为单位的。

> 在从 Flink 1.3.x 之前版本的保存点恢复消费者时，"分区发现"无法在恢复运行时启用。如果启用了，则还原会失败且出现异常。为了使用"分区发现"，需要先在 Flink 1.3.x 中使用保存点，然后从保存点中恢复。

（2）主题发现。

在更高的级别上，Flink 的 Kafka 消费者还可以使用"基于主题名称的正则表达式"来发现主题。使用方法如下所示：

```
Properties properties = new Properties();
// 配置 bootstrap.servers 的地址和端口
properties.setProperty("bootstrap.servers", "localhost:9092");
properties.setProperty("group.id", "test");
FlinkKafkaConsumer011<String> myConsumer = new FlinkKafkaConsumer011<>(
    java.util.regex.Pattern.compile("test-topic-[0-9]"),
    new SimpleStringSchema(),
    properties);
DataStream<String> stream = env.addSource(myConsumer);
```

由上述代码可知，当作业开始运行时，消费者使用"订阅名称"与指定正则表达式匹配的所有主题（以 test-topic 开头并以单个数字结尾）。

如果允许消费者在作业开始运行后发现动态创建的主题，则需要为 flink.partition-discovery. interval-millis 设置非负值，这允许消费者发现"订阅名称"与指定模式匹配的新主题的分区。

4. Kafka 消费者提交偏移量的行为配置

Flink 的 Kafka 消费者允许配置如何将偏移量提交回 Kafka 服务器的行为。Flink 的 Kafka 消费者不依赖提交的偏移量来实现容错保证。提交偏移量只是一种方法，用于公开消费者的进度，以便进行监控。

配置偏移量提交行为的方法是否相同，取决于是否为 Job 启用了检查点。

（1）禁用检查点：如果禁用了检查点，则 Flink 的 Kafka 消费者依赖 Kafka Client 的"自动定期偏移量提交"功能。要禁用或启用"自动定期偏移量提交"功能，则需要设置 enable.auto.commit 或 auto.commit.interval.ms 的 Key 值。

（2）启用检查点：如果启用了检查点，则当检查点完成时，Flink 的 Kafka 消费者将提交的偏移量存储在检查点状态中。这确保了 Kafka 服务器中的偏移量与检查点状态中的偏移量一致。用户可以通过调用消费者上的 setCommitOffsetsOnCheckpoints()方法来禁用或启用偏移量的提交，在默认情况下，该值是 true。如果启用了检查点，则 Properties 中的自动定期偏移量提交设置会被完全忽略。

5. Kafka 消费者和时间戳抽取，以及水位线发送

在许多场景中，记录的时间戳是被显式或隐式嵌入记录本身中的。此外，用户可能希望定期或以不规则的方式设置水位线。Flink 的 Kafka 消费者允许指定 AssignerWithPeriodicWatermarks 或 AssignerWithPunctuatedWatermarks 的值。

可以通过指定自定义时间戳抽取器、水位线发送器来发送水位线，也可以通过以下方式将水位线传递给消费者：

```
Properties properties = new Properties();
// 配置 bootstrap.servers 的地址和端口
properties.setProperty("bootstrap.servers", "localhost:9092");
properties.setProperty("group.id", "test");
FlinkKafkaConsumer010<String> myConsumer =
    new FlinkKafkaConsumer010<>("topic", new SimpleStringSchema(), properties);
myConsumer
// 为数据流中的元素分配时间戳，并生成水位线以表示事件时间进度
.assignTimestampsAndWatermarks(new CustomWatermarkEmitter());
DataStream<String> stream = env.addSource(myConsumer)
// 打印数据到控制台
.print();
```

在 Flink 中，每个 Kafka 分区执行一个 Assigner 实例。如果指定了 Assigner 实例，则对于从 Kafka 读取的每条消息，Flink 会调用 extractTimestamp()方法来为记录分配时间戳，并使用以下方法来确定是否应该发出新的水位线，以及使用哪个时间戳。

- getCurrentWatermark()方法：定期形式。
- Watermark checkAndGetNextWatermark()方法：打点形式。

如果水位线 Assigner 依赖从 Kafka 读取的消息来上涨其水位线（通常是这种情况)，则所有主题和分区都需要有连续的消息流，否则整个应用程序的水位线将无法上涨，所有基于时间的算子（如

时间窗口或带有计时器的函数）也无法运行。单个的 Kafka 分区也会导致这种反应。可能的解决方法如下：将心跳消息发送到所有消费者的分区中，从而上涨空闲分区的水位线。

6. DeserializationSchema

Flink 的 Kafka 消费者需要知道如何将 Kafka 中的二进制数据转换为 Java 或 Scala 对象。DeserializationSchema 允许用户指定这样的 Schema，为每条 Kafka 消息调用 deserialize()方法，传递来自 Kafka 的值。

AbstractDeserializationSchema 负责将生成的 Java 或 Scala 数据类型描述为 Flink 的数据类型。如果用户要自己实现一个 DeserializationSchema，则需要自己去实现 getProducedType()方法。

为了访问 Kafka 消息的 Key、Value 和元数据，KafkaDeserializationSchema 具有 deserialize()反序列化方法。

为了方便使用，Flink 提供了以下几种 Schema。

（1）TypeInformationSerializationSchema 和 TypeInformationKeyValueSerializationSchema。

TypeInformationSerializationSchema 和 TypeInformationKeyValueSerializationSchema 基于 Flink 的 TypeInformation 创建 Schema。如果该数据的读和写都发生在 Flink 中，则这是非常有用的。此 Schema 是其他通用序列化方法的高性能 Flink 替代方案。

（2）JsonDeserializationSchema 和 JSONKeyValueDeserializationSchema。

JsonDeserializationSchema 和 JSONKeyValueDeserializationSchema 将序列化的 JSON 转化为 ObjectNode 对象，可以用 objectNode.get("field").as(Int/String/...)()方法来访问某个字段。KeyValue 的 ObjectNode 包含一个含所有字段的 Key 和 Value 字段，以及一个可选的 Metadata 字段，可以访问到消息的偏移量、分区、主题等信息。

（3）AvroDeserializationSchema。

AvroDeserializationSchema 使用静态的 Schema 读取 Avro 格式的序列化数据。它能够从 Avro 生成的类 AvroDeserializationSchema.forSpecific()方法中推断出 Schema，或者可以与 GenericRecords 一起使用手动提供的 Schema。此反序列化 Schema 要求序列化记录不能包含嵌入式架构。

此模式还可以在 Confluent Schema Registry 中查找编写器的 Schema。

可以通过以下方法使用这些反序列化 Schema 记录。

- 读取从 Schema 注册表检索到的转换为静态提供的 Schema。
- ConfluentRegistryAvroDeserializationSchema.forGeneric()方法。

- ConfluentRegistryAvroDeserializationSchema.forSpecific()方法。

要使用此反序列化 Schema 必须添加以下依赖。

- AvroDeserializationSchema 依赖：

```xml
<!-- Flink 的 Avro 依赖 -->
<dependency>
        <groupId>org.apache.flink</groupId>
        <artifactId>flink-avro</artifactId>
        <version>1.11.0</version>
</dependency>
```

- ConfluentRegistryAvroDeserializationSchema 依赖：

```xml
<!-- Flink 的 Avro 的 ConfluentRegistryAvroDeserializationSchema 依赖 -->
<dependency>
        <groupId>org.apache.flink</groupId>
        <artifactId>flink-avro-confluent-registry</artifactId>
        <version>1.11.0</version>
</dependency>
```

当遇到因一些原因而无法反序列化的损坏消息时，有两个办法解决：①由 deserialize()方法抛出异常会导致作业失败并重新启动；②返回 Null，以允许 Flink 的 Kafka 消费者悄悄地跳过损坏的消息。

由于消费者具有容错能力，因此在损坏的消息上失败作业将使消费者尝试再次反序列化消息。因此，如果反序列化仍然失败，则消费者将在该损坏的消息上进入不间断重启和失败的循环。

12.4.4　Kafka 生产者

Flink 的 Kafka 生产者被称为 FlinkKafkaProducer011（或者适用于 Kafka 0.10.0.x 版本的 FlinkKafkaProducer010，或者适用于 Kafka 大于或等于 1.0.0 版本的 FlinkKafkaProducer）。它允许将消息流写入一个或多个 Kafka 主题。实现 Kafka 生产者的方法如下所示：

```java
DataStream<String> stream = ...;
FlinkKafkaProducer011<String> myProducer = new FlinkKafkaProducer011<String>(
        "localhost:9092",            // Broker 列表
        "my-topic",                  // 目标主题
        new SimpleStringSchema());   // 序列化 Schema
// 高于 0.10 版本的 Kafka 允许在将记录写入 Kafka 时附加记录的"事件时间"戳,此方法不适用于早期版本的 Kafka
myProducer.setWriteTimestampToKafka(true);
stream.addSink(myProducer);
```

上面的例子演示了通过创建 Flink 的 Kafka 生产者来将流消息写入单个 Kafka 目标主题的基本用法。对于更高级的用法，还有其他构造函数变体允许提供以下内容。

- 提供自定义属性：允许 Kafka 生产者提供自定义属性配置。

- 自定义分区器：要将消息分配给特定的分区，可以向构造函数提供一个 FlinkKafkaPartitioner 的实现。这个分区器将被流中的每条记录调用，以确定消息应该发送到目标主题的哪个具体分区中。
- 高级的序列化 Schema：与消费者类似，生产者还允许使用名为 KeyedSerializationSchema 的高级序列化 Schema，该 Schema 允许单独序列化 Key 和 Value。该 Schema 还允许覆盖目标主题，以便生产者实例可以将数据发送到多个主题。

1. Kafka 生产者分区方案

在默认情况下，如果没有为 Flink 的 Kafka 生产者指定自定义分区程序，则生产者使用 FlinkFixedPartitioner 将每个 "Flink 的 Kafka 生产者" 的并行子任务映射到单个 Kafka 分区（即接收子任务接收到的所有消息都将位于同一个 Kafka 分区中）。

可以通过扩展 FlinkKafkaPartitioner 类来实现自定义分区程序。所有 Kafka 版本的构造函数都允许在实例化生产者时提供自定义分区程序。自定义分区程序必须是可序列化的，因为它们将在 Flink 节点之间传输。分区器中的任何状态都将在作业失败时丢失，因为分区器不是生产者的检查点状态的一部分。

也可以完全避免使用分区器，并简单地让 Kafka 通过写入消息的附加 Key 进行分区（使用提供的序列化 Schema 为每条记录确定分区）。如果未指定自定义分区程序，则默认使用 FlinkFixedPartitioner。

2. Kafka 生产者和容错

（1）Kafka 0.10。

在启用 Flink 的检查点后，FlinkKafkaProducer010 可以提供 "至少一次" 语义。除了启用 Flink 的检查点，还应该适当地配置 Setter 方法。

- setLogFailuresOnly()方法：在默认情况下，此值设置为 false。启用此选项将使生产者仅记录失败，而不是捕获和重新抛出它们。这会导致即使记录从未写入目标 Kafka 主题，也会被标记为成功的记录。对 "至少一次" 语义，这个方法必须禁用。
- setFlushOnCheckpoint()方法：在默认情况下，此值设置为 true。这可以确保检查点之前的所有记录都已写入 Kafka。对 "至少一次" 语义，这个方法必须启用。

在默认情况下，Kafka 生产者中，将 setLogFailureOnly()方法设置为 false，以及将 setFlushOnCheckpoint（）方法设置为 true 会为 Kafka 0.10 版本提供 "至少一次" 语义。

在默认情况下，"重试次数" 被设置为 0，这意味着当 setLogFailuresOnly()方法被设置为 false 时生产者会立即失败。"重试次数" 的值默认为 0，以避免重试导致目标主题中出现重复的消息。在大多数频繁更改 Broker 的生产环境中，建议将 "重试次数" 设置为更高的值。

Kafka 0.10 版本目前还没有 Kafka 的事务生产者,所以 Flink 不能保证写入 Kafka 主题的"精确一次"语义。

(2)Kafka 0.11 和更新的版本。

在启用 Flink 的检查点后,FlinkKafkaProducer011 适用于 Kafka≥1.0.0 版本的 FlinkKafkaProducer,可以提供"精确一次"语义保证。

Kafka≥1.0.0 的版本不仅可以启用 Flink 的检查点,还可以通过将适当的 Semantic 参数传递给 FlinkKafkaProducer011 来选择 3 种不同的操作模式。

- Semantic.NONE:Flink 不会有任何语义的保证,产生的记录可能会丢失或重复。
- Semantic.AT_LEAST_ONCE:默认值,类似于 FlinkKafkaProducer010 中的 setFlushOnCheckpoint(true),可以保证不会丢失任何记录(虽然记录可能会重复)。
- Semantic.EXACTLY_ONCE:使用 Kafka 事务提供"精确一次"语义。无论何时,在使用事务写入 Kafka 时,都要记得为所有消费 Kafka 消息的应用程序设置所需的 isolation.level 的值,其值为 read_committed 或 read_uncommitted(默认值)。

Semantic.EXACTLY_ONCE 模式依赖事务提交的能力。事务提交发生于触发检查点之前或检查点恢复之后。如果从 Flink 应用程序崩溃到完全重启的时间超过了 Kafka 的事务超时时间,则会有数据丢失(Kafka 会自动丢弃超出超时时间的事务)。考虑到这一点,请根据预期的宕机时间来合理地配置事务超时时间。

在默认情况下,Kafka 服务器将 transaction.max.timeout.ms 设置为 15min。此属性不允许为大于其值的生产者设置事务超时时间。在默认情况下,FlinkKafkaProducer011 将生产者配置中的 transaction.timeout.ms 属性设置为 1h,因此在使用 Semantic.EXACTLY_ONCE 模式之前应该增加 transaction.max.timeout.ms 的值。

在 Kafka 消费者的 read_committed 模式中,任何未结束(既未中止也未完成)的事务将阻塞来自给定 Kafka 主题的所有读取数据。即在遵循如下一系列事件之后,即使 transaction2 中的记录已提交,在提交或中止 transaction1 之前,消费者也不会看到这些记录。

①用户启动 transaction1 并使用它编写了一些记录。

②用户启动 transaction2 并使用它编写了一些其他记录。

③用户提交 transaction2。

上面这四段包含 2 层含义。

- 在 Flink 应用程序正常工作期间,用户可以预料到 Kafka 主题中生的成记录将延迟。

- 在 Flink 应用程序失败之后，此应用程序正在写入的供消费者读取的主题将被阻塞，直到应用程序重新启动或超过了事务超时时间才恢复正常。read_committed 模式仅适用于有多个 agent（或应用程序）写入同一个 Kafka 主题的情况。

Semantic.EXACTLY_ONCE 模式为每个 FlinkKafkaProducer011 实例使用固定大小的 KafkaProducer 池。每个检查点使用其中一个生产者。如果并发检查点的数量超过池的大小，则 FlinkKafkaProducer011 会抛出异常，并导致整个应用程序失败。因此，需要合理地配置最大池的大小和最大并发检查点的数量。

Semantic.EXACTLY_ONCE 模式会尽最大可能不留下任何逗留的事务，否则会阻塞其他消费者从这个 Kafka 主题中读取数据。但如果 Flink 应用程序在第一次检查点之前就失败了，则在重新启动此类应用程序之后，系统中不会有先前池大小（Pool Size）相关的信息。因此，在第一次检查点完成前对 Flink 应用程序进行缩容，并且并发数缩容倍数大于安全系数 FlinkKafkaProducer011.SAFE_SCALE_DOWN_FACTOR 的值是不安全的。

12.4.5　使用 Kafka 时间戳和 Flink 事件时间

在 0.10 之后的版本中，Kafka 的消息可以携带时间戳，指示事件发生的时间或消息写入 Kafka Broker 的时间。

如果 Flink 中的时间特性被设置为 TimeCharacteristic.EventTime，则 FlinkKafkaConsumer010 将发出附加时间戳的记录。

Kafka 消费者不会发出水位线。为了发出水位线，可以采用 assignTimestampsAndWatermarks() 方法。

在使用 Kafka 的时间戳时，无须定义时间戳提取器。extractTimestamp() 方法的 previousElementTimestamp 参数包含 Kafka 消息携带的时间戳。

使用 Kafka 消费者的时间戳提取器的代码如下所示：

```
public long extractTimestamp(Long element, long previousElementTimestamp) {
    return previousElementTimestamp;
}
```

只有设置了 setWriteTimestampToKafka(true)，FlinkKafkaProducer010 才会发出记录时间戳，使用方法如下所示：

```
FlinkKafkaProducer010.FlinkKafkaProducer010Configuration config
=FlinkKafkaProducer010.writeToKafkaWithTimestamps(streamWithTimestamps,topic,new
SimpleStringSchema(), standardProps);
config.setWriteTimestampToKafka(true);
```

12.4.6　认识 Kafka 连接器指标

Flink 的 Kafka 连接器通过 Flink 的指标（Metric）系统提供的一些指标来分析 Kafka 连接器的状况。生产者通过 Flink 的指标系统可以为所有支持的版本导出 Kafka 的内部指标。

除了这些指标，所有消费者都暴露了每个主题分区的 current-offsets 和 committed-offsets。

- current-offsets：分区中的当前偏移量，具体指的是从成功检索到发出的最后一个元素的偏移量。
- committed-offsets：最后提交的偏移量，这为用户提供了"至少一次"语义。该偏移量提交给 Zookeeper 或 Broker。

对于 Flink 的偏移检查点，系统提供"精确一次"语义。

提交给 Zookeeper 或 Broker 的偏移量也可以用来跟踪 Kafka 消费者的读取进度。每个分区中提交的偏移量和最近偏移量之间的差异被称为 consumer lag。如果 Flink 拓扑消耗来自主题的数据的速度比添加新数据的速度慢，则延迟会增加，消费者会滞后。对于大型生产部署，建议监视该指标，以避免增加延迟。

12.4.7　启用 Kerberos 身份验证

Flink 可以通过 Kafka 连接器对 Kerberos 配置的 Kafka 进行身份验证，只需要在 flink-conf.yaml 中配置 Flink。为 Kafka 启用 Kerberos 身份验证的步骤如下。

（1）配置 Kerberos 配置项。通过设置以下内容来配置 Kerberos 配置项。

- security.kerberos.login.use-ticket-cache：在默认情况下，这个值是 true，Flink 将尝试在由 kinit 管理的票据缓存中使用 Kerberos 票据。在 YARN 上部署的 Flink 作业中使用 Kafka 连接器时，使用票据缓存的 Kerberos 授权将不起作用。使用 Mesos 进行部署时也是如此，因为 Mesos 部署不支持使用票据缓存进行授权。
- security.kerberos.login.keytab 和 security.kerberos.login.principal：如果使用 Kerberos keytabs，则需要为这两个属性设置值。

（2）将 KafkaClient 追加到 security.kerberos.login.contexts。这一步的目的是告诉 Flink 将配置的 Kerberos 票据提供给 Kafka 登录上下文，以用于 Kafka 身份验证。

一旦启用了基于 Kerberos 的 Flink 安全性，就只需要在提供的属性配置中包含以下两个设置（通过传递给内部 Kafka 客户端），即可使用 Flink 的 Kafka 消费者或生产者向 Kafka 进行身份验证。

- 将 security.protocol 设置为 SASL_PLAINTEXT（默认为 NONE）：用于与 Kafka 服务器进行通信的协议。在使用独立 Flink 部署时，也可以使用 SASL_SSL。

- 将 sasl.kerberos.service.name 设置为 Kafka（默认为 Kafka）：此值应与用于 Kafka 服务器配置的 sasl.kerberos.service.name 相匹配。如果客户端和服务器配置之间的服务名称不匹配，则会导致身份验证失败。

12.4.8　常见问题

1. 数据丢失

根据 Kafka 配置，即使在 Kafka 确认写入之后，仍然可能会遇到数据丢失。特别要记住在 Kafka 的配置中设置以下属性：Acks、log.flush.interval.messages、log.flush.interval.ms、log.flush.*，这些属性的默认值是很容易导致数据丢失的。

2. 提示 "UnknownTopicOrPartitionException"

导致此错误的一个可能的原因是正在进行新的 Leader 选举，如在重新启动 Kafka 服务器之后或期间。这是一个可重试的异常，因此 Flink 作业应该能够重启并恢复正常运行。也可以通过更改生产者设置中的 retries 属性来规避。但这可能会导致重新排序消息，可以通过将 max.in.flight.requests.per.connection 设置为 1 来避免不需要的消息。

12.5　实例 44：在 Flink 中生产和消费 Kafka 消息

 本实例的代码在 "/Kafka/Java-Kafka-Producer-Consumer" 目录下。

本实例演示的是生产 Kafka 消息，以及在 Flink 中消费 Kafka 消息。

12.5.1　添加 Flink 的依赖

除了添加 Flink 应用程序依赖，还需要添加 Kafka 连接器依赖，如下所示：

```xml
<!-- Flink 的 Kafka 依赖 -->
<dependency>
    <groupId>org.apache.flink</groupId>
    <artifactId>flink-connector-kafka_2.11</artifactId>
    <version>1.11.0</version>
</dependency>
```

12.5.2　自定义数据源

下面通过继承 SourceFunction 接口来实现自定义的数据源，以便消息生产者利用该数据源将消息发送到 Kafka，如下所示：

```java
public class MySource implements SourceFunction<String> {
```

```
    private long count = 1L;
    private boolean isRunning = true;
    /**
     * 在 run()方法中实现一个循环来产生数据
     */
    @Override
    public void run(SourceContext<String> ctx) throws Exception {
        while (isRunning) {
        ctx.collect("消息"+count);
          count+=1;
          Thread.sleep(1000);
      }
    }


    // cancel()方法代表取消执行

    @Override
    public void cancel() {
        isRunning = false;
    }
}
```

12.5.3　编写消息生产者

编写消息生产者，用于生产消息并发送到 Kafka 中，如下所示：

```
public class MyKafkaProducer {
    // main()方法——Java 应用程序的入口
    public static void main(String[] args) throws Exception {
        // 获取流处理的执行环境

        StreamExecutionEnvironment env =
        StreamExecutionEnvironment.getExecutionEnvironment().setParallelism(1); // 设置并行度为 1
        // 使用自定义数据源 MySource

        DataStreamSource<String> dataStreamSource = env.addSource(new MySource());
        Properties properties = new Properties();
        // 配置 bootstrap.servers 的地址和端口

        properties.setProperty("bootstrap.servers", "localhost:9092");
        FlinkKafkaProducer<String> producer = new FlinkKafkaProducer("test", new
SimpleStringSchema(), properties);
        // 将附加到每个记录的（事件时间）时间戳写入 Kafka

        producer.setWriteTimestampToKafka(true);
        dataStreamSource.addSink(producer);
        // 执行任务操作。因为 Flink 是懒加载的，所以必须调用 execute()方法才会执行

        env.execute();
    }
}
```

- producer.setWriteTimestampToKafka()：如果设置为 true，则 Flink 会将附加到每个记录的（事件时间）时间戳写入 Kafka。时间戳必须是确定的，Kafka 才能接受。
- Producer.setLogFailuresOnly(boolean logFailuresOnly)：定义生产者是否应该因错误而失败，或者仅记录错误。如果将其设置为 true，则仅记录异常；如果将其设置为 false，则将引发异常，并导致流式传输程序失败（然后进入恢复）。参数 logFailuresOnly 指示仅记录异常。

12.5.4　编写消息消费者

编写消息消费者，以便消费由生产者发送的消息，如下所示：

```java
public class MyKafkaConsumer {
    public static void main(String[] args) throws Exception{
        // 获取流处理的执行环境
        StreamExecutionEnvironment env = StreamExecutionEnvironment.getExecutionEnvironment();
        Properties properties = new Properties();
        // 配置 bootstrap.servers 的地址和端口
        properties.setProperty("bootstrap.servers", "localhost:9092");
        FlinkKafkaConsumer<String> consumer = new FlinkKafkaConsumer<>("test", new
SimpleStringSchema(), properties);
        consumer.setStartFromEarliest();// 从最早的数据开始进行消费，忽略存储的 Offset 信息
        // 加载或创建源数据
        DataStream<String> stream = env
                .addSource(consumer);
        // 打印数据到控制台
        stream.print();
        // 执行任务操作。因为 Flink 是懒加载的，所以必须调用 execute()方法才会执行
        env.execute();
    }
}
```

12.5.5　测试在 Flink 中生产和消费 Kafka 消息

启动 Zookeeper、Kafka 和消息生产者，然后启动消息消费者，可以看到在开发工具控制台每隔 1s 输出一条消息：

```
11> 消息 1
11> 消息 2
11> 消息 3
```

机器学习篇

第 13 章

进入机器学习世界

本章首先介绍学习人工智能的经验，以及机器学习；然后介绍机器学习的主要任务、开发机器学习应用的基础、机器学习的分类，以及机器学习算法；最后介绍机器学习的评估模型。

13.1 学习人工智能的经验

人工智能对于初学者来说门槛比较高，数学和算法是大部分初学者的"拦路虎"。面对大量的数学和算法知识，初学者往往会找不到方向，有可能顺着理论学下去，很多年也开发不出人工智能应用程序，甚至大部分理论也没有搞清楚，这会使初学者产生极大的挫败感。

实际上，数学和算法知识不会成为学习人工智能的障碍。并不是只有精通数学的人们才能从事人工智能领域的工作。但数学和算法知识能帮助学习者理解模型，让学习者理解得更深入，走得更远。现在和未来每个行业的分工会越来越明确，大部分人都只是在自己的细分岗位上奉献着。有人做学术研究，专注于钻研底层；有人负责研发框架，为应用领域提供基础设施；更多的人则是使用框架来落地业务。所以，学习人工智能需要先找到方向，找到一个切入点。如果要做学术研究，则可以从基础的数学和算法着手；如果只是想做业务落地，则可以从人工智能开发的成熟框架着手。至少，一开始从 API 入手对于理解算法和模型等人工智能的基础知识点非常有用。

我们可以从上到下进行学习，从调用框架 API 和调包开始，通过实际应用来学习：先实现一个简单的人工智能程序，获得即时的成就感、反馈和认知；然后一步步深入，慢慢发现瓶颈；最后研究更深层的原理。

对于初学者来说，一开始尽量不要尝试编写别人实现了的底层算法，不要尝试"重复造轮子"。因为自己花费很多时间实现的算法可能还不如网上的库好用，大部分人只要理解自己需求，知道选择什么模型，直接调用 API 和现成的工具包就可以。

作者认为，未来成为人工智能学术研究和人工智能应用的工程师会是大多数人的选择。能综合考虑领域知识和特性、业务需求和限制、业务目标的算法、模型结构的行业应用工程师更是未来的主流。只有在大多数企业或开发应用人员进入门槛低的情况下，人们才能积极参与其中，各垂直行业的人工智能化需求才能释放，整个人工智能产业才能蓬勃发展。

13.2　认识机器学习

1. 机器学习

机器学习是先用数据和算法来训练机器，使机器实现特定功能的模型，然后机器可以根据该模型对新数据进行预测。机器学习是实现人工智能的手段之一，也是目前主流的人工智能实现方法。

我们可以通过下面的公式来理解机器学习：

大数据 ＋ 算法 ＝ 模型

模型 ＋ 待预测数据 ＝ 预测

最简单的机器学习过程如图 13-1 所示。

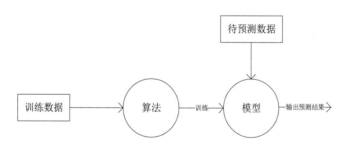

图 13-1

由图 13-1 可知，最简单的机器学习过程包括以下几个步骤：①为计算机提供大量的训练数据；②计算机根据特定算法对数据进行运算；③生成模型；④计算机根据模型判断新输入的数据输出预测结果。

2. 大数据的三要素

数据（大数据）、算法和模型是机器学习的三要素。

（1）数据。

数据主要分为有标注数据和无标注数据。

- 有标注数据：被标注了标签的数据，如被标注了动物名称的动物图片集。
- 无标注数据：没有被标注的数据，机器学习通常用聚类来处理此类数据。

计算机底层能处理的数据是数值，而不是图片或文字。所以，首先需要构建一个向量空间模型（Vector Space Model，VSM），将文字、图片、音频、视频等转换为向量，然后把转换的这些向量输入机器学习应用程序，这样数据才能够被处理。

（2）算法。

算法是从数据中产生模型的方法，这是批量化解决问题的手段。算法是机器学习中最具技术含量的部分，要得到高质量的模型，算法很重要，但数据往往更重要。数据决定了机器学习的上限，而算法只是尽可能逼近这个上限。也就是说，更好、更合理的特征意味着更强的灵活性，只需要使用简单的算法就能获得更好的结果。

要解决不同的问题，需要使用不同的算法。快速和高质量地解决问题是算法的目的。

（3）模型。

模型是一套数据计算的流程、方法或方向，在物理上体现为一段代码或一个函数。在数据经过这段代码的操作后，可以得到预测结果。模型是机器学习通过学习算法得到的结果。

3. 应用场景

目前，机器学习已经广泛应用于数据挖掘、检测信用卡欺诈、无人驾驶、机器人、计算机视觉、自然语言处理、语音和手写识别、搜索引擎、生物特征识别、医学诊断、DNA 序列测序、生物制药等。

13.3 机器学习的主要任务

13.3.1 分类

分类（Classification）是将数据划分到合适的类别中。分类的预测结果往往是离散值，如判断是否匹配成功属于二分类（true 和 false），数字识别属于多分类（结果为 0~9，共 10 个基础数字）。

用于分类训练的数据类别是已知的。

输入的训练数据包含以下信息。

- 特征（Feature）：也被称为属性（Attribute）。
- 标签（Label）：通常被称为类别（Class）。

特征可能有多个，具体可以表示为（F1, F2, …, Fn, label）。

机器学习的本质是找到特征与标签之间的映射关系。所以，分类预测模型是求一个函数 $f(x)$，该函数是从输入变量（特征）x 到离散的输出变量（标签）y 之间的映射。

在找到函数 $f(x)$ 之后，可以对有特征而无标签的数据根据函数 $f(x)$ 预测标签。

分类的主要算法有线性分类器（如 LR）、支持向量机（SVM）、朴素贝叶斯（NB）、K-近邻（KNN）、决策树（DT）、随机森林、集成模型（RF/GDBT 等）、逻辑回归和神经网络等。

13.3.2　回归

回归（Regression）的预测值是连续值，如预测电影好评度（0～10 分）。

回归和分类的区别在于输出变量的类型：回归是连续变量预测；分类是离散变量预测。

回归算法主要有线性回归、回归树、集成模型（ExtraTrees/RF/GDBT）。

13.3.3　聚类

聚类（Clustering）是将数据集合分成由类似的对象组成的多个类。数据没有类别信息，也不会给定目标值。聚类使同一类对象的相似度尽可能大，不同类对象之间的相似度应尽可能小。

聚类常用的算法是数据聚类（K-Means）。

分类和聚类都用到了近邻（Nears Neighbor）算法，该算法用来在数据集中寻找与想要分析的目标点最近的点。

13.4　开发机器学习应用程序的基础

13.4.1　机器学习的概念

机器学习的大部分概念也适用于 Alink。本章主要为第 14 章学习和使用 Alink 奠定基础。

机器学习常用的概念有以下几个。

- 样本（Example）：一个数据集中的一行内容，也被叫作示例。一个样本包含一个或多个特征。
- 数据集（Data Set）：一组记录的合集。
- 训练样本（Training Sample）：用于训练的样本。
- 训练集（Training Set）：由训练样本组成的集合。
- 二分类（Binary Classification）：只有两个类别的分类任务。输出两个互斥类别中的一个，如 1 或 0。
- 多分类（Multi-Class Classification）：涉及多个类别的分类。

- 学习算法（Learning Algorithm）：从数据中产生模型的方法。
- 特征（Feature）：对象的某方面表现或特征。从原始数据中抽取出对结果预测更有用或表达充分的信息。
- 特征工程：使用专业知识和技巧处理数据，使特征能在机器学习算法上发生更好的作用的过程，即特征工程把原始数据转变为模型训练数据的过程。其目的是获取更好的训练数据特征。
- 特征向量（Feature Vector）：在属性空间中每个点对应一个坐标向量，把一个实例称作特征向量。
- 标记（Label）：关于实例的结果信息。
- 泛化（Generalization）能力：学得的模型适用于新样本的能力。
- 拟合：分为欠拟合（Underfitting）和过拟合（Overfitting）。如果模型没有很好地捕捉到数据特征，不能够很好地拟合数据，对训练样本的一般性质尚未学好，则是欠拟合。如果模型把一些训练样本自身的特性当作所有潜在样本都有的一般性质，导致泛化能力下降，则是过拟合。
- 偏差（Bias）：模型预测值与真实值之间的预期差值，即算法本身的拟合能力。该值是模型预测值和真实值之间差值的平均值，偏差越大，则越偏离真实值。
- 方差（Variance）：在该训练集中模型预测值的差值有多大。该值表示模型预测值的离散程度，依赖它的训练数据。方差越大，则数据的分布越分散。偏差与方差通常是负相关的。在实际需求中，要找方差和偏差都较小的点。

13.4.2 开发机器学习应用程序的步骤

开发机器学习应用程序通常从收集数据开始，具体步骤如下。

1. 分析问题

要实现机器学习，首先需要分析问题，要知道需要实现的机器学习是一个分类问题、聚类问题，还是回归问题；解决问题的算法应该如何选择；收集的数据类型，从何处获取数据，是否会有遗漏的数据源等。

2. 收集样本数据

机器学习需要使用数据来训练，所以样本数据是进行机器学习的前提。对于没有数据资源的企业或个人来说，可以通过以下几种方式来收集样本数据。

- 编写网络爬虫从网站或 App 上爬取公开数据或授权数据。
- 从一些公开或授权的 API 中得到信息。
- 从设备、传感器获取数据，如从温度传感器、湿度传感器、IC 卡读写器获取数据。
- 政府公开数据。

3. 整理数据

在通常情况下，较差的数据不会产生好的模型。所以，在收集好数据之后，需要对数据进行整理，以便数据更完美，同时应确保得到的数据格式符合要求（某些算法要求特征值使用特定的格式）。

整理数据的步骤如下。

（1）格式整理：包括数据格式的转化，统一数据的度量、零均值化、属性的分解，以及合并等。

（2）检查异常值：查看数据是否有明显的异常值、缺失值、不符合需求值。该步骤可以通过一维、多维的图形化展示来查阅。如果特征值太多，则可以通过数据提炼，将多维特征压缩为一维或二维。

（3）特征工程：该步骤会把数据处理成能被算法进行训练的数据集，主要工作就是把数据分为特征值和目标值。

特征工程做得好可以更好地发挥数据效力，使算法的效果和性能得到显著提升。如果数据足够好，则通过简单的模型就能达到预期的效果。

特征工程主要包括以下几个部分。

- 特征构建：通过研究原始数据样本，思考问题的潜在形式和数据结构，创造出新的特征。这些特征对于模型训练非常有益，并且具有一定的工程意义。特征构建的方式主要有单列操作、多列操作、分组/聚合操作。
- 特征提取：筛选显著特征、摒弃非显著特征等。
- 特征分解：将数据压缩成由较小的但具有更多信息的数据成分的组合。
- 特征聚合：将多个特征聚合成一个更有意义的特征。
- 特征标准化：把数据缩放到拥有零均值和单位方差的过程。将所有特征（有不同的物理单位的）变成特定范围内的值，默认范围是 0～1。
- 特征归一化：不同指标之间有不同的量纲和量纲单位，特征归一化可以消除量纲的影响。
- 特征二值化：设立阈值，将特征二值化。

4. 选择算法

机器学习的算法非常多，需要根据目标需求和数据来选择算法。要考虑算法是属于监督学习算法还是无监督学习算法。例如，如果要预测地震信息，则可以选择二分类算法；如果要预测某部电影的评分，则可以选择回归算法。实际上，很多机器学习任务也可以是采用多个算法的结合。

5. 训练

在数据准备完成之后，便可以开始机器学习。训练才是机器学习真正的开始。

6. 模型诊断

模型诊断主要是判断模型是否过拟合、欠拟合等，常用的方法是绘制学习曲线、交叉验证。通过增加训练的数据量、降低模型复杂度，可以降低过拟合的风险；提高特征的数量和质量、增加模型复杂度，可以防止欠拟合。

模型诊断是一个反复迭代的过程，需要不断地尝试，进而使模型达到最优状态，主要工作包括以下几点：①数据测试；②验证模型的有效性；③观察误差样本；④分析误差来源；⑤调整参数；⑥预估。

7. 使用算法

在模型诊断满意之后，可以将模型应用于应用程序，执行实际任务。

13.5 机器学习的分类

机器学习的主要任务也是其算法的分类方式（见 13.3 节），还可以按照学习方式对算法进行分类。按照学习方式，算法可以分为以下几类。

13.5.1 监督式学习

监督式学习（Supervised Learning）可以从训练集中建立一个新模型，并依据此模式推测待测试数据的结果，训练集包含特征值和目标值。监督式学习知道预测什么，即预测目标变量的分类信息。例如，K-近邻（KNN）算法、贝叶斯分类、决策树、随机森林、逻辑回归和神经网络等用于监督式学习。

13.5.2 无监督式学习

无监督式学习（Unsupervised Learning）可以从训练集中建立一个模型，并依据此模型推测待测试数据的结果，训练集由特征值组成。无监督式学习与监督式学习相对应，其训练集没有标签信息，也不会给定目标值。例如，聚类、GAN（生成对抗网络）算法属于无监督式学习。

13.5.3 半监督式学习

半监督式学习（Semi-Supervised Learning）介于监督式学习与无监督式学习之间。只有少量的数据有特征值和目标值，半监督式学习利用无标签的数据学习整个数据的潜在分布。半监督式学习最大的特点是监督式学习与无监督式学习相结合。半监督式学习一般针对数据量大，但是有标签数据少，或者标签数据的获取很难、成本很高的情况。

与使用监督式学习相比，半监督式学习的训练成本更低，但是能达到较高的准确度。

13.5.4 增强学习

增强学习（Reinforcement Learning）又被称为强化学习。在增强学习模式下，智能体（Agent）不断与环境进行交互，通过试错的方式来获得最佳策略。其目标是使智能体获得最大的奖赏，如马尔可夫决策模型、Q Learning、Policy Gradients、Model-Based RL 都可以应用于增强学习。

增强学习使用的是未标记的数据，可以通过奖惩函数知道离正确答案越来越近还是越来越远。

根据智能体是否能完整地了解或学习"所在环境的模型"，增强学习可以分为如下两类。

- 有模型学习（Model-Based）：对环境有提前的认知，可以提前考虑规划。
- 无模型学习（Model-Free）：对环境没有提前的认知。

有模型学习的缺点如下：如果模型与真实世界不一致，则在实际使用场景下会表现得不好。

无模型学习在效率上不如有模型学习，但容易实现，也容易在真实场景下调整到很好的状态。

增强学习除了无模型学习和有模型学习这种分类，还有以下几种分类方式。

- 基于概率和基于价值。
- 回合更新和单步更新。
- 在线学习和离线学习。

13.6 了解机器学习算法

机器学习算法比较多，常常让人摸不着头脑，听起来非常难。我们可以先根据大类来厘清它们的关系，然后从一个简单的算法来理解算法是什么。因为很多算法是一类算法，而有些算法又是从其他算法中延伸出来的，所以搞懂一个算法，其他算法的学习和使用就会变得非常容易。

1. 线性回归

线性回归（Linear Regression）用于处理数值问题，其根据已知数据集求线性函数，使其尽可能拟合数据，让损失函数最小，如用来预测房价。线性回归分为以下两种类型。

- 简单线性回归：只有一个自变量。
- 多变量回归：至少有两个以上的自变量。

常用的线性回归最优法有最小二乘法和梯度下降法。

2. 逻辑回归

逻辑回归（Logistic Regression）是一种分类算法，主要用于解决二分类问题。它是一种非线性回归模型。与线性回归相比，逻辑回归多了一个 Sigmoid 函数（或者称为 Logistic 函数）。Sigmoid 函数是一种 S 形曲线。

逻辑回归模型不必组合和训练多个二分类器，可以直接用于多类别分类，所以又被称为多类别 Logistic 回归或 Softmax 回归。它易于并行，且速度快，但是它需要复杂的特征工程。

3. 神经网络

神经网络起源于 20 世纪五六十年代，当时叫感知机，它拥有输入层、中间层（隐藏层）和输出层。输入的特征向量通过中间层转换到达输出层，在输出层得到分类结果。

神经网络曾一度火爆发展，后来逐渐被其他算法甩在身后。近年来深度学习的火热又带动了神经网络算法的火爆。

4. 支持向量机

支持向量机（Support Vector Machine）是二类分类器，是一种监督式学习的方法，广泛应用于统计分类和回归分析中。

支持向量机可以在平面或超平面上将输入变量空间划分为不同的类，要么是 0，要么是 1。在二维空间中，可以将其看作一条直线。其基本模型是实现特征空间上的间隔最大化。

与其他分类器（如逻辑回归和决策树）相比，支持向量机提供了非常高的准确性。支持向量机广泛应用于面部检测、入侵检测、电子邮件、新闻文章和网页的分类、基因的分类、手写识别等。

5. 协同过滤

协同过滤是一种基于一组兴趣相同的用户（项目）进行的推荐，它根据与目标用户兴趣相似的邻居用户的偏好信息来产生对目标用户的推荐列表。

协同过滤算法主要分为以下两种：①基于用户的协同过滤算法；②基于项目的协同过滤算法。

Alink 实现了交替最小二乘法（Alternating Least Squares，ALS）。

交替最小二乘法常用于基于矩阵分解的推荐系统中。例如，将用户对商品的评分矩阵分解为两个矩阵：一个是用户对商品隐含特征的偏好矩阵，另一个是商品所包含的隐含特征的矩阵。在矩阵分解的过程中，评分缺失项得到了填充，填充后可以基于这个填充的评分来给用户做商品推荐，如表 13-1 所示。

表 13-1

用　户	Tesla	BMW	Rolls-Royce	Lamborghini Concept S
A	1	1	1	—
B	—	1	—	—
C	1	1	—	—

由表 13-1 可以看出，用户 A 和 C 都喜欢 Tesla 与 BMW，这说明用户 A 和 C 可能有相似的爱好，而且用户 A 还喜欢 Rolls-Royce，这是用户 C 的数据中没有的。此时我们可以假设用户 C 也喜欢 Rolls-Royce，可以把它们作为用户 C 的召回结果。

6. K-近邻

K-近邻是一种分类算法，其思路如下：如果一个样本在特征空间中的 K 个最相似（即特征空间中最邻近）的样本中的大多数属于某个类别，则该样本也属于这个类别。

13.7　机器学习的评估模型

13.7.1　认识评估模型

数据经过算法训练生成的模型可以用来对待测试数据进行预测。但在预测前，我们需要了解模型的泛化能力（模型的好坏），需要用某些指标来衡量模型。有了指标，就可以评价模型了，从而知道模型的好坏，并通过这个指标调参来进一步优化模型。

分类、回归、聚类等有各自的评判指标。

- 二分类评估：准确率、精确率、F 值、PR 曲线、ROC-AUC 曲线、Gini 系数等。
- 多分类评估：准确率、宏平均和微平均、F 值等。
- 回归评估：MSE 和 R2/拟合优度。
- 聚类评估：CP、SP、DB、VRC。

指标并不能完全表明模型的好与坏。指标的价值是由场景决定的。例如，对于地震的预测：宁愿有 1000 次预测失败，也不能漏掉 1 次真正的地震。所以，在地震场景中可以只看召回率（Recall）为 99.999% 时的精准率。

13.7.2　认识二分类评估

二分类评估是对二分类算法生成的模型的预测结果进行效果评估，支持 ROC 曲线、LiftChart 曲线和 Recall-Precision 曲线。

如果是一个二分类的模型，则把预测值、实际值及预测结果的所有结果两两混合，结果就会出现表 13-2 中的 4 种情况。

表 13-2

预　测　值	实　际　值	预　测　结　果
0	1	F（False）
1	1	T（True）
1	0	F（False）
0	0	T（True）

如果用 P（Positive）代表 1，N（Negative）代表 0，则表 13-2 可以转换为表 13-3。

表 13-3

预 测 值	实 际 值	预 测 结 果
N	P	F（False）
P	P	T（True）
P	N	F（False）
N	N	T（True）

由表 13-3 可知，预测正确的结果如下。

- TP：预测为 1，实际为 1。
- TN：预测为 0，实际为 0。

预测错误的结果如下。

- FP：预测为 1，实际为 0。
- FN：预测为 0，实际为 1。

如果用混淆矩阵来表示表 13-3，则可以表示成如表 13-4 所示的形式。

表 13-4

预 测 值	实 际 值	
	1	0
1	TP	FP
0	FN	TN

下面介绍相关模型的评价指标。

1. 准确率

准确率（Accuracy）是最基本的评价指标。准确率是指"正确的预测"占"总样本"的百分比。

准确率=正确的预测/总样本

其公式如下：

准确率=(TP+TN)/(TP+TN+FP+FN)

但在二元分类正例样本和反例样本不平衡的情况下，准确率评价可能没有参考价值。一个比较极端的例子是，如果训练集中 99.9%都是反例，0.1%是正例，则极有可能会发生对测试数据预测的值都是反例的情况。这就是准确率悖论。

如果样本不平衡，则准确率就会失效。为了判断这种情况，我们可以额外使用另外的两种指标：精准率和召回率。

2. 精准率

精准率（Precision）也被叫作精确率或查准率。精准率是针对预测结果而言的，是指在所有被预测为**正例样本**中实际为正例样本的概率。

精准率只是针对**正例**来说的：

$$精确率=正确的正例／预测的正例个数$$

其公式如下：

$$精准率=TP/(TP+FP)$$

3. 召回率

召回率（Recall）又被叫作查全率，是指在**实际为正例样本**中**被预测为正例样本**的概率。它是针对**原样本**而言的，其公式如下：

$$召回率=TP/(TP+FN)$$

对于地震的预测，希望召回率非常高，即每次地震我们都希望预测出来，此时可以牺牲精准率。情愿发出 1000 次错误警报，也不能漏过 1 次真正的地震。

4. F1 分数

如果想要找到精准率和召回率之间的一个平衡点，则需要一个新的指标：F1 分数（F1-Score）。F1 分数的公式如下：

$$F1 分数= 2 ×精准率×召回率 / (精准率 + 召回率)$$

F1 分数同时考虑了查准率和查全率，使二者同时达到最高，取一个平衡值。

5. 接受者操作特征曲线

接受者操作特征曲线（Receiver Operating Characteristic，ROC）是基于混淆矩阵得出的。

ROC 曲线主要由两个指标：真正率（TPR）和假正率（FPR）。其中，横坐标为假正率，纵坐标为真正率，它们的公式如下：

$$真正率（TPR）= 灵敏度（Sensitivity）=TP/(TP+FN)$$

$$假正率（FPR）=特异度（Specificity）=FP/(FP+TN)$$

6. 曲线下面积

曲线下面积（Area Under Curve）是一种基于排序的高效算法，它是 ROC 曲线下面的面积。AUC 比"使用不同的分类阈值多次评估逻辑回归模型"效率高。

AUC 的一般判断标准如下。

- AUC＜0.7：效果较差。虽然较差，但是可以用于预测股票。
- 0.7≤AUC＜0.85：效果一般。
- 0.85≤AUC＜0.95：效果很好。
- AUC≥0.95：效果非常好。

Alink 支持流/批处理程序的评估，并且流式地评估支持累计统计和窗口统计。整体的评估指标包括 AUC、K-S、PRC、Recall、F-Measure、Sensitivity、Accuracy、Specificity 和 Kappa 等。

13.7.3 认识多分类评估、聚类评估和回归评估

1. 多分类评估

多分类评估是对多分类算法的预测结果进行效果评估。整体的评估指标包括 Precision、Recall、F-Measure、Sensitivity、Accuracy、Specificity 和 Kappa。

2. 聚类评估

聚类评估是对聚类算法的预测结果进行效果评估，主要指标如下。

- Compactness（CP）：CP 越低，意味着类内聚类距离越小。
- Seperation（SP）：SP 越高，意味着类间聚类距离越大。
- Davies-Bouldin（DB）：DB 越小，意味着类内距离越小，同时类间距离越大。
- Calinski-Harabasz（CH）：CH 越大，意味着聚类质量越好。

3. 回归评估

回归评估是指对回归算法的预测结果进行效果评估，其评估指标主要有总平方和、误差平方和、回归平方和、判定系数等。

Alink 支持以上多分类评估、聚类评估和回归评估，这些评估指标都是内置好的，开箱即用。

第 14 章

流/批统一的机器学习框架（平台）Alink

本章首先介绍 Alink 的概念和算法库；然后介绍如何在 Alink 中读取、取样和输出数据集；最后介绍如何使用 Alink 实现 3 个机器学习应用程序。

14.1 认识 Alink 的概念和算法库

14.1.1 认识 Flink ML

Flink ML 是 Flink 社区现存的一套机器学习算法库，这套算法库已经存在很久，其更新比较缓慢，仅支持 10 余种算法，支持的数据结构也不够通用。官方文档在 Flink 1.8 之后就没有 Flink ML 的链接入口了。所以，可以认为该库已经被废弃。

14.1.2 Alink 的架构

Alink 是基于 Flink 的**机器学习框架**。它提供了丰富的算法组件，是业界首个同时**支持流/批算法的机器学习框架**。

Alink 不是在 Flink 原有的机器学习库 Flink ML 的基础上进行升级和改造的，而是从头开始设计和研发的。

Alink 重写了 Flink 中的机器学习库。它是基于 Flink 的机器学习管道（ML Pipeline），并且在 Flink 流／批统一 API（Table API）的基础上架构的。

Alink 的架构可以分成管道层、算法层、迭代层、Flink 执行引擎层（Runtime），如图 14-1 所示。

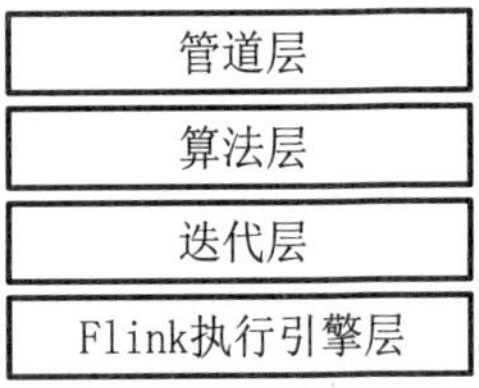

| 管道层 |
| 算法层 |
| 迭代层 |
| Flink执行引擎层 |

图 14-1

14.1.3 Alink 机器学习的过程

一个典型的机器学习过程是从数据收集开始，经历多个步骤，然后得到需要的结果输出。这个过程通常包含源数据 ETL（抽取、转化、加载）、数据预处理、指标提取、模型训练与交叉验证、新数据预测等步骤。在 Alink 中，机器学习的过程如图 14-2 所示。

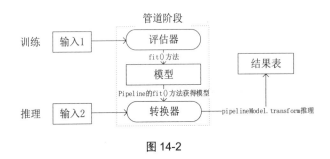

图 14-2

由图 14-2 可知，在 Alink 中机器学习的过程如下。

（1）输入训练数据（Input Table）。

（2）评估器（Estimator）将输入的数据（Input Table）转换为模型。

（3）输入待预测数据。

（4）转换器根据 fit()方法获得模型，然后对待预测数据进行处理，输出结果数据（Output Table）。

14.1.4 Alink 的概念

在了解 Alink 机器学习的过程之后，对评估器、转换器、模型和结果表等概念会有初步的了解，下面详细介绍相关概念。

1. 管道

管道（Pipeline）是线性工作流。它将多个管道阶段（转换器和评估器）连接在一起，形成机器学习的工作流，以执行算法从而获得模型。管道将训练过程进行了持久化，确保训练和推理之间的逻辑一致性，解决了 Lambda 架构中维护两份代码可能会导致的逻辑不一致问题。

2. 管道阶段

评估器和转换器都是管道阶段（PipelineStage）。Alink 中存在一个管道阶段基类（接口）——PipelineStage。该接口仅是一个概念，没有实际功能。PipelineStage 的子类必须是评估器或转换器。没有其他类可以直接继承此接口。

3. 评估器

评估器（Estimator）负责训练和生成机器学习的模型。它实现将输入表作为训练样本，并生成适合这些样本的模型（Model）。

4. 转换器

转换器（Transformer）用于将输入表转换为结果表。

5. 模型

模型是普通的转换器，但其创建方式却与其他普通的转换器不同。普通的转换器通常通过直接指定参数来定义，模型通常在评估器的 fit() 方法被调用时产生。

Alink 将模型与转换器分开，以支持特定于模型的潜在逻辑，如将模型链接到生成模型的评估器。

14.1.5　Alink 的算法库

Alink 支持的算法库如图 14-3 所示，详细的算法列表请参考官方文档。

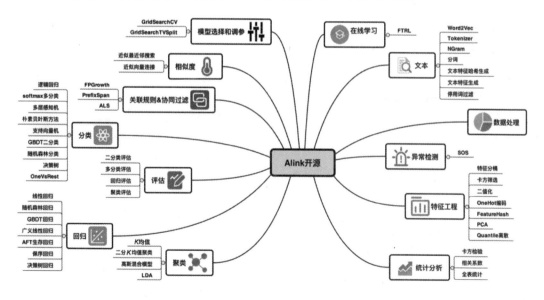

图 14-3

14.2　实例 45：以流 / 批方式读取、取样和输出数据集

 代码 本实例的代码在 "/Alink/AlinkSourceAndSinkDemo" 目录下。

本实例演示的是以流 / 批方式读取、取样和输出数据集。

14.2.1　创建 Alink 应用程序

这里以 Maven 方式创建 Alink 应用程序，具体步骤如下。

1. 创建 Maven 项目

在 IDE 开发工具中，创建 Java 的 Maven 项目。该步骤和创建其他 Maven 的 Java 项目一样，这里不再赘述。

2. 添加依赖

（1）添加 Flink 的相关依赖。

因为 Alink 应用程序其实就是 Flink 应用程序，只不过增加了机器学习功能，所以需要添加 Alink 和 Flink 相关版本的 Maven 依赖。在 pom.xml 文件中，添加以下依赖：

```xml
<!-- Alink 的核心依赖 -->
<dependency>
        <groupId>com.alibaba.alink</groupId>
        <artifactId>alink_core_flink-1.11_2.11</artifactId>
        <version>1.2.0</version>
</dependency>
<!-- Flink 的流处理应用程序依赖 -->
<dependency>
        <groupId>org.apache.flink</groupId>
        <artifactId>flink-streaming-scala_2.11</artifactId>
        <version>1.11.0</version>
</dependency>
<!-- Flink 的 OldPlanner 依赖 -->
<dependency>
        <groupId>org.apache.flink</groupId>
        <artifactId>flink-table-planner_2.11</artifactId>
        <version>1.11.0</version>
</dependency>
```

（2）添加 Flink 的相关依赖。

为了能够在 IDE 开发工具中运行实例，需要添加 Flink 的相关依赖，如下所示：

```xml
<!-- Flink 的 Java 依赖 -->
<dependency>
        <groupId>org.apache.flink</groupId>
        <artifactId>flink-java</artifactId>
        <version>${flink.version}</version>
        <!-- provided 表示在打包时不将该依赖打包进去。可选的值还有 compile、runtime、system、test -->
        <scope>provided</scope>
</dependency>
<!-- Flink 的流处理应用程序依赖 -->
<dependency>
        <groupId>org.apache.flink</groupId>
        <artifactId>flink-streaming-java_${scala.binary.version}</artifactId>
        <version>${flink.version}</version>
        <!-- provided 表示在打包时不将该依赖打包进去。可选的值还有 compile、runtime、system、test -->
        <scope>provided</scope>
</dependency>
<!-- Flink 的客户端依赖 -->
<dependency>
        <groupId>org.apache.flink</groupId>
        <artifactId>flink-clients_${scala.binary.version}</artifactId>
        <version>${flink.version}</version>
        <!-- provided 表示在打包时不将该依赖打包进去。可选的值还有 compile、runtime、system、test -->
        <scope>provided</scope>
</dependency>
```

如果不添加 Flink 的相关依赖，则运行应用程序会出现如下所示的错误：

```
No ExecutorFactory found to execute the application
```

（3）添加 "shaded_flink_oss_fs_hadoop" 依赖。

要使用 TXT 方式读取和输出数据集，除了要添加 Flink 和 Alink 基本依赖，还需要额外添加 Alink 的 "shaded_flink_oss_fs_hadoop" 依赖，如下所示：

```xml
<!--Flink 的 Hadoop 文件系统依赖 -->
<dependency>
        <groupId>com.alibaba.alink</groupId>
        <artifactId>shaded_flink_oss_fs_hadoop</artifactId>
        <version>1.10.0-0.2</version>
</dependency>
```

14.2.2 按行读取、拆分和输出数据集

1. 读取和输出文本

可以使用 TextSourceBatchOp 算子（批处理）或 TextSourceStreamOp 算子（流处理）来读取文本，它们都是按行来读取文件数据的，并且都有以下参数。

- filePath：文件路径。该参数必填。
- ignoreFirstLine：是否忽略第 1 行数据。
- textCol：文本列名称。

在使用 TextSourceBatchOp 算子调用 print()方法进行简单输出时，不需要调用 BatchOperator.execute()方法。但是在使用 TextSourceStreamOp 算子调用 print()方法进行简单输出时，需要调用 StreamOperator.execute()方法。具体实现如下所示：

```
// 数据源路径
String inPutPath = "src/main/resources/records.txt";
// 输出数据的路径
String outPutPath = "src/main/resources/outPutRecords.txt";
// 用 TextSourceBatchOp 算子读取数据
TextSourceBatchOp source = new TextSourceBatchOp()
        .setFilePath(inPutPath)      // 设置文件地址
        .setTextCol("text");          // 设置文本列名称，默认为 text
// 输出前 3 条数据
Source
.firstN(3)
.print();
```

上述代码是按照批处理方式来处理文本数据的，流处理方式见随书源码。该代码会输出 records.txt 文件的前 3 条内容，如下所示：

```
text
----
1,宾馆在小街道上，不大好找，但还好北京热心同胞很多~宾馆设施跟介绍的差不多，房间很小，确实挺小。
1,商务大床房，房间很大，床有 2 米宽，整体感觉经济实惠不错！
1,"距离川沙公路较近,但是公交指示不对,如果是""蔡陆线""的话,会非常麻烦.建议用别的路线.房间较为简单."
```

2. 将文本拆分为训练集和验证集

在机器学习中，经常需要将打好标签的数据拆分为训练集、验证集和测试集。在 Alink 中可以用 SplitBatchOp 算子和 SplitStreamOp 算子进行数据拆分，它们都可以把数据集拆分为两部分，参数 Fraction 为拆分比例。具体实现如下所示：

```
// 拆分文本数据
```

```
SplitBatchOp splitter = new SplitBatchOp().setFraction(0.5);
splitter.linkFrom(source);
// 打印数据到控制台
splitter.print();
// 打印旁路数据
splitter.getSideOutput(0).print();
// 输出数据到文件
splitter.link(new TextSinkBatchOp().
        setFilePath(outPutPath)
        .setOverwriteSink(true)// 在执行保存操作时，如果目标文件已经存在，是否进行覆盖（true/false）
);
// 执行任务操作
BatchOperator.execute();
```

上述代码会将 records.txt 文件按 0.5 的比例进行拆分，在控制台输出各个拆分后的信息，并把拆分文件输出到目录进行持久化。如下所示：

```
text
----
1,商务大床房，房间很大，床有 2 米宽，整体感觉经济实惠不错！
1,早餐太差，无论去多少人，那边也不加食品。酒店应该重视一下这个问题了。房间本身很好。
text
----
1,"距离川沙公路较近,但是公交指示不对,如果是""蔡陆线""的话,会非常麻烦.建议用别的路线.房间较为简单."
1,商务大床房，房间很大，床有 2 米宽，整体感觉经济实惠不错！
```

14.2.3　读取、取样和输出 Libsvm 格式的数据集

1. 认识 Libsvm 格式

Libsvm 是机器学习领域中比较常见的一种格式，其格式如下：

```
<label> <index1>:<value1> <index2>:<value2> <index4>:<value4> ...
```

下面对上述格式进行解释。

- <label>：训练数据集的目标值。例如，用整数作为分类类别的标识。如果是二分类，则大多用 0,1 或-1,1 表示；如果是多分类，则常用连续的整数，如用 1,2,3 表示三分类类别；如果是回归，则目标值是实数。
- <index>:<value>：索引数值对，以冒号":"作为分隔符，各项以空格作为分隔符。索引 <index>是以 1 开始的整数，可以是不连续的；数值<value>为实数。

以下数据都是合格的 Libsvm 格式的数据：

```
1 1:-0.0555156 2:0.5 3:-0.796761 4:-0.9167667
1 1:-0.14444 2:0.416467 3:-0.83054508 4:-0.9166767
1 1:-0.111111 2:0.08433733 3:-0.86445407 4:-0.91664567
```

```
1 1:-0.08331333 3:-0.864407 4:-0.9146667
2 1:0.5 3:0.254237 4:0.0833333
2 1:0.106667 3:0.186441 4:0.166667
2 1:0.48 2:-0.08313334 3:0.32207834 4:0.167776667
2 1:0.49 2:-0.083913334 3:0.322078434 4:0.1677766967
```

由上面的数据可以看到，第 4、5、6 条数据没有索引值为 2 的项，表明该索引的特征值为 0。

2. 实现读取、取样和输出 Libsvm 格式的数据的应用程序

读取、取样和输出 Libsvm 格式的数据，需要使用 LibSvmSourceBatchOp 算子（批处理）和 LibSvmSinkBatchOp 算子（流处理），具体实现如下所示：

```java
// main()方法——Java 应用程序的入口
public static void main(String[] args) throws Exception {
    // 数据源路径
    String inPutPath = "src/main/resources/records.libsvm";
    // 输出数据路径
    String outPutPath = "src/main/resources/outPutRecords.libsvm";
    //使用 LibSvmSourceBatchOp 算子读取数据
    LibSvmSourceBatchOp source = new LibSvmSourceBatchOp()
            .setFilePath(inPutPath);   // 设置文件地址
    // 输出前 5 条数据
    source.firstN(3).print();

    // 对原始数据采样 2 条数据
    BatchOperator batchOperator = source.sampleWithSize(2);
    // 打印采样数据
    batchOperator.print();
    // 输出数据到文件
    batchOperator.link(new LibSvmSinkBatchOp()
            .setFilePath(outPutPath)
            .setLabelCol("label")         // 标签列名称
            .setVectorCol("features")     // 特征数据列名称
            .setOverwriteSink(true));     // 在执行保存操作时，如果目标文件已经存在，是否进行覆盖
(true/false)
    // 执行任务操作
    BatchOperator.execute();
}
```

14.2.4 读取、取样 CSV 格式的数据集

如果是 CSV 格式的数据集，则需要使用 CsvSourceBatchOp 算子（批处理）和 CsvSourceStreamOp 算子（流处理）来读取，然后使用 CsvSinkBatchOp 算子（批处理）和 CsvSinkStreamOp 算子（流处理）来输出，具体实现如下所示：

```java
// main()方法——Java 应用程序的入口
public static void main(String[] args) throws Exception {
    // 使用 CsvSourceBatchOp 算子读取数据
    String filePath = "src/main/resources/records.csv";
    CsvSourceBatchOp source = new CsvSourceBatchOp()
            // 设置文件地址
            .setFilePath(filePath)
            // 将列名分别设置为 label 和 review，数据类型分别为 Int 和 String
            .setSchemaStr("label Int, review String")
            // 该 CSV 数据第 1 行保存的是列名，需要设置读取数据时忽略第 1 行
            .setIgnoreFirstLine(true);
    // 输出前 5 条数据
    source.firstN(5).print();
    // 对数据进行取样
    source.sampleWithSize(3).print();
}
```

14.2.5　读取、解析和输出 Kafka 的数据集

Alink 支持使用 Kafka 1.x 和 2.x 版本读取 Kafka 数据。在读取 Kafka 数据时需要添加依赖，以及进行 JSON 数据的转换，具体步骤如下。

1. 添加依赖

本实例使用 Kafka011SourceStreamOp 算子来接收输入数据，使用 Kafka011SinkStreamOp 算子来输出 Kafka 数据，所以需要添加以下依赖：

```xml
<!-- Alink 的 Kafka 连接器的依赖 -->
<dependency>
        <groupId>com.alibaba.alink</groupId>
        <artifactId>alink_connectors_kafka_0.11_flink-1.10_2.11</artifactId>
        <version>1.2.0</version>
</dependency>
```

2. 读取数据

读取 Kafka 数据需要配置 Kafka 服务器的地址、主题等信息，如下所示：

```java
Kafka011SourceStreamOp source =
        new Kafka011SourceStreamOp()
                // Kafka 服务器的地址
                .setBootstrapServers("localhost:9092")
                // 订阅的 Kafka 主题
                .setTopic("mytopic")
                // 开始模式：支持 EARLIEST、GROUP_OFFSETS、LATEST、TIMESTAMP
                .setStartupMode("LATEST")
```

```
                    // 设置分组 Id
                    .setGroupId("alink_group");
// 输出数据
source.print();
```

StartupMode 代表从什么位置开始读取 Kafka 数据，这里使用的是 LATEST，主要是便于测试。

3. 测试读取信息

先启动应用程序，然后在 Kafka 的消息生产者端发送数据，数据格式如下：

```
{"id":2,"clicks":15}
```

在数据发送之后，可以看到控制台输出如下所示的信息：

```
message_key|message|topic|topic_partition|partition_offset
-----------|-------|-----|---------------|----------------
null| {"id":2,"clicks":15}|mytopic|0|83
```

由上述信息可知，接收到的由 Kafka 发送的消息附带了以下信息。

- message_key：消息的键。
- message：消息。
- topic：主题。
- topic_partition：主题分区。
- partition_offset：分区偏移量。

4. 解析 JSON

由上面的测试信息可以看到，发送和接收的信息是 JSON 格式的，需要对 JSON 字符串中的数据进行提取，可以使用 JsonValueStreamOp 算子来提取，如下所示：

```
StreamOperator data = source
        .link(
            new JsonValueStreamOp()
                .setSelectedCol("message")
                .setReservedCols(new String[]{})
                .setOutputCols(
                        new String[]{"id", "clicks"})
                .setJsonPath(new String[]{"$.id", "$.clicks"})
        );
// 输出数据的 Schema
System.out.print(data.getSchema());
data.print();
```

JSON 字符串 null| {"id":2,"clicks":15}|mytopic|0|83 经过上述代码提取后，即可得到 String 类型的数据：2|15。

结果数据的 Schema 为如下形式：

```
root
 |-- id: STRING
 |-- clicks: STRING
```

5. 输出 Kafka 数据

输出数据到 Kafka，可以使用 Kafka011SinkStreamOp 算子，同时需要配置好 Kafka 服务器的地址、数据格式和主题，如下所示：

```
Kafka011SinkStreamOp sink = new Kafka011SinkStreamOp()
        .setBootstrapServers("localhost:9092").setDataFormat("json")
        .setTopic("mytopic");
    sink.linkFrom(data);
```

14.3　实例 46：使用分类算法实现数据的情感分析

 代码 本实例的代码在"/Alink/AlinkSentimentDemo"目录下。

本实例演示的是使用分类算法训练模型，实现数据的情感分析。

14.3.1　认识逻辑回归算法

逻辑回归算法又称为二分类算法。逻辑回归算法虽然名字中带有"回归"，但是一种分类算法，主要有预测、寻找因变量的影响因素这两个使用场景。

Alink 中的逻辑回归算法参数如表 14-1 所示。

表 14-1

名　称	中 文 名 称	描　述	类型	是否必需	默认值
labelCol	标签列名	输入表中的标签列名	String	是	无
predictionCol	预测结果列名	预测结果列名	String	是	无
optimMethod	优化方法	优化问题求解时选择的优化方法	String	否	null
l1	L1 正则化系数	L1 正则化系数，默认值为 0	Double	否	0
l2	L2 正则化系数	L2 正则化系数，默认值为 0	Double	否	0
vectorCol	向量列名	向量列对应的列名，默认值是 null	String	否	null
withIntercept	是否有常数项	是否有常数项，默认值为 true	Boolean	否	true
maxIter	最大迭代步数	最大迭代步数，默认值为 100	Integer	否	100
epsilon	收敛阈值	迭代方法的终止判断阈值，默认值为 1.0e-6	Double	否	1.0e-6

名　　称	中 文 名 称	描　　述	类型	是否必需	默认值
featureCols	特征列名数组	特征列名数组，默认全选	String	否	null
weightCol	权重列名	权重列对应的列名	String	否	null
vectorCol	向量列名	向量列对应的列名，默认值是 null	String	否	null
standardization	是否正则化	是否对训练数据做正则化，默认值为 true	Boolean	否	true
predictionDetailCol	预测详细信息列名	预测详细信息列名	String	否	无

14.3.2　读取数据并设置管道

创建好 Alink 应用程序之后，就可以进行管道设置等代码编写。创建 Alink 应用程序的步骤请参考 14.2.1 节。

1. 读取 CSV 文件

在进行分析建模之前，需要先看样本数据。可以通过以下代码读取和输出原始的训练数据：

```
String filePath = "src/main/resources/Sentiment.csv";
// 根据各列的定义组装 schemaStr

String schemaStr = "label Int, review String";
//使用 CsvSourceBatchOp 算子读取 URL 数据

CsvSourceBatchOp source = new CsvSourceBatchOp()
        // 设置文件地址

        .setFilePath(filePath)
        // 将列名分别设置为 label 和 review，数据类型分别为 Int 和 String

        .setSchemaStr(schemaStr)
        // 该 CSV 数据第 1 行保存的是列名，所以需要设置读取数据时忽略第 1 行

        .setIgnoreFirstLine(true);
// 输出前 5 条数据
source.firstN(5).print();
```

运行上述应用程序之后，会在控制台中输出样本数据的前 5 条信息：

```
label|review
-----|------
0|房间又小又不开空调,然后边上施工吵得要死,电梯没两分钟你别想等.
0|到目前为止，我所住过的酒店中服务最差的一家。
0|真不知道之前的点评是怎么得出来的，还以为会是一个不错的酒店，谁知完全不是那么回事。
0|三个字：脏、乱、差！房间里面看上去还可以，但是仔细看，很多地方极其脏。
0|房间设备陈旧而且不齐，一点也不像四星的酒店。
```

2. 设置管道

在读取数据后即可设置管道，并将整个处理过程和模型封装在管道中，如下所示：

```
// 设置管道，并将整个处理和模型过程封装在管道中
Pipeline pipeline = new Pipeline(
        new Imputer()
                // 选择 review 列
                .setSelectedCols("review")
                // 将结果写入 reviewOutput 列
                .setOutputCols("reviewOutput")
                .setStrategy("value")
                // 对 review 列进行缺失值填充，填充字符串值"null"
                .setFillValue("null"),
                // 进行分词操作，将原句子分解为单词，之间用空格作为分隔符。分词结果会直接替换输入列的值
        new Segment()
                .setSelectedCol("reviewOutput"),
                // 将分词结果中的停用词去掉
        new StopWordsRemover()
                .setSelectedCol("reviewOutput"),
                // 对 reviewOutput 列出现的单词进行统计，并根据计算出的 TF 值将句子映射为向量，向量长度
为单词个数，并保存在 featureVector 列
        new DocCountVectorizer()
                .setFeatureType("TF")
                .setSelectedCol("reviewOutput")
                .setOutputCol("featureVector"),
                // 使用 LogisticRegression 分类模型进行预测。预测信息放在"pre"列
        new LogisticRegression()
                .setVectorCol("featureVector")
                .setLabelCol("label")
                .setPredictionCol("pre")
);
```

14.3.3　训练模型和预测

1. 训练模型

下面进入模型训练阶段。使用 Pipeline 的 fit()方法可以得到整个流程的模型（PipelineModel），
代码如下所示：

```
// 使用 Pipeline 的 fit()方法可以得到整个流程的模型（PipelineModel）
PipelineModel pipelineModel = pipeline.fit(source);
```

2. 预测

调用 transform()方法进行预测，如下所示：

```
// 调用 transform()方法进行预测
pipelineModel.transform(source)
        // 输出数据
```

```
        .select(new String[]{"pre", "label", "review"})
        .firstN(5)
        .print();
```

3. 测试

完成以上步骤后即可对应用程序进行测试。启动该应用程序，输出如下所示的信息：

```
Pre（预测值） | label（原值） | review（原值）
-----        |------        |------
1            |        1     |环境不错
1            |        1     |酒店环境比我想象的好，房间也非常干净。
1            |        1     |客观地说，应该已经是石家庄最好的酒店了，各方面都还可以。
1            |        1     |不错，服务还是和以前一样。
1            |        1     |房间内饰尚新,服务也比较好。
```

14.3.4 保存、查看和复用模型

Alink 中提供的 save() 方法用来保存训练后的模型，如下所示：

```
// 使用 Pipeline 的 fit() 方法可以得到整个流程的模型（PipelineModel）
PipelineModel pipelineModel = pipeline.fit(source);
// 保存模型
String modelPath = "src/main/resources/LogisticRegressionSentimentModel";
pipelineModel.save(modelPath);
```

通过上述代码保存的模型信息如下所示：

```
-1,"{""schema"":[""model_id BIGINT,model_info VARCHAR,review VARCHAR"","""","""",""model_id
BIGINT,model_info VARCHAR"",""model_id BIGINT,model_info VARCHAR,label_value
INT""],""param"":[""{\""selectedCols\"":\""[\\\""review\\\""]\"",\""fillValue\"":\""\\\""null
\\\""\"",\""strategy\"":\""\\\""VALUE\\\""\"",\""lazyPrintTransformDataEnabled\"":\""false""
,\""outputCols\"":\""[\\\""reviewOutput\\\""]\"",\""lazyPrintTransformStatEnabled\"":\""false
\""}"",""{\""selectedCol\"":\""\\\""reviewOutput\\\""\"",\""lazyPrintTransformDataEnabled\"":
\""false\"",\""lazyPrintTransformStatEnabled\"":\""false\""}"",""{\""selectedCol\"":\""\\\""r
eviewOutput\\\""\"",\""lazyPrintTransformDataEnabled\"":\""false\"",\""lazyPrintTransformStat
Enabled\"":\""false\""}"",""{\""featureType\"":\""\\\""TF\\\""\"",\""selectedCol\"":\""\\\""r
eviewOutput\\\""\"",\""outputCol\"":\""\\\""featureVector\\\""\"",\""lazyPrintTransformDataEn
abled\"":\""false\"",\""lazyPrintTransformStatEnabled\"":\""false\""}"",""{\""vectorCol\"":\"
"\\\""featureVector\\\""\"",\""labelCol\"":\""\\\""label\\\""\"",\""predictionCol\"":\""\\\""
pre\\\""\""}""],""clazz"":[""com.alibaba.alink.pipeline.dataproc.ImputerModel"",""com.alibaba
.alink.pipeline.nlp.Segment"",""com.alibaba.alink.pipeline.nlp.StopWordsRemover"",""com.aliba
ba.alink.pipeline.nlp.DocCountVectorizerModel"",""com.alibaba.alink.pipeline.classification.L
inearSvmModel""]}"


3,"52428800^{""f0"":""一封"",""f1"":7.406407101816419,""f2"":16538}"
3,"65011712^{""f0"":""上趟"",""f1"":7.406407101816419,""f2"":16550}"
```

```
3,"77594624^{""f0"":""不已"",""f1"":7.406407101816419,""f2"":16562}"
3,"90177536^{""f0"":""中将"",""f1"":7.406407101816419,""f2"":16574}"
3,"102760448^{""f0"":""二十四"",""f1"":7.406407101816419,""f2"":16586}"
```

在 Alink 模型文件中，第 1 行是元数据信息，其 index 是-1，包含 Schema、算法类名称、元参数。Alink 可以通过这些信息生成转换器。

从第 2 行开始是算法所需要的模型数据。数据行的 index 从 0 开始。如果某一个转换器没有数据，则没有对应行，跳过 index。Alink 会取出这些数据来设置到转换器中，该数据与具体的算法相关。

14.4 实例 47：实现协同过滤式的推荐系统

 代码 本实例的代码在 "/Alink/AlinkALSDemo" 目录下。

本实例使用交替最小二乘法来实现一个协同过滤式的推荐系统。训练集只知道用户的评分矩阵，根据这个矩阵通过算法来尝试向用户推荐产品。

14.4.1 了解训练集

训练集是用户对产品的评分矩阵，数据之间用逗号隔开，数据样本如下所示：

```
用户 id|产品 id|评分|时间戳
-------|--------|----|-----
370,     2770,    4.0, 1096496929
83,      235,     4.5, 1156207393
273,     59315,   4.0, 1466946117
1,       31,      2.5, 1260759144
452,     33499,   2.0, 1151812243
```

数据的第 1 列是用户编号，为 Int 类型；第 2 列是产品编号，为 Int 类型；第 3 列是用户对产品的评分，为 Double 类型。

在实际的生产环境中，评分不一定是用户主动对产品进行评分，可以是通过用户行为计算得来的值。例如，浏览过某个产品可以加 0.5 分；关注过某个产品可以加 1 分；购买过某个产品可以加 1.5 分；重复购买过某个产品可以加 0.5 分。

14.4.2 实现机器学习应用程序

1. 编写机器学习代码

了解了数据结构之后，就可以使用 Alink 提供的算法库中的交替最小二乘法来实现该推荐系统的编写，如下所示：

```java
/**
 * 用交替最小二乘法来实现协同过滤式的推荐系统
 */
public class ALSDemo {
    // main()方法——Java 应用程序的入口

    public static void main(String[] args) throws Exception {
        String url = "src/main/resources/ratings.csv";
        String schema = "user_id Bigint, product_id Bigint, rating Double, timestamp String";
        // 使用 CsvSourceBatchOp 算子读取数据
        BatchOperator data = new CsvSourceBatchOp()
            // 设置文件地址
            .setFilePath(url)
            // 设置列名
            .setSchemaStr(schema);
        // 拆分数据集
        SplitBatchOp splitter = new SplitBatchOp().setFraction(0.8);
        splitter.linkFrom(data);

        BatchOperator trainData = splitter;
        BatchOperator testData = splitter.getSideOutput(0);

        AlsTrainBatchOp als = new AlsTrainBatchOp()
            .setUserCol("user_id")
            .setItemCol("product_id")
            .setRateCol("rating")
            .setNumIter(10)
            .setRank(10)
            .setLambda(0.1);

        BatchOperator model = als.linkFrom(trainData);
        // 根据用户推荐
        AlsTopKPredictBatchOp topKpredictor = new AlsTopKPredictBatchOp()
                .setUserCol("user_id")
                .setPredictionCol("recommend")
                .setTopK(3);
        BatchOperator topKpredictorResult = topKpredictor
                .linkFrom(model, testData.select("user_id")
                .distinct()
                .firstN(5));
        // 输出用户推荐信息
        topKpredictorResult.print();
        // 预测评分
        AlsPredictBatchOp predictor = new AlsPredictBatchOp()
                .setUserCol("user_id")
```

```
        .setItemCol("product_id")
        .setPredictionCol("prediction_result");
    BatchOperator preditionResult = predictor.linkFrom(model, testData)
        .select("user_id,product_id,rating, prediction_result")
        .orderBy("user_id", 10);
        // 输出预测评分
        preditionResult.print();
}
}
```

2. 输出预测的推荐数据

在根据用户 ID 获得预测的推荐数据之后，就可以输出到 Redis 或 MySQL 等可持久化的数据库中，以便在 Web 或 App 端调用。输出到 MySQL 的步骤如下。

（1）添加 MySQL 依赖，如下所示：

```
<!-- MySQL 依赖 -->
<dependency>
    <groupId>mysql</groupId>
    <artifactId>mysql-connector-java</artifactId>
    <version>8.0.16</version>
</dependency>
```

（2）编写输出算子，如下所示：

```
// 可以输出到 MySQL，以便展示到 Web 或 App 中
MySqlSinkBatchOp mySqlSinkBatchOp = new MySqlSinkBatchOp()
        // 配置 MySQL 的地址
        .setIp("localhost")
        // 配置 MySQL 的端口
        .setPort("3306")
        // 配置 MySQL 的数据库名
        .setDbName("flink")
        // 配置 MySQL 的用户名
        .setUsername("long")
        // 配置 MySQL 的密码
        .setPassword("long")
        // 配置输出到 MySQL 的表名
        .setOutputTableName("topK_Result");
mySqlSinkBatchOp.sinkFrom(topKpredictorResult);
```

14.4.3　测试推荐系统

运行上述应用程序之后，会在控制台中输出以下信息：

```
user_id（用户 id）|recommend（推荐产品信息：产品 id+预测评分）
```

```
-------|---------
8|83359:4.9649084,83411:4.8649084,3943:4.778523
9|83411:4.9456632,83359:4.9156632,2690:4.8928394
10|83411:4.904357,83359:4.804357,25769:4.37156
14|90061:4.6148467,4755:4.6148467,766:4.5350037
2|106471:4.8395386,83411:4.79638,83359:4.79638
```

可以看到，输出了 5 个用户的推荐信息，每个用户推荐 5 条产品 ID 和评分。

运行上述程序之后，还会输出如下所示的预测评分信息：

```
user_id|product_id|rating|prediction_result
-------|----------|------|-----------------
1|1287|2.0000|3.0172
1|1339|3.5000|2.5033
2|468|4.0000|2.8805
2|550|3.0000|2.7978
```

项目实战篇

第 15 章

实例 48：使用大数据和机器学习技术实现一个广告推荐系统

本章首先介绍实例架构；然后介绍推荐系统的相关知识和在线学习算法；最后介绍如何实现机器学习，以及实现接入服务层。

 代码 本实例的代码在 "/Chapter15" 目录下。

15.1 了解实例架构

15.1.1 实例架构

本实例使用 Alink 的在线学习算法 FTRL 来进行离线训练、在线训练和实时预测，整个实例的架构如图 15-1 所示。

本实例的 Web 服务器和广告服务器是单独分开的，也可以考虑放在一起，这需要考虑业务和技术方面的问题。

在实际生产环境中，广告带来的流量是巨大的，但是广告服务器容易被攻击。所以，如果用户规模比较大，则需要做微服务架构等分布式集群部署。

广告点击预测结果是被直接发送到广告服务器的，以便广告服务器来处理广告展示和展示后监测点击结果，以便为后期的流式训练提供数据。

本实例的主要目的是综合练习 Flink 和 Alink 的技术点，与生产环境中使用的技术和架构会有差距。

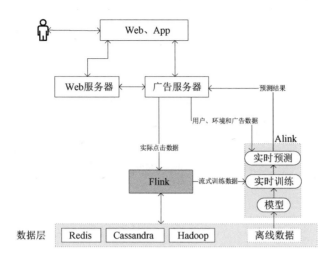

图 15-1

15.1.2　广告推荐流程

由图 15-1 可知，广告推荐流程具体如下。

（1）访客访问 Web 服务器（Web 或 App）。

（2）Web 服务器提供用户请求的具体内容。

（3）广告服务器获取访客信息（如用户设备 ID、网络环境、系统语言、用户地域等），以及 Web 服务器提供的内容信息（如页面分类、广告跟踪 ID 等）。

（4）广告服务器把获取的用户数据和环境数据，以及在线的广告数据组装成待预测数据，然后发送到实时预测服务器（Alink）。

（5）预测服务器（Alink）预测广告点击率，然后把结果数据发送广告服务器。

（6）广告服务器根据预测结果选择点击率高的广告进行展示。

（7）广告服务器监测用户的广告点击行为，并把广告点击结果数据发送到 Flink。

（8）Flink 将收到的广告点击监测数据发送给 Alink 进行在线学习，并且发送到数据库进行数据的持久化。

在一般情况下，用户访问 Web 或 App 是先展示信息内容后异步展示广告的，也可以预加载广告，当展示完成后再展示信息内容。

15.1.3 机器学习流程

本实例的机器学习流程如下。

（1）准备数据。读取和处理离线训练数据，以及进行在线的实时训练。

（2）特征工程。设置特征工程管道、拟合特征管道模型等。

（3）离线模型训练。

（4）在线模型训练。该步骤的数据是从 Flink 获取的广告监测实时数据。

（5）在线预测。

（6）在线评估。

15.2 了解推荐系统

15.2.1 什么是推荐系统

1. 推荐系统的概念

搜索、推荐和广告是用户获取信息的主要方式，特别是在当今信息过载的移动互联网时代。高效地推荐信息和广告，是当前每个 App 追求的目标。推荐系统和搜索、广告系统密切关联。

2. 推荐系统的作用

（1）提升用户体验和业务业绩。当用户有明确需求时，可以使用搜索引擎来搜索。如果需求不明确，则可以依靠推荐系统为用户推荐感兴趣的产品或信息。推荐系统不仅可以提升用户体验，还可以提升业务业绩。

（2）解决信息过载问题。在信息爆炸时代，信息是"百万""千万""亿"级的。这么多的产品和信息不能放在一个屏幕中让用户来选择，所以，帮助用户找到感兴趣的信息或产品，并且在有限的界面下展示有吸引力的信息或产品，这是推荐系统的价值，可以用来解决信息过载问题。

（3）挖掘长尾价值。最火热的前 30% 的产品的成交额往往只占平台产品的极小部分，大部分销售额可能是长尾信息或产品带来的。例如，电商平台 60% 的销售额可能都来自长尾产品的销量。在海量内容中，挖掘长尾产品的价值非常有意义。

3. 推荐系统与其他机器学习的不同

推荐系统和其他机器学习不太一样，研发推荐系统的工作内容有以下几点。

- 理解业务场景。

- 与领域专家探讨规则。如果是在起步阶段的中小型企业中应用推荐系统，则构建推荐系统非常依赖领域专家的规则，因为基础数据比较少。
- 与产品经理沟通数据回收埋点。
- 特征工程。
- 模型选择与规则融合。
- 系统开发。
- 离线实验和线上 A/B 测试。
- 线上数据效果分析和优化。

这些工作内容环环相扣，都会影响推荐系统的效果。

而其他机器学习的研发主要是提供模型、离线和线上效果指标，所以，关注业务的精力少，在一般情况下，关注一套模型即可。

4．推荐系统包含的环节

推荐系统的目标是从海量数据中找出用户感兴趣的内容；在性能上应该满足低于 300ms 延迟的要求。从这个目标出发，在架构推荐系统时，我们需要考虑以下环节。

（1）召回。召回就是从海量数据中筛选出用户感兴趣的内容，以降低信息量。召回主要包含以下内容：协同过滤召回、最新内容召回、图算法召回、内容相似召回、热门召回。

（2）排序。在召回信息后，需要进行信息的粗排、精排。可以使用机器学习的二分类算法来满足排序需求，如 LR、GBDT、DNN、Wide&Deep。

（3）调整。排序后要进行相应的调整，以便进行权重设置或内容的过滤——去重、去已读、去已购等，并进行相应的最新信息和热门信息的补足、分页，以及内容合并的工作。

15.2.2　推荐系统的分类

推荐系统非常多，常见的推荐系统有以下几种。

1．基于关系型规则的推荐系统

基于关系型规则的推荐系统是指根据关系规则来进行推荐。例如，如果一个用户购买了尿布，则他/她可能会购买啤酒或薯片。

2．基于内容的推荐系统

基于内容的推荐是指通过研究用户过去的行为内容（感兴趣的话题、关注的内容等）来实现相关性推荐。例如，先根据行为内容将用户自动分类，再将相关分类的内容推荐给用户。

3．人口统计式的推荐系统

人口统计式的推荐是指以用户属性（性别、年龄、教育背景、居住地、语言）作为分类指标，以此作为推荐的基础。

4. 流行度推荐系统

向用户推荐最流行的数据。例如，向用户推荐当前最新上市或一段时间内观看最多的电影。

5. 基于行为的协同过滤式推荐系统

协同过滤式的推荐是指通过研究用户一系列行为的特定模式来实现推荐。例如，通过观察用户对产品的评价来推断用户的偏好，并找出与该用户的产品评价相近的其他用户；其他用户喜欢的产品，当前用户可能也会喜欢。

协同过滤算法的优点和缺点如下。

- 优点：可以个性化推荐，不需要内容分析，可以发现用户新的兴趣点，自动化程度高。
- 缺点：如果用户没有评分数据，则没有办法进行分析，即存在冷启动问题。

对于冷启动问题，既可以利用用户的注册信息（如兴趣、年龄、职业、性别）来解决，也可以选择特定的数据（如节假日促销、热点）来启动兴趣。

在实际的应用场景中，通常结合多种推荐算法来实现互补，以达到精准推荐的目的。

15.2.3 推荐系统的排序算法

推荐系统的排序算法主要有以下几种。

1. 逻辑回归算法

逻辑回归算法的应用非常广泛，是经典的线性二分类算法。逻辑回归的优点是实现容易，对于服务器的算力要求低，模型的可解释性好。

在推荐系统中，可以将是否点击一个商品转换成一个分类问题——被点击和不被点击，它是一个概率事件。所以，可以使用逻辑回归来进行分类预测。

逻辑回归模型是根据用户、环境、商品、上下文等多种特征来生成推荐结果的。协同过滤模型通过用户与物品的单一行为特征信息（如用户对物品的评分）进行推荐。

2. GBDT+LR 算法

GBDT+LR 算法在逻辑回归算法的基础上，通过 GBDT 和特征编码来增强数据特征的可稀释性，GBDT+LR 算法的应用非常广泛。

3. FM 算法

FM 算法通过内积的方式增强特征的表现力。

4. DeepFM 算法

DeepFM 是一种将深度学习和经典的机器学习相结合的分类算法。

15.2.4 召回算法

在推荐系统中，召回主要做的工作是从超大规模的 Item（产品或信息）中筛选出用户喜欢的较小比例的 Item。例如，平台中有 10 亿个 Item，可以先通过召回选出某用户感兴趣的 1000 个 Item，然后通过排序模块根据用户的喜好程度等对 Item 进行排序。

目前比较流行的召回算法有以下几种。

1. 协同过滤算法

协同过滤算法基于统计的方法指导相似的 Item 关联关系，以及 User 与 Item 的关联关系。它会找出兴趣相同的一些人。例如，统计发现，在超市中啤酒和尿布经常被一起购买。

2. ALS 算法

ALS 算法是矩阵分解的经典方法，可以基于行为数据表产出 User Embedding 表和 Item Embedding 表。该算法是向量召回的一个基本方法。

3. FM-Embedding 算法

FM-Embedding 算法通过内积方式增强特征表现力。

4. GraphSage 算法

GraphSage 是基于深度学习框架构建的图算法，是一种基于图神经网络的召回算法。该算法可以基于用户、商品特征和行为产出 User Embedding 表和 Item Embedding 表。

15.3 认识在线学习算法

15.3.1 离线训练和在线训练

1. 离线训练

离线训练是指在训练完**整个训练数据集**之后才更新模型数据，即模型在训练完成后才可以被使用。

2. 在线训练

在线训练是指在训练完**训练数据集中的一个数据**之后直接更新模型数据，而不是整体训练完后再进行批量更新。模型会随着实时数据不断更新，并且随时可用。

3. 离线训练和在线训练的优点与缺点

- 离线训练：性能要求低，耗时比较长，残差比较低。
- 在线训练：训练快，残差比较高。

4. 离线和在线结合训练

在实际应用中，可以结合使用离线训练和在线训练。在线训练直接使用离线训练训练好的模型，如可以把离线模型保存在 Redis、HBase 或文件中供在线训练使用。

逻辑回归、因子分解机（Factor Machine，FM）等这些有明确数学表达式的模型，只需要获得这些模型训练的参数即可在线进行预测。但有些离线训练得到的模型很难用于在线训练。例如，树模型，它需要保存树的一些节点信息，这些节点信息是模型的关键。

15.3.2 在线学习算法 FTRL

FTRL（Follow-The-Regularized-Leader）是谷歌公开的在线学习算法，它在处理逻辑回归算法之类的模型复杂度控制和稀疏化的凸优化问题上性能非常出色。

做在线学习和点击通过率（Click-Through-Rate，CTR）常常会用到逻辑回归算法，以弥补"传统的批量算法无法有效地处理超大规模的数据集和在线数据流"的不足。

1. FTRL 训练参数

在 Alink 的 FTRL 库中，FTRL 训练参数如表 15-1 所示。

表 15-1

名　　称	中 文 名 称	描　　述	类　　型	是否必需	默认值
labelCol	标签列名	输入表中的标签列名	String	是	无
vectorSize	向量长度	向量的长度	Integer	是	无
vectorCol	向量列名	向量列对应的列名，默认值是 null	String	否	null
featureCols	特征列名数组	特征列名数组，默认全选	String	否	null
withIntercept	是否有常数项	是否有常数项，默认值为 true	Boolean	否	true
timeInterval	时间间隔	数据流流动过程中时间的间隔	Integer	否	1800
l1	L1 正则化系数	L1 正则化系数，默认值为 0	Double	否	0.0
l2	L2 正则化系数	L2 正则化系数，默认值为 0	Double	否	0.0
alpha	希腊字母：阿尔法	经常用来表示算法特殊的参数	Double	否	0.1

2. FTRL 在线预测参数

在 Alink 的 FTRL 库中，FTRL 在线预测参数如表 15-2 所示。

表 15-2

名　　称	中 文 名 称	描　　述	类　　型	是否必需	默认值
predictionCol	预测结果列名	预测结果列名	String	是	无
vectorCol	向量列名	向量列对应的列名，默认值是 null	String	否	null
reservedCols	算法保留列名	算法保留列	String	否	null

3. LR+FTRL 算法的工程实现

在 Alink 中已经实现了 LR+FTRL 算法，支持离线训练、在线实时训练和实时预测。LR+FTRL 算法是用 FTRL 作为在线优化方法来获取 LR 的权重系数的，可以实现在不损失精度的前提下获得稀疏解的目标。

用户点击的概率是连续值，使用"逻辑回归"分类器来处理是因为可以把线性回归的输出值（即函数 Sigmoid 的输入量）映射为相应的概率（0~1）。Sigmoid 函数拥有良好特性：值域为（0,1）；单调可微；在 x=0 附近很陡。

15.4 实现机器学习

15.4.1 处理数据

处理数据最重要的是根据数据列的描述信息弄清楚数值型的特征，如下所示：

```
// 根据各列的定义组装 schemaStr 和 site_category string
String schemaStr
    = "click String, dt String,banner_pos String, "
    + "app_id String, app_domain String, app_category String, device_id String, "
    + "device_ip String, device_model String, C10 Int, C11 Int, C12 Int, C13 Int, "
    + "C14 Int, C15 Int";
// 批式处理原始训练数据
String batchData = "src/main/resources/batchData.csv";
// 通过 CsvSourceBatchOp 算子读取显示数据
CsvSourceBatchOp trainBatchData = new CsvSourceBatchOp()
      .setFilePath(batchData)
      .setSchemaStr(schemaStr);
// 输出数据
trainBatchData.firstN(5).print();
// 定义标签列名，FTRL 训练模型必填参数
String labelColName = "click";
// 定义向量列名，即特征工程的结果列名称，Alink 的 FTRL 算法默认设置的特征向量维度是 30000。算法第 1 步是
切分高维度向量，以便分布式计算
String vecColName = "vecColName";
```

```
System.out.println(trainBatchData.count());
// 特征的数量，是输出向量的长度
int numHashFeatures = 30000;
String[] selectedColNames = new String[]{
       "banner_pos", "app_domain",
       "app_category", "C10", "C11", "C12", "C13", "C14", "C15",
       "device_id", "device_model"};
String[] categoryColNames = new String[]{
       "banner_pos", "app_domain",
       "app_category", "device_id", "device_model"};
String[] numericalColNames = new String[]{
       "C10", "C11", "C12", "C13", "C14", "C15"};
```

15.4.2　特征工程

特征工程的主要工作是设置特征工程管道（工作流），如下所示：

```
// 设置特征工程管道（工作流）
Pipeline pipeline = new Pipeline()
        .add(
                // 标准缩放——计算训练集的平均值和标准差，以便测试数据集使用相同的变换
                new StandardScaler()
                    // 具有参数的类的接口，该参数指定多个表的列名称
                    .setSelectedCols(numericalColNames)
        )
        .add(
                //特征哈希，将一些分类或数字特征投影到指定维的特征向量中
                new FeatureHasher()
                    // 用于处理的列的名称
                    .setSelectedCols(selectedColNames)
                    // 输入表中用于训练的分类列的名称
                    .setCategoricalCols(categoryColNames)
                    // 输出列名称
                    .setOutputCol(vecColName)
                    // 特征数量。这将是输出向量的长度
                    .setNumFeatures(numHashFeatures)
        );
// 拟合特征管道模型
PipelineModel pipelineModel = pipeline.fit(trainBatchData);

// 准备流训练数据
String streamData = "src/main/resources/streamData.csv";
CsvSourceStreamOp data = new CsvSourceStreamOp()
        .setFilePath(streamData)
        //格式化 SchemaStr
```

```
        .setSchemaStr(schemaStr);
    // 如果要忽略 CSV 文件的第 1 行则使用.setIgnoreFirstLine(true)方法
    // 使用拆分算子 SplitStreamOp 分割流为训练和评估数据
SplitStreamOp splitter = new SplitStreamOp()
        // 设置拆分比例
        .setFraction(0.9)
        .linkFrom(data);
```

15.4.3　离线模型训练

离线模型训练也叫批量模型训练，目的是训练出一个逻辑回归模型作为 FTRL 算法的初始模型，这是为了系统冷启动的需要，如下所示：

```
// 训练出一个逻辑回归模型作为 FTRL 算法的初始模型，这是为了系统冷启动的需要
LogisticRegressionTrainBatchOp lr = new LogisticRegressionTrainBatchOp()
        // 参数 vecColName 的特性
        .setVectorCol(vecColName)
        // 输入表中标签列名称
        .setLabelCol(labelColName)
        // 是否具有拦截，默认为 true
        .setWithIntercept(true)
        // 最大迭代次数
        .setMaxIter(10)
        /*
        线性训练的参数，优化类型
        * LBFGS,LBFGS Method，大规模优化算法，默认选项
        *GD，梯度下降法（Gradient Descent Method)
        *Newton，牛顿法(Newton Method)
        *SGD，随机梯度下降法(Stochastic Gradient Descent Method)
        *OWLQN，该算法是单象限算法，每次迭代都不会超出当前象限
        */
        .setOptimMethod("LBFGS");
// 批式向量训练数据可以通过 transform()方法得到，initModel 是训练好的模型
BatchOperator<?> initModel = pipelineModel.transform(trainBatchData).link(lr);
```

15.4.4　在线模型训练

下面在初始模型基础上进行 FTRL 在线训练，加载模型。FtrlTrainStreamOp 算子将 initModel 作为初始化参数，如下所示：

```
// 在初始模型基础上进行 FTRL 在线训练，加载模型。FtrlTrainStreamOp 算子将 initModel 作为初始化参数
FtrlTrainStreamOp model = new FtrlTrainStreamOp(initModel)
        // 向量列的名称
        .setVectorCol(vecColName)
        // 输入表中标签列的名称
```

```
    .setLabelCol(labelColName)
    //是否具有拦截，默认为 true
    .setWithIntercept(true)
    .setAlpha(0.1)
    .setBeta(0.1)
    // L1 正则化参数
    .setL1(0.01)
    // L2 正则化参数
    .setL2(0.01)
    // 时间间隔
    .setTimeInterval(10)
    // 嵌入的向量大小
    .setVectorSize(numHashFeatures)
    // 获取流式向量训练数据
    .linkFrom(pipelineModel.transform(splitter));
```

15.4.5　在线预测

下面在 FTRL 在线模型的基础上，连接预测数据进行预测，如下所示：

```
// 在 FTRL 在线模型的基础上，连接预测数据进行预测
FtrlPredictStreamOp predictResult = new FtrlPredictStreamOp(initModel)
        // 向量列的名称
        .setVectorCol(vecColName)
        // 预测的列名
        .setPredictionCol("pred")
        // 要保留在输出表中的列的名称
        .setReservedCols(new String[]{labelColName, "click"})
        // 预测结果的列名称。其中包含详细信息（预测结果的信息，如分类器中每个标签的概率）
        .setPredictionDetailCol("details")
        .linkFrom(model, pipelineModel.transform(splitter.getSideOutput(0)));
predictResult.print();
Kafka011SinkStreamOp sink = new Kafka011SinkStreamOp()
        .setBootstrapServers("localhost:9092").setDataFormat("JSON") // 支持 JSON 和 CSV 格式
        .setTopic("mytopic");
sink.linkFrom(predictResult);
```

15.4.6　在线评估

下面对预测结果流进行评估。FTRL 将预测结果流 predResult 接入流式二分类评估 EvalBinaryClassStreamOp 算子，并设置相应的参数。由于每次评估的结果是 JSON 格式的，为了便于显示，还可以加上 JSON 内容提取组件 JsonValueStreamOp，如下所示：

```
// 在线评估
```

```
predictResult
      .link(
            /**
            * 二分类评估是对二分类算法的预测结果进行效果评估
            * 支持用 ROC 曲线、LiftChart 曲线、Recall-Precision 曲线绘制
            * 流式的实验支持累计统计和窗口统计
            * 给出的整体的评估指标包括 AUC、K-S、PRC，以及不同阈值下的 Precision、Recall、F-Measure、
Sensitivity、Accuracy、Specificity 和 Kappa
            */
            new EvalBinaryClassStreamOp()
                  // 输入表中标签列的名称
                  .setLabelCol(labelColName)
                  // 预测的列名
                  .setPredictionCol("pred")
                  // 预测结果的列名称，其中包含详细信息
                  .setPredictionDetailCol("details")
                  // 流窗口的时间间隔，单位为 s
                  .setTimeInterval(10)
      )
      .link(
            /**
            * 组件 JsonValueStreamOp 完成 JSON 字符串中的信息抽取，按照用户给定的 Path 抓取出相应的
信息。该组件支持多 Path 抽取
            */
            new JsonValueStreamOp()
                  // 用于处理的所选列的名称
                  .setSelectedCol("Data")
                  // 要保留在输出表中的列的名称
                  .setReservedCols(new String[]{"Statistics"})
                  /**
                  * 输出列的名称
                  * ACCURACY：准确性
                  * AUC：ROC 曲线下面的面积
                  * ConfusionMatrix：用于分类评估的混淆矩阵。横轴是预测结果值，纵轴是标签值。
[TP FP] [FN TN]。根据混淆矩阵计算其他指标
                  */
                  .setOutputCols(new String[]{"Accuracy", "AUC", "ConfusionMatrix"})
                  // JSON 值的参数
                  .setJsonPath(new String[]{"$.Accuracy", "$.AUC", "$.ConfusionMatrix"})
      )
      // 输出评估结果：Statistics 列有两个值——all 和 window。all 表示从开始运行到现在的所有预测数据
的评估结果；window 表示时间窗口（当前设置为 10s）的所有预测数据的评估结果
      // 对于流式的任务，print()方法不能触发流式任务的执行，必须调用 StreamOperator.execute()方法
才能开始执行 StreamOperator.execute();
```

```
.print();
```

15.5 实现接入服务层

15.5.1 了解接入服务层

本实例的接入服务层有两部分。

- Web 服务器：为用户提供内容信息。
- 广告服务器：根据推荐算法的计算结果为最终用户提供功能。

接入服务层可以使用常见的 Web 应用开发框架，如 Spring Boot、Istio。考虑到用户规模庞大，还可以升级微服务架构。

接入服务层的主要功能包括以下几点。

- 对数据进行召回、排序、过滤、打散、分页、内容合并。
- A/B 测试分桶。
- 兜底补足、热门补充。
- 超时反馈和处理。
- 缓存的管理（LRU 缓存）。
- 日志收集。
- 为用户端提供接口。
- 调用机器学习的数据。

15.5.2 在 Alink 中发送预测数据

Alink 与广告服务器的交互可以通过中间件或数据库进行，如 Kafka、Redis、Cassandra。本实例是以 Kafka 的方式在 Alink 端发送数据的，具体实现步骤如下。

1. 在 Alink 中添加 Kafka 依赖

要使用 Kafka 发送数据需要添加以下依赖：

```xml
<!-- Alink 的 Kafka 连接器依赖 -->
<dependency>
        <groupId>com.alibaba.alink</groupId>
        <artifactId>alink_connectors_kafka_0.11_flink-1.10_2.11</artifactId>
        <version>1.2.0</version>
</dependency>
```

2. 在 Alink 中将预测数据发送到 Kafka

在依赖添加好之后，可以直接使用 Alink 中提供的 Skin 算子将数据发送到 Kafka，如下所示：

```
Kafka011SinkStreamOp sink = new Kafka011SinkStreamOp()
        // Kafka 服务器的地址
        .setBootstrapServers("localhost:9092")
        // 数据格式
        .setDataFormat("json")
        // Kafka 的主题
        .setTopic("mytopic");
    // 发送数据
    sink.linkFrom(predictResult);
```

15.5.3　实现广告服务器接收预测数据

具体步骤如下。

1. 创建 Spring Boot 项目

创建 Spring Boot 项目，可以通过 Maven 或 Spring Boot 助理方式进行，也可以从随书源码中直接导入。

2. 添加 Kafka 依赖

如果使用 Kafka 消费或生产信息，则需要添加 Kafka 依赖，如下所示：

```
<!-- Kafka 依赖 -->
<dependency>
        <groupId>org.springframework.kafka</groupId>
        <artifactId>spring-kafka</artifactId>
</dependency>
```

3. 创建消费者

如果要消费 Kafka 的信息，则需要通过创建消费者来指定主题等信息，具体如下：

```
@Component
public class Consumer {
    @KafkaListener(topics = {"mytopic"})
    public void consumer(ConsumerRecord consumerRecord) {
        Optional<Object> kafkaMassage = Optional.ofNullable(consumerRecord.value());
        if (kafkaMassage.isPresent()) {
            Object msg = kafkaMassage.get();
            System.out.println(msg);
        }
    }
}
```

启动 Alink 机器学习应用程序、Zookeeper、Kafka 和在线服务应用，即可在接入服务层日志窗口中接收到预测信息。在接收到预测信息后，即可根据点击率和用户 ID 来给用户推荐广告。

15.6 日志打点和监测

在广告展示后，需要对展示的效果进行打点和监测，以获取点击数据。这些数据可以通过日志或 JSON 数据的形式发送到日志系统及数据库中，以便对预测进行结果监测，并且这些数据处理后可以用于在线训练或离线训练。数据流向如图 15-2 所示。

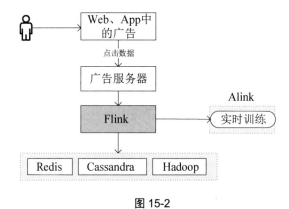

图 15-2

附录

难懂概念介绍

1. Runtime

很多资料将 Flink 的 Runtime 翻译为"运行时",而本书直接翻译为"执行引擎"。

- 在其他资料中,Flink 的运行时(Runtime)以 Java 对象的形式与用户函数交换数据。
- 在本书中,Flink 的执行引擎以 Java 对象的形式与用户函数交换数据。

2. 任务标识符

如果并行度大于 1,则输出信息会带有任务(Task)标识符,如输出以下信息:

```
4> (Steam,1)
5> (Batch,1)
12> (Flink,1)
```

上述输出信息代表并行度大于 1,其中的 4、5、12 代表任务标识符的 ID。如果并行度为 1,则不显示任务标识符。

3. 转换和数据流中的算子

算子(Operator)将数据处理后就完成了转换(Transformation)操作。通常,程序代码中的转换和数据流中的算子是一一对应的。但有时也会出现一个转换包含多个算子的情况。

4. 快照

因为 Flink 的检查点是通过分布式快照实现的,所以快照和检查点这两个术语可以互换使用。通常还可以使用快照来表示检查点或保存点。保存点类似于这些定期的检查点。

5. 水位线机制

水位线(Watermark)是一种衡量"事件时间"进展的机制,用于处理乱序事件和迟到的数据。从本质上来说,水位线是一种时间戳。要正确地处理乱序事件,通常用"水位线机制+事件时间和窗口"来实现。

6. 什么是窗口

窗口（Window）是处理无限流的核心。**窗口**将流分成有限大小的多个"存储桶"，可以在其中对事件应用计算。

Flink 的窗口有两个重要属性（Size 和 Interval）。

- 如果 Size=Interval，则会形成无重叠数据。
- 如果 Size>Interval，则会形成有重叠数据。
- 如果 Size<Interval，则窗口会丢失数据。

Flink 常见问题汇总

在学习 Flink 应用程序开发时，可能会遇到一些常见的问题，这些问题可能会对初学者造成一些困扰，因此，下面列出了开发者在使用 IntelliJ IDEA 开发 Flink 时可能会遇到的问题。

1. 激活了 Java 11 的配置文件的问题

在开发工具中提示如下所示的信息：

```
Compilation fails with invalid flag: --add-expots=java.base/sun.net.util=ALL-UNNAMED
```

这说明，尽管使用了比较旧的 JDK，IntelliJ 仍激活了 Java 11 的配置文件。

解决办法：打开 Maven 工具窗口（使用"View"→"Tool Windows"→"Maven"命令），取消选中 Java 11 配置文件，然后重新导入项目。

2. 不支持 Java 11 的版本的问题

在开发工具中提示如下所示的信息：

```
Compilation fails with cannot find symbol: symbol: method defineClass(...) location: class
sun.misc.Unsafe
```

这意味着 IntelliJ 正在为该项目使用 JDK 11，但是 Flink 应用程序正在使用不支持 Java 11 的版本。

解决办法：使用"File"→"Project Structure"→"Project Settings: Project"命令打开项目设置窗口，然后选择 JDK 8 作为项目 SDK。如果要使用 JDK 11，则可以在切换回新的 Flink 版本之后恢复此状态。

3. 提示 NoClassDefFoundError

在开发工具中提示如下所示的信息：

```
Examples fail with a NoClassDefFoundError for Flink classes.
```

这可能是由于将 Flink 依赖项设置为"provided"，因此它们没有自动放置在类路径中。

解决办法：使用"Run"→"Edit Configurations"命令打开"Run/Debug Configuration"窗口。然后勾选"Include dependencies with 'Provided' scope"选项，如图 1 所示。也可以创建一个调用该示例的 main()方法的测试（提供的依赖项在测试类路径中可用）。

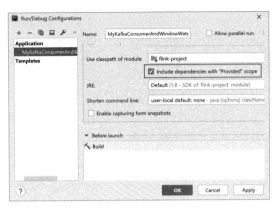

图 1

4. 提示 No operators defined

在开发工具中提示如下所示的信息：

```
No operators defined in streaming topolog
```

这说明遇到这个问题的原因是在老版本中执行 INSERT INTO 语句的下面两个方法：

```
TableEnvironment#sqlUpdate()
TableEnvironment#execute()
```

在新版本中没有完全向前兼容（方法还在，执行逻辑发生变化），如果没有将 Table 转换为 AppendedStream/RetractStream（通过 toAppendStream/toRetractStream），上面的代码执行就会出现上述错误。与此同时，一旦做了上述转换，就必须使用 execute()方法来触发作业执行。

解决办法：建议迁移到新版本的 API 上。

5. Flink 无法实时写入 MySQL

说明：为了提高性能，Flink 的 JDBC Sink 提供了写入 Buffer 的默认值设置。JDBC OutputFormat 的基类，即 AbstractJDBCOutputFormat 的变量 DEFAULT_FLUSH_MAX_SIZE，默认值为 5000，因此，如果数据少（少于 5000），则数据一直保存在 Buffer 中，直到数据源数据结束，计算结果才会写入 MySQL，因此没有实时（每条）写入 MySQL。

解决办法：在写入的代码中加入以下代码：

```
.setBatchSize(1) // 将写入 MySQL 的 Buffer 大小设为 1
```

6. 提示 Cannot discover a connector

在开发工具中提示如下所示的信息：

```
Cannot discover a connector using option ''connector'='elasticsearch-7''.
```

说明：一般是 SELECT elasticsearch table 报上述错误。这是因为 Elasticsearch connector 目前只支持 Sink，不支持 Source。

7. Flink 作业在扫描 MySQL 全量数据时，检查点超时，出现作业故障转移

说明：MySQL CDC 在扫描 MySQL 全表数据过程中没有 Offset 可以记录，即 Flink 没有办法做检查点，而 MySQL CDC 会让 Flink 执行中的检查点一直等待甚至超时。在默认配置下，这会触发 Flink 的 Failover 机制，而默认的 Failover 机制是不重启的，所以会造成检查点超时，出现作业故障转移（Failover）。

解决办法：在 flink-conf.yaml 上配置 failed checkpoint 容忍次数及失败重启策略，如下所示：

```
execution.checkpointing.interval: 10min                          # 检查点间隔时间
execution.checkpointing.tolerable-failed-checkpoints: 100        # 检查点失败容忍次数
restart-strategy: fixed-delay                                    # 重试策略
restart-strategy.fixed-delay.attempts: 1000000000                # 重试次数
```

8. 报 No ExecutorFactory found to execute the application 错误

说明：在开发工具中调试 Flink 应用程序时经常出现这种错误，这是因为没有添加 Flink 的客户端依赖。

解决办法：在开发工具中执行 Flink 应用程序需要添加以下依赖：

```
<!-- Flink 的客户端依赖 -->
<dependency>
        <groupId>org.apache.flink</groupId>
        <artifactId>flink-clients_2.11</artifactId>
        <version>1.11.0</version>
</dependency>
```

9. 提示 The scheme (hdfs://, file://, etc) is null. Please specify the file system scheme explicitly in the URI.

说明：当调用外部的文件时，需要提供文件系统的格式。

解决办法：提供文件系统格式，如下所示：

```
String savePointPath = "file:///F://savepoint-1222";
```

10. Flink 的状态存储在哪里

Flink 经常需要将计算过程中的中间状态进行存储，以避免数据丢失或进行状态恢复。

Flink 的状态保存位置可以是内存、文件系统、RocksDB，以及自定义的存储系统。

11. Flink 的插槽和并行度的区别

插槽（Slot）是指任务管理器的并发执行能力。如果把任务管理器的任务插槽设置为 2，则每个任务管理器将有 2 个任务插槽（TaskSlot）。如果有 3 个任务管理器，则共有 6 个任务插槽。

并行度（Parallelism）是指任务管理器的实际使用的并发能力。如果并行度为 1，则上面配置的 6 个任务插槽只能使用 1 个，其他的都会空闲。

12. Flink 的并行度和设置

Flink 中的任务被分为多个并行任务来执行，每个并行实例处理一部分数据。这些并行实例的数量被称为并行度。

在实际生产环境中可以从以下几个方面来设置并行度：算子、执行环境、客户端、系统。

优先级为算子>执行环境>客户端>系统。

Alink 常见问题汇总

1. 提示找不到 OSSFileSystemFactory 类

在开发工具中提示如下所示的信息：

```
Exception in thread "main" java.lang.NoClassDefFoundError:
org/apache/flink/fs/osshadoop/OSSFileSystemFactory
```

说明：ClassNotFoundException 属于检查异常，一般在项目启动时出现。出现该类问题的原因一般为以下几点。

- 没有正确地导入 JAR 包。
- 项目中引用了多个版本的 JAR 包，导致版本冲突，由于版本的升级，可能所使用的方法已经被废弃。

例如，提示找不到 OSSFileSystemFactory 类，可以尝试添加如下所示的依赖：

```
<!-- Alink 的 Hadoop 文件系统依赖 -->
<dependency>
        <groupId>com.alibaba.alink</groupId>
        <artifactId>shaded_flink_oss_fs_hadoop</artifactId>
        <version>1.10.0-0.2</version>
</dependency>
```

2. 提示 Fail to parse line 信息

在开发工具中提示如下所示的信息：

```
Fail to parse line: "label,review,,,,,,,,,,,,,,,,,,,,,,,,,,"
```

说明：如果使用 CsvSourceBatchOp 算子或 CsvSourceStreamOp 算子读取 CSV 文件，则一定要注意设置列名和数据类型，特别注意**是否要忽略第 1 行数据**，即注意是否设置 setIgnoreFirstLine()方法的值为 true。

3. 找不到 Kafka011SourceStreamOp 算子和 Kafka011SinkStreamOp 算子

说明：Kafka 连接器有多个版本，因此一定要注意引入相关依赖。如果提示找不到 Kafka011SourceStreamOp 算子和 Kafka011SinkStreamOp 算子，则需要添加以下依赖：

```xml
<!-- Alink 的 Kafka 连接器依赖 -->
<dependency>
        <groupId>com.alibaba.alink</groupId>
        <artifactId>alink_connectors_kafka_0.11_flink-1.10_2.11</artifactId>
        <version>1.2.0</version>
</dependency>
```